"十二五"职业教育国家规划教材 修订版

经全国职业教育教材审定委员会审定

电工电子技术与技能

第3版

主　编　丁卫民　陈立平

副主编　姚锦卫

参　编　李晓红　戴　琨

机械工业出版社

CHINA MACHINE PRESS

本书是"十二五"职业教育国家规划教材修订版，是根据高等职业学校专业教学标准，同时参考相关职业资格标准，在第2版的基础上修订而成的。

本书共包含4篇12章，内容包括认识电能与安全用电，直流电路，电容与电感，正弦交流电路，用电技术，常用电器，三相异步电动机的基本控制，常用半导体器件，放大电路与集成运算放大器，整流、滤波及稳压电路，基本逻辑门和组合逻辑门电路，时序逻辑电路。本书内容简明，重点突出，例题、习题丰富，将基本技能训练与理论知识讲述有机地融为一体，使理论紧密联系实际，达到学中做、做中学的目的。本书力求做到语言精练，通俗易懂；集科普性、趣味性于一体，书中充分利用图片、照片、实物图等，图文并茂，直观形象。

本书可作为高等职业院校工科类专业（如机械类、机电类、汽车类等专业）"电工电子技术与技能"及相关课程的教材，也可作为相关岗位培训教材。

为便于教学，本书配套有电子课件、电子教案、习题答案及动画视频（以二维码形式穿插于书中）等教学资源，选择本书作为授课教材的教师可登录 www.cmpedu.com 网站注册并免费下载。

图书在版编目（CIP）数据

电工电子技术与技能/丁卫民，陈立平主编 . —3 版（修订本）. —北京：机械工业出版社，2021.6（2025.3 重印）

"十二五"职业教育国家规划教材

ISBN 978-7-111-68557-9

Ⅰ.①电…　Ⅱ.①丁…　②陈…　Ⅲ.①电工技术-高等职业教育-教材②电子技术-高等职业教育-教材　Ⅳ.①TM②TN

中国版本图书馆 CIP 数据核字（2021）第 124692 号

机械工业出版社（北京市百万庄大街 22 号　邮政编码 100037）

策划编辑：赵红梅　责任编辑：赵红梅

责任校对：张晓蓉　封面设计：张　静

责任印制：郜　敏

三河市国英印务有限公司印刷

2025 年 3 月第 3 版第 10 次印刷

184mm×260mm · 17.5 印张 · 427 千字

标准书号：ISBN 978-7-111-68557-9

定价：49.80 元

电话服务	网络服务
客服电话：010-88361066	机 工 官 网：www.cmpbook.com
010-88379833	机 工 官 博：weibo.com/cmp1952
010-68326294	金 书 网：www.golden-book.com
封底无防伪标均为盗版	机工教育服务网：www.cmpedu.com

前　言

《国家职业教育改革实施方案》指出，职业教育要坚持知行合一、工学结合，探索创新人才培养模式，发挥校企双元在职业教育人才培养中的重要作用。校企共同研究制订人才培养方案，及时将新技术、新工艺、新规范纳入教学标准和教学内容。本次修订以此为规范目标，打造满足职业教育教学模式、具有"互联网＋"背景且适应"产教融合、校企合作"需求的、资源配套完善的新型教材。

本书在编写过程中秉承"双元制、立体化、网络化及理实德一体"的宗旨，力求体现以下特点：

1）体现职业特色，突出理实一体。将"够用"的"理"融入"适用"的"实"中，让学生在学习到基本电学理论的同时，又掌握了相关的操作技能。

2）完善立体化配套，加入动画及视频二维码。本书配有习题解答、电子教案、PPT课件、标准化试卷库等，同时设置了相关内容的动画及视频二维码，方便学生学习过程中扫码观看，增加感性理解，提高学习效果。

3）渗透思政教育，拓展教学范畴。每章增设了"大国工匠英雄谱"专栏，以此培养学生爱党爱国思想、坚定理想信念，加强品德修养以及精益求精的大国工匠精神。

4）注重学练结合，拓宽知识内涵。每节之后的"想一想、做一做"和"小知识"栏目给学生提供了学以致用和思维拓宽的渠道。

5）配套习题丰富，难易适中。

6）本书配有电工电子技术与技能习题与模拟试卷，单独装订成册，方便读者学习参考。

本书适合作为高等职业院校工科类专业（如机电类、机械类、汽车类等专业）"电工电子技术与技能"及相关课程的教材，也可作为相关岗位培训教材。

本书由丁卫民、陈立平担任主编，姚锦卫担任副主编。丁卫民负责全书的组织、拟定编写提纲和统稿工作并编写前言、第1~2章、第4章、第7~8章、第11~12章及习题与模拟试卷；戴琨编写第3章；姚锦卫编写第5~6章；陈立平编写第9章；李晓红编写第10章。姚锦卫负责书中配套动画、视频的设计和配音制作。

本书教学建议80学时，其中实训不低于30学时（标＊号内容为选学内容）。各章学时分配建议如下表。

篇	教学单元（章）	建议学时
第1篇　电路基础	第1章　认识电能与安全用电	2
	第2章　直流电路	10
	第3章　电容与电感	6
	第4章　正弦交流电路	14
第2篇　电工技术	第5章　用电技术	2
	第6章　常用电器	8
	第7章　三相异步电动机的基本控制	8
第3篇　模拟电子技术	第8章　常用半导体器件	6
	第9章　放大电路与集成运算放大器	6
	第10章　整流、滤波及稳压电路	6
第4篇　数字电子技术	第11章　基本逻辑门和组合逻辑门电路	6
	第12章　时序逻辑电路	6
总学时		80

在本书编写过程中，编者参考了很多优秀教材和资料，同时还得到很多同行老师的帮助和支持，在此谨表示衷心的感谢！

感谢上海数林软件有限公司在本书的网络资源配套及动画视频制作上的鼎力相助。

由于编者水平有限，书中不妥之处在所难免，恳请广大读者批评指正。

编　者

二维码索引

页 码	名 称	二维码	页 码	名 称	二维码
3	两相触电		125	热继电器	
3	单相触电		126	时间继电器	
4	跨步电压		126	中间继电器	
18	常用电阻器外形		129	点动控制电路	
35	指针式万用表的使用		130	连续运行控制电路	
36	数字式万用表的使用		131	正反转控制电路	
45	常用电容器外形		145	PN 结的形成	
51	常用电感器外形		156	晶体管管脚判别	
105	小型变压器结构		180	负反馈放大电路反馈类型	
105	小型变压器原理		187	单相半波整流电路	

（续）

页　码	名　　称	二维码	页　码	名　　称	二维码
188	单相桥式整流电路		211	或非门	
188	单相全波整流电路		212	与或非门	
211	与非门				

目　录

前言

二维码索引

第1篇　电路基础

第1章　认识电能与安全用电 …… 2

1.1　电能的特点、应用与研究 …… 2

1.2　安全用电 …… 3

本章小结 …… 7

第2章　直流电路 …… 8

2.1　电路 …… 9

2.2　电路的常用物理量 …… 13

2.3　电阻元件与欧姆定律 …… 18

2.4　电压源与电流源 …… 21

2.5　电阻的连接 …… 22

2.6　基尔霍夫定律 …… 26

2.7　复杂电路的分析方法 …… 28

实训指导　常用直流仪表及其
　　　　　测量 …… 32

实训2.1　色环电阻及识读 …… 37

实训2.2　直流电路的测量 …… 38

本章小结 …… 41

第3章　电容与电感 …… 43

3.1　电容器和电容 …… 43

3.2　电感与电感元件 …… 50

3.3　铁磁性物质 …… 52

本章小结 …… 56

第4章　正弦交流电路 …… 57

4.1　正弦交流电路的基本概念 …… 58

4.2　纯电阻、纯电感和纯电容
　　　电路 …… 64

4.3　电阻与电感的串联电路 …… 70

4.4　电路功率因数及其提高 …… 73

实训指导　常用交流仪表及测量
　　　　　方法 …… 75

实训4.1　白炽灯照明电路安装 …… 79

实训4.2　荧光灯电路安装 …… 80

4.5　三相交流电路 …… 83

＊实训指导　三相调压器及使用 …… 90

＊实训4.3　三相星形联结负载
　　　　　电路的测试 …… 90

本章小结 …… 92

第2篇　电工技术

第5章　用电技术 …… 96

5.1　电力供应与节约用电 …… 96

5.2　用电保护 …… 99

本章小结 …… 101

第6章　常用电器 …… 102

6.1　常见照明灯具 …… 102

6.2　单相变压器 …… 104

＊6.3　三相变压器 …… 107

*6.4 特殊变压器 ……………… 109

6.5 三相异步电动机 …………… 111

*实训6.1 三相异步电动机首、
尾端检测 ………… 117

*实训6.2 绝缘电阻表及绝缘
电阻的测量 ……… 118

6.6 常用低压电器 …………… 120

本章小结 …………………… 127

第7章 三相异步电动机的基本控制 …… 128

7.1 电动机起动控制 …………… 128

7.2 电动机正反转控制 ………… 131

实训指导 常用电工工具使用 …… 133

实训7.1 三相异步电动机连续运行
控制电路配电板的配线
与安装 ………… 136

实训7.2 三相异步电动机接触器
互锁正反转控制电路
配电板的配线与安装 … 138

本章小结 ………………… 141

第3篇 模拟电子技术

第8章 常用半导体器件 ………… 144

8.1 二极管 ………………… 144

8.2 晶体管 ………………… 147

8.3 晶闸管 ………………… 150

8.4 单结晶体管 …………… 152

实训指导 常用半导体元件测定 … 155

实训8 二极管、晶体管的
测试 ………… 159

本章小结 ………………… 160

第9章 放大电路与集成运算放大器 …… 162

9.1 基本放大电路 …………… 162

*9.2 放大器静态工作点的
稳定 ………… 168

9.3 多级放大电路 …………… 169

实训指导 常用电子仪器仪表
及其使用 ………… 170

实训9 单管共射放大电路 ……… 176

9.4 集成运算放大电路 ……… 178

本章小结 ………………… 185

第10章 整流、滤波及稳压电路 …… 186

10.1 整流电路 ……………… 186

10.2 滤波电路 ……………… 190

10.3 稳压电路 ……………… 192

实训指导 焊接工具及焊接技能 … 192

实训10.1 二极管整流、滤波
电路 ………… 197

实训10.2 单结晶体管触发的
晶闸管调光电路的安装
与调试 ………… 199

本章小结 ………………… 201

第4篇 数字电子技术

第11章 基本逻辑门和组合逻辑门电路 … 204

11.1 数字电路基础知识 ……… 204

11.2 基本逻辑门电路 ………… 208

11.3 组合逻辑门电路 ………… 215

实训11 TTL门功能测试 ……… 221

本章小结 ………………… 223

第12章 时序逻辑电路 ………… 225

12.1 触发器 ………………… 225

*实训12.1 触发器功能测试 …… 230

12.2 寄存器 ………………… 231

12.3 计数器 ………………… 233

实训12.2 计数、译码、显示
电路 ………… 237

本章小结 ………………… 238

参考文献 ………………… 240

第1篇

▶▶▶ 电路基础

第1章 认识电能与安全用电

▶ **本章导读**

知识目标

1. 通过实例讲解，了解电能的特点及其在实际生产、生活中的广泛应用；初步形成对电工电子课程的感性认识，培养学习兴趣。

2. 通过模拟演示等教学手段，了解人体触电的类型及常见原因。熟悉安全用电的常识，树立安全用电意识与规范操作的职业素养。

3. 通过模拟演示等教学手段，了解电气火灾的防范及扑救常识，能正确选择处理方法。

技能目标

1. 会在带电现场保护自己，防止触电事故发生。

2. 能处理触电事故现场的各种事件。

思政目标

培养学生爱党、爱国、遵纪守法；具有环保意识、安全意识；具有探索未知、追求真理的责任感和使命感；培养学生精益求精的大国工匠精神；激发学生科技报国的家国情怀和使命担当。

1.1 电能的特点、应用与研究

当今世界，一切新技术的发展无不与电能的应用有着密切的联系。电能在科学研究、工业生产以及日常生活中得到越来越广泛的应用，并占有很重要的地位。

工业生产中的各种金属加工机床、起重机、轧钢机、鼓风机、空气压缩机以及各种泵类等几乎一切生产机械；农业生产中的电力排灌设备、电力拖拉机和收割机等机械；交通运输中的电力机车、电车、电动车等，以及轮船、飞机和汽车等；数控机床技术和生产过程中对物理量（流量、压力、温度、水位等）的自动测量、自动调节等；电镀、电焊、高频淬火、电解加工、电子束加工等机械制造工艺；特别是对于社会生产力发展起着变革性推动作用的计算机；以上这些机器、设备、系统都是依靠电能的作用而工作的。

电能之所以得到如此广泛的应用，是因为它具有其他能量无可比拟的优点，主要有：

1）易于转换。电能可以很方便地由水能（水力发电）、热能（火力发电）、化学能（电池）、核能（核能发电）等转换而得。同时，电能又可以很方便地转换为其他形式的能量。例如，利用电动机把电能转换为机械能，利用电炉把电能转换为热能，利用电灯把电能转换为光能等。

2）易于输送和分配。电能可以很方便地输送到距离很远的地方，也能很方便地进行分配，而且设备简单，损失小、效率高。

3）易于控制、测量和调整。利用电能进行控制和调节准确而又迅速，能够做到自动控制、自动调节和自动保护。

为了更好地利用电能，充分发挥电能的特点和作用，就必须对其进行研究、学习和实践。本课程就是研究电磁现象及其基本规律在工程技术领域中应用的一门技术基础课程。学好本课程，可以为学习专业课程、从事工程技术工作和进一步钻研新技术打下基础。

1.2　安全用电

工程技术人员经常会接触到各种电气设备，因此应具有一定的安全用电知识，能按照安全用电的有关规定从事相关操作，以避免人身事故。

1.2.1　触电

人体因触及带电体而承受过高的电压，最终使电流流经人体，以致引起死亡或局部受伤的现象称为触电。

触电根据伤害程度的不同可分为电击和电伤两种。

电击是指因电流通过人体而使内部受伤的现象，它是最危险的触电事故。通过人体内的工频电流超过 $30 \sim 50\text{mA}$ 时，人体的中枢神经就会遭受损害，从而使心脏停止跳动而死亡。

电伤是指人体外部由于电弧或熔丝熔断时飞溅的金属颗粒等造成烧伤的现象。

两相触电

触电的伤害程度取决于通过人体电流的大小、途径和时间的长短，人体各个部分的电阻大小不一，从几百到几万欧，皮肤的电阻最大，但会因出汗或受潮而大大降低其阻值。故人体所触及的电压大小和触电时的人体情况是决定触电伤害程度的最重要因素。

图 1-1 所示即为几种触电情况。图 1-1a 为两相触电，指人体中的两处部位同时分别触及两相带电体而触电，这时人体所承受的电压是线电压，是最危险的触电；图 1-1b 为电源中性线接地的单相触电，这时人体承受相电压，仍然极为危险，其危害程度跟脚与地面之间的绝缘好坏有关；图 1-1c 为电源中性线不接地的单相触电，当绝缘不良时，也有危险。

单相触电

a) 两相触电　　　　　b) 中性线接地的单相触电　　　　c) 中性线不接地的单相触电

图 1-1　几种触电情况

除了上述几种触电方式外，最常见的还有跨步电压触电。它是指当电线或电气设备发生接地故障时，在其周围的地面会形成如图 1-2 所示的电位分布，行走于附近的人在两脚之间所产生的电位差，即形成所谓的跨步电压。跨步电压较高时，人就会触电。跨步电压触电的危害程度取决于接地电压的高低、人的跨步大小及人与接地体的距离。

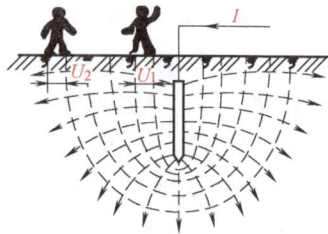

1.2.2 电气火灾的防范及扑救常识

电气火灾是危害性极大的灾难性事故，其特点：①电气设备着火后可能仍带电，并在一定范围内存在触电危险；②火势凶猛、蔓延迅速，往往是火灾与爆炸同时发生（充油电气设备如变压器等受热后可能会喷油甚至爆炸），既可造成人身伤亡，又可造成设备、

图 1-2 落地带电体的电位
分布及跨步电压

跨步电压

线路及建筑物的重大损坏，还可造成大范围、长时间的停电，带来很大的损失。同时，由于存在触电的危险，电气火灾和爆炸的扑救变得更加困难，所以必须做好电气防火与防爆工作。

电气设备引起火灾的原因主要有三个：①过载，因为大多数绝缘材料都是可燃材料，设备不适当的过载、过高的温升，就有可能引起火灾；②导线断裂或短路时的火花和电弧，火花和电弧不但可能引燃本身的绝缘材料，还可能引燃它附近的可燃气体、蒸汽和粉尘；③设计不良或使用不当的电热器具，可能烤燃它附近的可燃物体，这是大家所熟知的。

此外，不属于电气设备自身引发的电气火灾原因主要有两个：①雷电火灾；②最近几年来随着石油化工、塑料、橡胶、化纤等工业的飞速发展逐渐受到重视的静电火灾。根据电气火灾和爆炸形成的主要原因和特点，电气火灾防范措施及扑救常识如下：

1. 防范措施

1）要合理选用电气设备和导线，不要超负载运行。

2）在安装开关、熔断器或架设线路时，应避开易燃物，与易燃物保持必要的防火间距。

3）保持电气设备的正常运行，特别注意线路或设备连接处的接触保持正常运行状态，以避免因连接不牢或接触不良，使设备过热。

4）要定期清扫电气设备，保持设备清洁。

5）加强对电气设备的运行管理。要定期检修、试验，防止因绝缘损坏等造成短路。

6）电气设备的金属外壳应可靠接地或接中性线。

7）要保证电气设备的通风良好、散热良好。

2. 扑救常识

电气设备发生火灾或引燃周围可燃物时，首先应设法断开电源，拉开关断电时，要使用绝缘工具。剪断电线时，不同相电线应错位剪断，防止线路发生短路。剪断后要防止电线跌落在地上，造成电击或短路。如果火势已威胁邻近电气设备时，应迅速断开相应设备的开关。夜间发生电气火灾，切断电源时，要考虑临时照明问题，以利于扑救。如需要供电部门切断电源时，应及时联系。如果无法及时切断电源，而需要带电灭火时，要选用不导电的灭火器材灭火，如干粉、二氧化碳、1211灭火器，不得使用泡沫灭火器带电灭火。要保持人及所使用的导电消防器材与带电体之间有足够的安全距离，扑救人员应戴绝缘手套。对架空线路等空中设备进行灭火时，人与带电体之间的仰角不应超过45°，而且应站在线路外侧，防止电线断落后触及人体。如带电体已断落地面，应划出一定警戒区，以防跨步电压伤人。

1.2.3　安全用电措施

为防止触电事故的发生，工作中必须采取有效的安全措施：

1. 使用安全电压

为了减少触电危险，规定凡工作人员经常接触的电气设备，如行灯、机床照明灯，一般应使用36V以下的安全电压；在特别潮湿的场所中，必须采用不高于12V的电压。

2. 绝缘保护

绝缘保护是用绝缘体把可能形成的触电回路隔开，以防止触电事故的发生，常见的有外壳绝缘、场地绝缘和用变压器隔离等方法。

（1）外壳绝缘　为了防止人体触及带电部位，电气设备的外壳常装有防护罩，有些电动工具和家用电器，除了工作电路有绝缘保护外，还用塑料外壳作为第二绝缘，如图1-3所示。

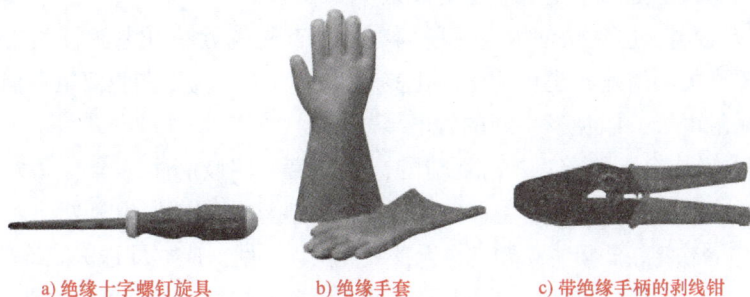

a) 绝缘十字螺钉旋具　　　b) 绝缘手套　　　c) 带绝缘手柄的剥线钳

图1-3　外壳绝缘工具

（2）场地绝缘　在人体站立的地方用绝缘层垫起来，使人体与大地隔离，可防止单相触电。常用的有绝缘地毯、绝缘胶鞋等，如图1-4所示。

3. 严格执行电工安全操作规程

（1）严格执行规章制度　一般不许带电作业，断电检修时要在电源闸上挂电气安全工作标示牌，以禁止别人合闸。必须带电作业时，要由专业电工按安全操作规程进行操作。

（2）正确安装用电设备　刀开关必须垂直安装，固定插座应在上方，以免闸刀落下引起意外事故。电源线应接在上接线端，以

a) 绝缘胶鞋　　　b) 绝缘地毯

图1-4　场地绝缘设施用品

保证断开闸刀后刀片和熔丝上不带电，避免调换熔丝时触电。电灯开关应接在相线上，以保证断开开关后灯头上不带电。使用螺口灯头时，不可把相线接在跟螺旋套相连的接线端上，以免调换灯泡时触电。

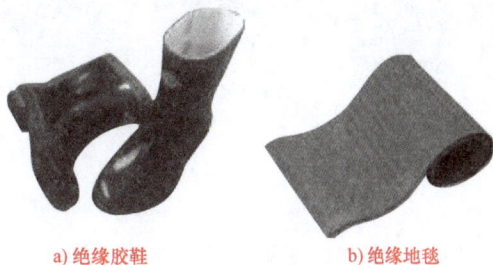

（3）用电设备在工作中不要超过额定值　保护电器的规格要合适，不得随意加大。发现用电设备温升过高时，应及时查明原因，消除故障。

（4）电气设备停止使用时，应切断电源　电气设备拆除后，禁止留有可能带电的电线，如果电线必须保留，则应将电源切断，并将裸露的线端用绝缘布包扎好。

（5）建立定期安全检查制度　重点检查电气设备的绝缘和外壳接零或接地情况是否良好，还要注意有无裸露带电部分，各种临时用电线及移动电气用具的插头、插座是否完好。对那些不合格的电气设备要及时调换，以保证正常安全工作。

1.2.4　触电急救常识

一旦发生人身触电事故，首要的是迅速处理并抢救得法。据统计资料介绍，触电后1min就开始救治者，一般有90%获得良好效果；触电后6min开始救治者，只有10%有良好的效果；而触电后12min才开始救治者，其救活的可能性极小。

人触电后，往往出现心跳停止、呼吸中断、昏迷不醒等死亡征象，但是很可能是假死现象。救护者切勿放弃抢救，而应果断地以最快的速度和正确的方法就地施行抢救。有的触电者可能要经过四、五个小时的抢救，才能起死回生、脱离险境。

触电的现场急救是抢救触电者生命的关键步骤。

1）发现有人触电，应尽快使触电者脱离电源。首先就近断开电源开关或拔下熔丝，如果附近没有电源开关和熔丝，也可用绝缘工具拨开或切断电线。在脱离电源前，营救人员不可用手直接接触触电者，以免发生新的触电事故。

2）如果触电者伤害不严重，神志还清醒，但心慌、四肢麻木，全身无力或一度昏迷但很快恢复知觉，应让其躺下安静休息1～2h，并严密观察，防止发生意外。

3）如果触电者伤害较严重，无知觉、无呼吸甚至无心跳，应立即送医院抢救，同时进行按压心脏或人工呼吸，不要耽搁时间，不要间断，要长时间坚持做。触电急救如图1-5所示。

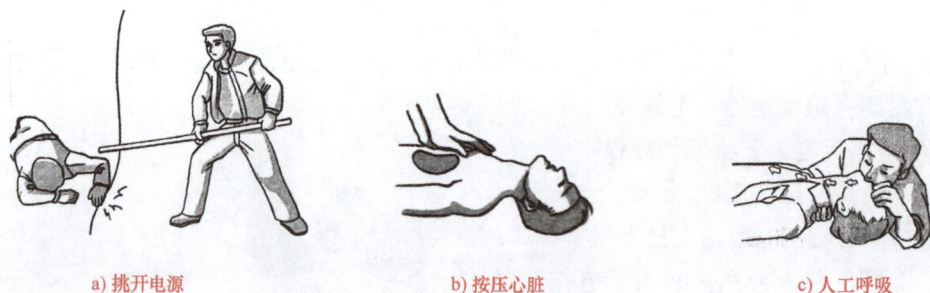

a) 挑开电源　　　　　　b) 按压心脏　　　　　　c) 人工呼吸

图1-5　触电急救

💡 想一想、做一做

1. 找一找，你家里存在哪些用电安全隐患？给予纠正。
2. 看一看，实训室的刀开关是怎样安装的？并练习换接熔丝。
3. 列举实际中带有绝缘的工具和设备。

>>> 小知识｜预防雷电袭击

在室外活动时，遇到雷雨天气应立即进入建筑物内并关好门窗，不在大树下避雨，不使用金属杆雨伞，尽量不骑自行车；要远离阳台、金属栏杆、金属防盗网、电线等导体及建筑物外墙；关闭电视机、计算机、音响等用电设备。雷电交加时，如果在空旷的野外无处躲避，应该尽量寻找低凹地（如土坑）藏身，或者立即下蹲、双脚并拢、双臂抱膝、头部下俯，尽量降低身体的高度。

大国工匠英雄谱之一

为火箭焊接"心脏"的人——高凤林

焊接技术千变万化，为火箭发动机焊接，就更不是一般人能胜任的了。30多年来，高凤林就是一个为火箭焊接"心脏"的人。高凤林先后参与北斗导航、嫦娥探月、载人航天等国家重点工程以及长征五号新一代运载火箭的研制工作，他攻克了火箭发动机喷管焊接技术世界级难关，出色完成亚洲最大的全箭振动试验塔的焊接攻关、修复苏制图-154飞机发动机，还被丁肇中教授亲点，成功解决反物质探测器项目难题。

本章小结

1. 认识电能

电能的特点：①易于转换；②易于输送与分配；③易于控制、测量和调整。

2. 安全用电

（1）触电　人体因触及带电体而承受过高的电压，最终使电流流经人体，以致引起死亡或局部受伤的现象称为触电。

（2）触电类型　触电依伤害程度的不同可分为电击和电伤两种。电击是指因电流通过人体而使内部受伤的现象，它是最危险的触电事故。电伤是指人体外部由于电弧或熔丝熔断时飞溅的金属颗粒等造成烧伤的现象。

（3）常见的几种触电情况　两相触电；电源中性线接地的单相触电；电源中性线不接地的单相触电；跨步电压触电。

（4）电气火灾的特点　电气设备着火后可能仍带电，并在一定范围内存在触电危险；火势凶猛、蔓延迅速，火灾往往与爆炸同时发生，扑救困难。

（5）电气设备引起火灾的原因　过载；导线断裂或短路时的火花和电弧引燃导致；设计不良或使用不当的电热器具烤燃附近的可燃物体。另外，还有雷电火灾和静电火灾两种电气火灾。

（6）安全用电措施　使用安全电压；绝缘保护；严格执行电工安全操作规程。

（7）触电急救常识　尽快使触电者脱离电源；伤害不严重的，让其静躺休息，严密观察，防止意外；伤害较严重的，立即送医院抢救，同时进行按压心脏或人工呼吸。

第2章　直流电路

▶ 本章导读

知识目标

1. 通过拆装简易电器装置等实践活动，认识简单的实物电路，了解电路的基本组成；通过查阅电工手册及相关资料，会识读基本的电气符号和简单的电路图。

2. 理解电路中电流、电压、电位、电动势、电能、电功率等常用物理量的概念；能对直流电路的常用物理量进行简单分析与计算。

3. 结合实物，了解电阻器和电位器的外形、结构、作用和主要参数，会计算导体的电阻，了解电阻与温度的关系和超导现象；能区别线性电阻和非线性电阻，了解其在实际工作中的典型应用。

4. 掌握欧姆定律的概念，能利用其对电路进行分析与计算。

5. 了解理想电源的概念，了解电压源及电流源的组成。

6. 掌握电阻串联、并联及混联的连接方式及电路特点，会计算串联、并联及混联电路的等效电阻、电压、电流及电功率。

7. 掌握基尔霍夫定律，能应用 KCL、KVL 列出电路方程。

8. 掌握支路电流法，能应用其求解复杂电路。

9. 理解戴维南定理，能应用其分析计算复杂电路。

10. 理解叠加定理，能应用其分析计算复杂电路。

技能目标

1. 能自己动手安装简单电路。

2. 会使用直流电流表、直流电压表、万用表，会测量直流电路的电流、电压（电位）。

3. 会使用万用表的电阻档测量电阻，并能正确读数。

思政目标

培养学生爱党、爱国、遵纪守法；坚定理想信念；加强品德修养；增长知识见识；培养学生精益求精的大国工匠精神。

2.1　电路

2.1.1　电路的基本组成

图 2-1 所示是一个实际的电灯电路，它由电池、小灯泡、连接导线和单刀开关组成，开关闭合，电路中有电流产生，由导线传递给小灯泡，小灯泡发光。

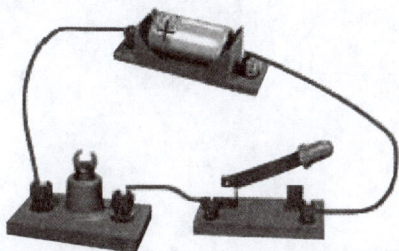

由上面简单的实物电路可以得出：电路是电流流通的路径，它是由一些电气设备和元器件按一定方式连接而成的。有时候，较复杂的电路又称网络。从图 2-1 中可以看到，一个最基本的电路是由电源（电池）、负载（用电器，如小灯泡等）、连接导线和控制器件（开关）4 部分组成。

（1）电源　是用来产生电能的，即将非电能转换成电能的装置或在电路中负责向负载提供电能（作为信号处理时为信号发生器）。常见的电源有干电池、蓄电池和发电机等，电源实物如图 2-2 所示。

图 2-1　实物电路的组成

a) 干电池　　　　　b) 蓄电池　　　　　c) 发电机

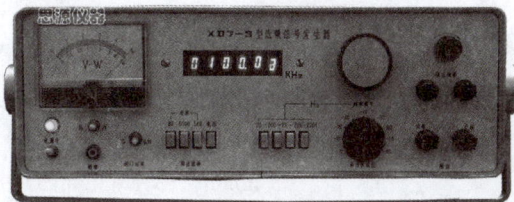

d) 直流稳压电源　　　　　e) 低频信号发生器

图 2-2　电源实物

（2）负载　是使用电能的用电器，是将电能转换成其他形式能量的元器件或设备。如电灯、电炉、扬声器、电动机等，各种负载实物如图 2-3 所示。

（3）连接导线　是用来将电源、负载等电路元器件连成通路，完成电能的传输和分配的器件，其实物外形如图 2-4 所示。

（4）开关　是控制电路接通和断开的器件，其实物外形如图 2-5 所示。

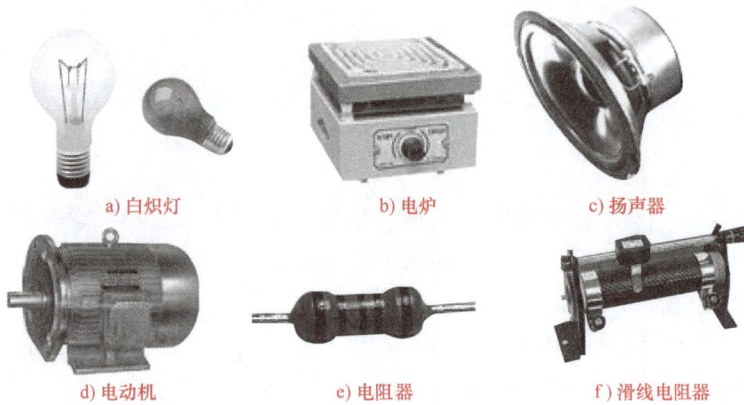

a) 白炽灯   b) 电炉   c) 扬声器

d) 电动机   e) 电阻器   f) 滑线电阻器

图 2-3　各种负载实物

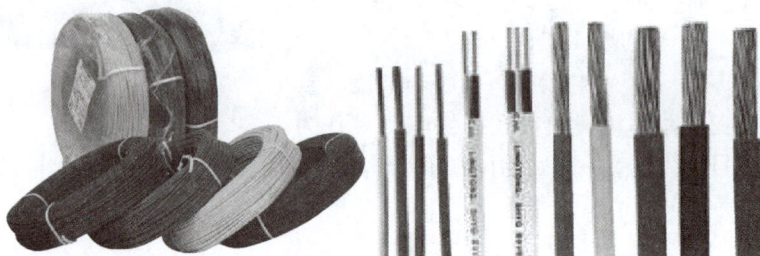

图 2-4　连接导线

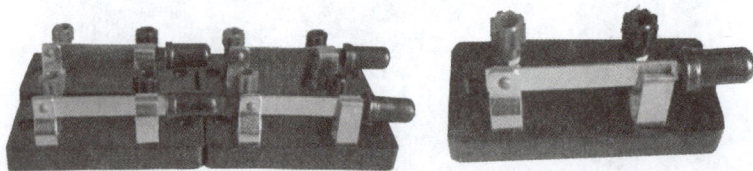

图 2-5　开关

　　电路的功用一般是实现电能的传输、转换或信号处理。为了便于分析和研究电路，常用一些电气符号表示元器件和设备，部分常见元器件的电气图形符号见表 2-1。用电气符号组成的电路叫电路图，图 2-6 所示即为图 2-1 实物电路的电路图。

表 2-1　部分常见元器件的电气图形符号

图形符号	名称	图形符号	名称	图形符号	名称
—▭—	电阻器	⊥⊤	电容	⌇⌇⌇	电感
▭	电位器	⊥	接机壳	⏚	接地
／	开关	＋	导线不连接	•	导线相连接
Ⓥ	电压表	Ⓐ	电流表	Ⓜ	电动机

（续）

图形符号	名称	图形符号	名称	图形符号	名称
⊖	电流源	⊖⊥	电压源 （发电机、电池等）	⊗	灯

2.1.2　电路的三种状态

电路在实际工作中通常处于以下三种状态：

1. 通路

指在回路中处处连通的电路。此时电路中有电流通过，灯泡正常发光，如图 2-7a 所示。

2. 断路

指电路中某处断开（包括开关断开），不成通路的电路，也称为开路，此时电路中无电流，如图 2-7b 所示。

3. 短路

当电路中的电源两端由于某种原因被电阻近似为零的导线连接在一起时，称为电源短路，如图 2-7c 所示。此时电路中的电流非常大，将造成电源的严重损坏，这是不允许的。但在实际应用中，由于工作需要可将部分元器件的两端用导线直接连接在一起构成局部短路，称为短接，这在一定条件下是允许的。

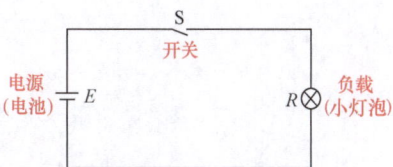

图 2-6　电路图

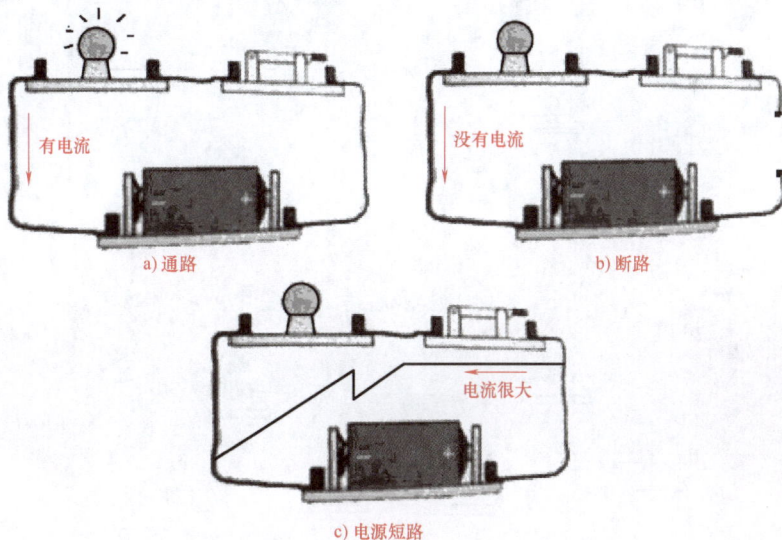

a) 通路　　b) 断路　　c) 电源短路

图 2-7　电路的三种状态

想一想、做一做

1. 请根据图 2-8 所示的实物图画出电路图。

2. 根据图 2-9 中给定的电子门铃散件，连接电子门铃的实物电路，并画出它的电路图。电子门铃可以用"—[电子门铃]—"这样的符号代表。

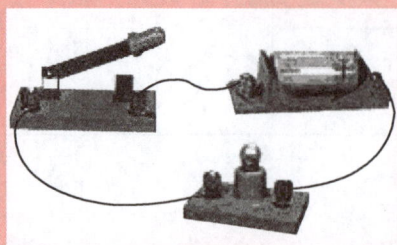

图2-8　实物图　　　　　　　　图2-9　电子门铃散件

3. 图2-10所示是常用手电筒的剖面图，观察它的结构。按下按钮时，电路是怎样接通的？画出它对应的电路图。

4. 看一看，在图2-11所示的实物电路图中，可以使小灯泡发光的正确电路是哪一个？

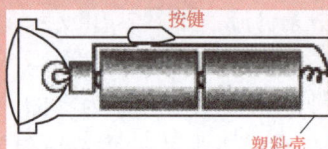

图2-10　手电筒剖面图

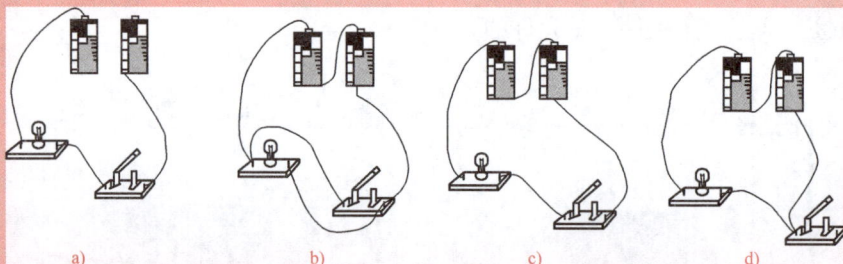

图2-11　实物电路图

5. 找一找，找出图2-12所示电路连接图中的错误与不足。

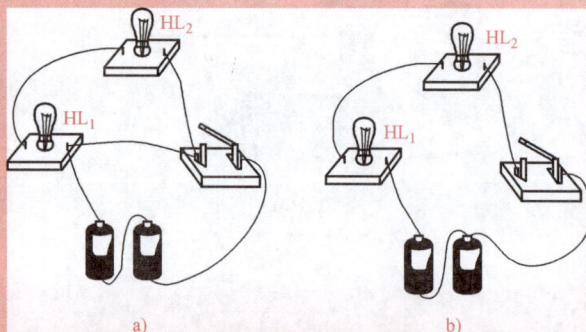

图2-12　电路连接图

6. 连一连，根据图2-13a所示的小灯泡电路图，将图2-13b中的电路散件连接起来。

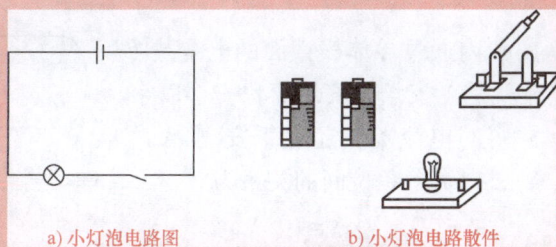

a) 小灯泡电路图   b) 小灯泡电路散件
图 2-13 小灯泡电路

7. 做一做，请动手做一个"水果电池"。具体做法：找一根长 5cm 的铜片或粗铜丝，再从废旧干电池上剪下一条宽 2mm 的锌皮，将铜片和锌皮刮净，把铜片和锌皮插入苹果、番茄或柠檬等水果里，就做成了一个水果电池。再请你用自制的水果电池做下面的实验：取两根导线，把它们的一端分别接在水果电池的两极上，另一端和舌头断续接触，注意两根导线不要碰着。这时舌头上有什么感觉？你能从能量的观点解释所发生的现象吗？

>> **小知识｜环保与电池回收**

废旧电池的危害主要集中在其中所含的少量的重金属上，如铅、汞、镉等。这些有毒物质通过各种途径进入人体内，长期积蓄难以排除，损害神经系统、造血功能和骨骼，甚至可以致癌。一号废旧锌锰电池，重量 70g 左右，其中碳棒 5.2g，锌皮 7.0g，锰粉 25g，铜帽 0.5g，其他 32g。据科学家测定：一颗纽扣电池产生的有害物质，可污染 60 万升水，相当于一个人一生的用水量；一节一号电池烂在地里，能污染 1m² 土地，并造成永久性公害。可见一节废电池就是一颗"炸弹"。

解决废旧电池的危害问题，最好的办法就是集中回收废电池，集中再处理。这种方式既减少污染，又可获得巨大的再生能源，是一举两得的事。由此可见，回收废电池，是一件保护环境、利己利国的好事。

2.2 电路的常用物理量

2.2.1 电流

电流的形成是电荷定向运动的结果。在金属导体中，电流是自由电子在电场的作用下做定向运动形成的。在某些液体或气体中，电流则是带正负电荷的离子在电场力的作用下有规则地运动形成的。此种情况下，电流可以认为是微观离子群体运动的一种宏观现象，如图 2-14 所示。

电流有大小强弱，电流的大小定义：单位时间内通过导体横截面的电荷量，用电流来表示。电流这一名词既表示一种物理现象，也表示一个物理量，用字母 I 表示。

由定义可知，若在 t 秒（s）内通过导体横截面的电量是 Q，则电流 I 就可以用下式表示

$$I = \frac{Q}{t} \qquad (2-1)$$

规定：如果在 1 秒（s）内通过导体横截面的电量是 1 库仑（C），则导体的电流就是 1 安培，安培简称安，以字母 A 表示。除安培外，常用的电流单位还有千安（kA）、毫安（mA）和微安（μA），电流各单位间的关系为

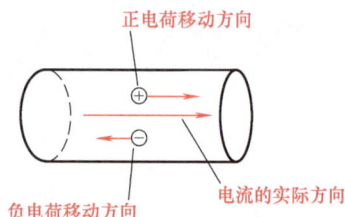
正电荷移动方向
负电荷移动方向
电流的实际方向
图 2-14　电流的形成与实际方向

$$1 \text{kA} = 10^3 \text{A}$$

$$1 \text{A} = 10^3 \text{mA}$$

$$1 \text{mA} = 10^3 \text{μA}$$

在电路中电流不仅有大小而且有方向，习惯上规定：以正电荷的运动方向为电流的实际方向。在金属导体中，虽然电流实际上是自由电子定向移动形成的，而电子是带负电荷的，因此电流方向和电子移动方向相反，如图 2-14 所示。

在电荷移动过程中，不可能在某一点聚集或消失，这一规律称为电流的连续性原理。因此，在一段无分支的电路中，电流处处相等。

在一些复杂电路中，电流的实际方向往往很难预先判断出来，有时电流的实际方向还会不断改变。故在分析与计算电路时，可事先任意假定某一方向作为电流的参考方向，并用带箭头的实线表示在电路上。根据计算结果，可以根据参考方向求得实际方向，方法是：如果计算结果为正，则表明实际方向与参考方向一致；如果计算结果为负，则表明实际方向与参考方向相反。

电流分为直流电流和交流电流两类。凡大小和方向都不随时间变化的电流称为直流（稳恒）电流，简称直流，常用 DC 表示；而大小和方向都随时间做周期性变化且一个周期内平均值为零的电流称为交流电流，简称交流，常用 AC 表示。本章只讨论直流。

2.2.2　电压

电荷在电场力的作用下移动一段距离，电场力就做了功。电压即是衡量电场做功本领大小的物理量，用字母 U 表示。在电场中若电场力将正电荷 Q 从 a 点移动到 b 点所做的功为 W_{ab}，则功 W_{ab} 与电量 Q 的比值就称为这两点间的电压，用符号 U_{ab} 来表示，其表达式为

$$U_{ab} = \frac{W_{ab}}{Q} \qquad (2-2)$$

由式(2-2)可见，电压在数值上等于电场力将单位正电荷从 a 点移动到 b 点所做的功。由于电场力是保守力，其做功大小与移动电荷的路径无关，而只与起点和终点的位置有关，因此，任意两点之间的电压可以为从起点到终点任意一条路上各段电压的求和值。这样，电压的求得是非常灵活而方便的。

电压单位为伏特，简称伏，用字母 V 来表示。除伏特外常用的电压单位还有千伏（kV）、毫伏（mV）和微伏（μV），电压各单位间的关系为

$$1kV = 10^3 V$$

$$1V = 10^3 mV$$

$$1mV = 10^3 \mu V$$

电压和电流一样，不但有大小而且有方向，电压的实际方向规定为电场力移动正电荷做正功的方向。由于电压 U_{ab} 与 U_{ba} 表明电场力移动正电荷时做功正好相反，故 $U_{ab} = -U_{ba}$。

2.2.3　电位

1. 电位概念

电位是一个相对量，与高度的概念类似，必须选择一个基准，才能确定每一点（或平面）的高度值。在电路中任选一点，作为参考点（基准点），则电路中任意一点的电位就是由该点到参考点的电压。通常把参考点的电位规定为零电位（显然参考点对参考点的电压为零）。电位的符号常用带脚标的字母 V 表示。

如选 o 点为参考点，则 a 点的电位为 V_a，即

$$V_a = U_{ao}$$

如果已知 a、b 两点的电位各为 V_a、V_b，则这两点间的电压为

$$U_{ab} = U_{ao} + U_{ob} = U_{ao} - U_{bo} = V_a - V_b \tag{2-3}$$

也就是说两点之间的电压就等于这两点的电位之差，所以电压也叫电位差。

电位的单位也是伏特（V）。需要强调的是，参考点选择的不同，同一点的电位就应不同，但电压与参考点的选择无关。至于如何选择参考点，则要视分析计算问题的方便而定。通常选大地为参考点，即把大地的电位规定为零电位（用符号⊥表示），而在电子仪器和设备中又常把金属外壳或电子电路的公共节点作为参考点，常用符号"⊥"表示。

学习电位后，就可以这样来理解电压、电位及电流三者的关系，大家都知道，水在水管中之所以能流动，是因为有高水位和低水位之间的差别而产生的一种压力才使水能从高处流向低处。电路中也是如此，电流之所以能够在导线中流动，也是因为在电路中有高电位和低电位之间的差别。这种差别就是电位差，即电压。因此可以说，电压是产生电流的原因，电压的实际方向就是由高电位指向低电位的方向。因此，对于负载而言，电流与电压方向一致；对于电源而言，电流与其端电压方向相反，如图 2-15 所示。

当电路中某两点间的电压方向不能确定时，可先假定电压的参考方向，然后根据计算结果的正负来确定其实际方向，方法同电流实际方向的判定。在电路图中电压的参考方向一般有三种表示形式：①以带箭头的实线表示；②双下标表示，如：U_{AB}、U_{CD} 等；③正、负号，即"＋""－"表示。

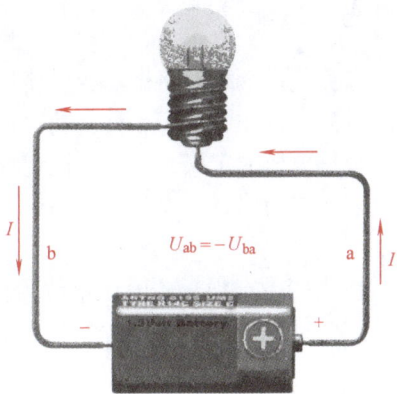

图 2-15　电压、电流的方向关系

2. 等电位点

在分析计算电路中，等电位点的概念是非常重要的。电路中电位相等的点称为等电位点，两个等电位点间的电压为零。等电位点不一定直接相连，不直接相连的两个等电位点，即使用导线或电阻把它们连接起来，导线或电阻中也不会有电流，因而不改变电路原来的工作状态；反之，若两个等电位点之间接有电阻，则电阻中没有电流流过，把它断开，也不影响电路原来的工作状态。

3. 电位计算

电路中一般依据电位的定义来计算电位。计算某点电位只要算出从该点到参考点的电压即可。从电路中的某一点到参考点往往有几条不同的路线，在计算时沿任一路线所求得的电位值都是相等的，即电位与路径无关，而只与始末两点有关。这一规律称为电位的单值性原理。在计算电位时应尽量选择最简捷的路线。

2.2.4 电动势

电动势是衡量电源将非电能转换成电能，即产生电能的本领的物理量。电动势在数值上等于电源力（非电场力）将单位正电荷从负极移动到正极所做的功，用字母 E 来表示。若电源力将正电荷 Q 从负极移到正极所做的功为 W_E，则根据电动势定义得出电动势的表达式为

$$E = \frac{W_E}{Q} \tag{2-4}$$

电动势的单位和电压相同，也是伏特（V）。电动势的方向规定为由电源负极指向正极。在电路中用带箭头的实线来表示电动势的方向。电源两端的电压称为电源的端电压，当电源开路时端电压在数值上等于电源的电动势，但两者实际方向相反。因此，有 $U = -E$，如图 2-16 所示。当电路闭合时，$U \neq E$。

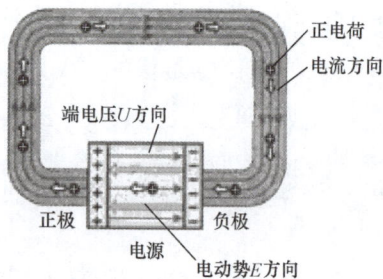

图 2-16 电压与电动势的关系

2.2.5 电能（电功）

电流流过负载时将做功，电流做功的结果是负载将电能转化成其他形式的能，我们把电流所做的功叫作电能，也称电功，用字母 W 来表示。

根据电压的定义，假设一段电路两端电压为 U，电流为 I，则 t 时间内的电能为 W，其数学表达式为

$$W = UIt = I^2Rt \tag{2-5}$$

在式（2-5）中，若电压单位为伏（V），电流单位为安（A），电阻单位为欧（Ω），时间单位为秒（s），则电能的单位为焦耳，简称焦，用字母 J 来表示。

2.2.6 电功率

电流流过负载在 1s 内所做的功称为电功率。电功率表征了电流做功速率的快慢。电功率以字母 P 来表示，其数学表达式为

$$P = \frac{W}{t} = UI = I^2 R \tag{2-6}$$

式中，电压 U、电流 I、电阻 R 的单位分别为 V、A、Ω 时，功率 P 的单位为瓦特，简称瓦，用字母 W 表示。除瓦特外常用的功率单位还有千瓦（kW）、兆瓦（MW）等。其换算公式为

$$1kW = 10^3 W$$
$$1MW = 10^3 kW = 10^6 W$$

综合式(2-5) 和式(2-6)，不难得到

$$W = Pt \tag{2-7}$$

在实际工作中，电能的单位常用千瓦小时（kW·h），俗称"度"。它表示功率为 1kW 的用电器在 1h 中消耗的电能，即

$$1kW \cdot h = 1kW \times 1h = 3.6 \times 10^6 J$$

例 2-1　某电视机的功率为 60W，平均每天开机 2h，若每度电电费为 0.5 元，则一年（以 365 天计）要交纳多少电费？

解： 电视机一年内消耗的电量为

$$W = Pt = 60W \times 2h \times 365 = 43.8kW \cdot h$$

则一年电费为

$$43.8 度电 \times 0.5 元/度电 = 21.9 元$$

想一想、做一做

1. 标出图 2-17 所示实物电路中电流的实际方向，并画出对应的电路图。

2. 根据图 2-18 给定的元器件连接成能让下面的白炽灯发光的电路，要求能用开关控制灯泡的亮和灭，并画出其对应的电路图。

图 2-17　照明电路

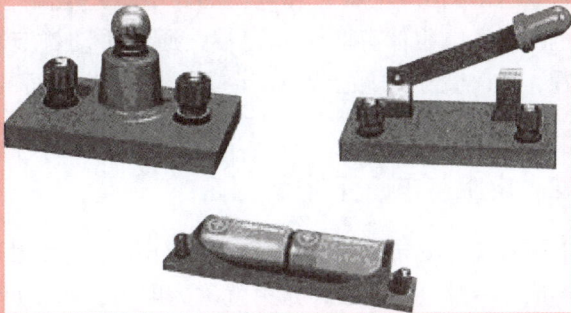

图 2-18　元器件散件

3. 算一算，1500W 的电炉连续用 3h 将消耗多少焦耳的电能？相当于多少度电？

2.3 电阻元件与欧姆定律

2.3.1 电阻器与电位器

图 2-19 所示为电阻器与电位器的实物图。

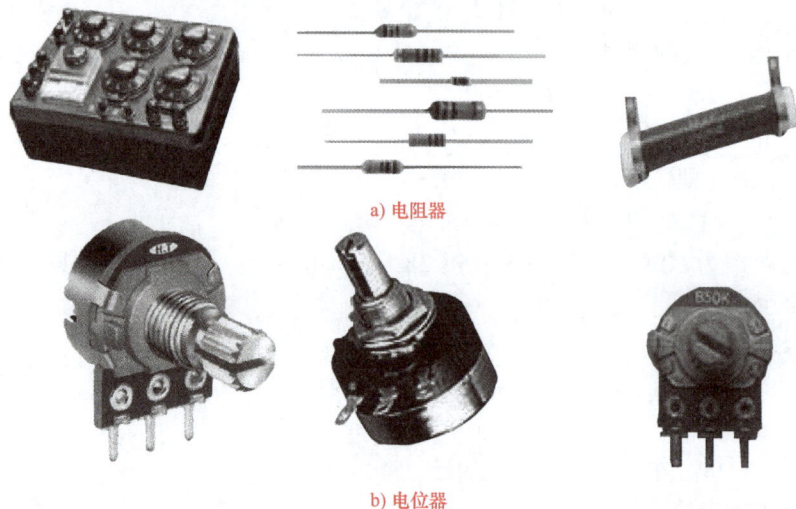

a) 电阻器

b) 电位器

图 2-19 电阻器与电位器

常用电阻器外形

电阻器 限流元件，其主要职能就是阻碍电流流过。将电阻接在电路中后，它可以限制通过它所连支路的电流大小。小功率电阻器通常由封装在塑料外壳中的碳膜构成；大功率的电阻器通常为绕线电阻器，即通过将大电阻率的金属丝绕在瓷心上制成。

电位器 用于分压的可变电阻器，是一种可调的电子元件。在电路中，用于调节电压（含直流电压与信号电压）和电流的大小。它是由一个电阻体和一个转动或滑动系统组成的。电位器的电阻体有两个固定端，通过手动调节转轴或滑柄，改变动触点在电阻体上的位置，则改变了动触点与固定端上任一点之间的电阻值，从而改变了电压与电流的大小。

2.3.2 电阻与电阻元件

电阻器或一段导体对电流都有阻碍作用，这种阻碍作用的主要特征是消耗电能而发热。电阻器或导体对电流的阻碍作用就称为电阻，用字母 R 表示，其单位是欧姆，简称欧，符号是 Ω。电阻是电阻器的主要参数，通常把电阻器也简称为电阻。

如果电阻器或导体两端的电压为 1V，通过的电流是 1A，则该电阻器或导体的电阻就是 1Ω。除欧姆外，常用电阻的单位还有千欧（kΩ）和兆欧（MΩ）。其换算关系如下

$$1k\Omega = 10^3 \Omega$$

$$1M\Omega = 10^3 k\Omega = 10^6 \Omega$$

导体的电阻是客观存在的，它不随导体两端的电压大小变化而变化。即使没有电压，导体仍然有电阻。实践证明，温度一定时，导体的电阻跟导体的长度 l 成正比，跟导体的横截

面 S 成反比，并与导体的材料性质有关，即可用式(2-8) 表示

$$R = \rho \frac{l}{S} \tag{2-8}$$

式中，ρ 是与材料有关的物理量，称作电阻率或电阻系数。电阻率的大小等于长度为 1m、截面积为 $1m^2$ 的导体在一定温度下的电阻率，其单位是欧·米（$\Omega \cdot m$）。

　　实验证明：银的导电性能最好。由于银的价格昂贵，用它做导线太不经济，而铝矿丰富、价格便宜，因此目前多用铜和铝做导线。

　　电阻是物体（或材料）本身的一种性质，电阻器就是利用材料的这种性质制成的实际电路元件，它集中表示了导体对电流的阻碍作用。但是实际的电阻器在工作中还可能呈现出其他一些微弱的电磁现象，如会产生磁场等。如果我们只考虑这一实际元件对电流的阻碍作用（即在其内部把电能转换成热能的不可逆过程是主要特征），而忽略其一些次要的性质，便可抽象出一种理想的电路元件——电阻元件。电阻元件的电路图形符号如图 2-20 所示。

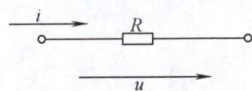

图 2-20　电阻元件的电路图形符号

　　实际中的白炽灯、电炉、电烙铁等以消耗电能而发光或发热为主要特征的一些电路元器件在理论分析、计算中都可以用电阻元件来表示。电阻元件通常简称为电阻，因此"电阻"一词既可以指一种元件，又可以指元件的一种性质。

>> 小知识 | 超导现象

　　1911 年，荷兰莱顿大学的卡茂林-昂内斯意外地发现，将汞冷却到 −268.98℃时，汞的电阻突然消失；后来他又发现许多金属和合金都具有与汞相类似的低温下失去电阻的特性，由于它们的特殊导电性能，卡茂林-昂内斯称之为超导态。卡茂林由于他的这一发现获得了 1913 年诺贝尔奖，这一发现引起了世界范围内的震动。在他之后，人们开始把处于超导状态的导体称为"超导体"。超导体的直流电阻率在一定的低温下突然消失，称作零电阻效应。导体没有了电阻，电流流经超导体时就不发生热损耗，电流可以毫无阻力地在导线中通行，从而产生超强磁场。物质在低温下电阻突然消失的现象称为超导现象。

2.3.3　电阻元件的伏安特性

　　如果电阻元件两端的电流和电压的大小成正比，该电阻元件称为线性电阻元件；电流和电压的大小不成正比的电阻元件称为非线性电阻元件。本书只讨论线性电阻元件电路。电阻元件的电流与电压的关系曲线叫作电阻元件的伏安特性曲线。线性电阻元件的伏安特性曲线为通过坐标原点的直线，如图 2-21 所示，这个关系符合欧姆定律，导体中的电流跟导体两端的电压成正比，与导体本身的电阻成反比。欧姆定律的表达式为

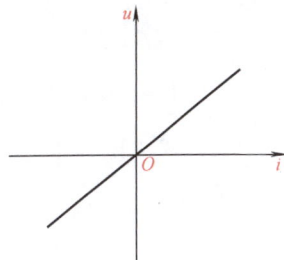

图 2-21　伏安特性曲线

$$I = \frac{U}{R} \quad 或 \quad U = RI \tag{2-9}$$

式中，R 是元件的电阻，它是一个反映电路中电能消耗的电路参数，是一个正实常数。式中电压的单位用伏（V）表示、电流的单位用安（A）表示时，电阻的单位是欧（Ω）。

例 2-2 装有 4 节干电池的手电筒，小灯泡的灯丝电阻是 10Ω，求手电筒工作时，通过灯丝的电流。

解：由题目可知，4 节干电池的电压为 1.5V×4＝6V，应用欧姆定律可得

$$I = \frac{U}{R} = \frac{6}{10}A = 0.6A$$

若一个电阻器的电阻值接近于零，则该电阻器对电流没有阻碍作用，串接这种电阻器的回路被短路，电流无限大。如果一个电阻器具有无限大的或很大的电阻，则串接该电阻器的回路可看做开路，电流为零。

>>> **小知识｜电流的热效应**

电流的热效应就是电流通过导体时所产生的电能转换成热能的效应。其大小由焦耳-楞次定律决定，即 $Q = I^2Rt$。在生产和生活中，很多用电器都是根据电流的热效应制成的，如电灯、电烙铁、电烤箱、熔断器、电熨斗、电吹风等。

电流的热效应不利的一面是会使电路不该发热的地方（如导线等）也发热，导致能量损耗；用电器的温度升高，也会加速绝缘材料的老化，甚至烧坏设备，所以必须注意。

想一想、做一做

1. 找几个电阻器和电位器，了解其外形、结构、作用。举一些实际中应用电阻器和电位器的例子，每个元件至少举三个应用例子。

2. 找几根粗导线（铜或铝线），测量其长度、截面积后估算其电阻值。

3. 将电池、电阻丝（或小灯泡或电阻器）、导线、开关、滑线变阻器和电流表按图 2-22 所示的实物图连接，接通电路后，应用电压表测量电阻丝两端电压，根据所测电压表和电流表读数，估算电阻丝电阻值。

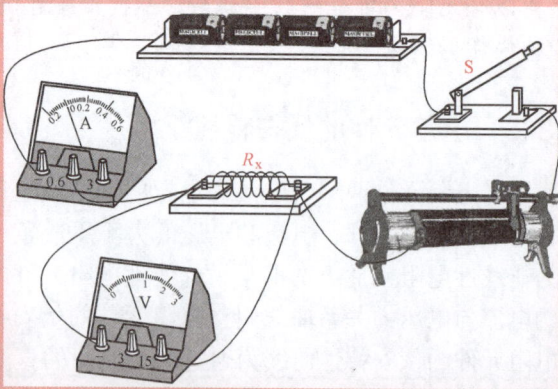

图 2-22　电路实物图

2.4　电压源与电流源

2.4.1　理想电源

理想电源包括理想电压源与理想电流源两种形式，概念的引入是为了电路计算的需要，理想电源在现实世界并不存在。

理想电压源是一种能产生并维持一定输出电压的理想二端元件，又称恒压源。理想电压源的特点：输出恒定电压不变，输出的电压与通过它本身的电流无关，通过它的电流大小是由与之相连的外电路决定的。理想电压源在电路中的图形符号和伏安特性如图 2-23 所示。

理想电流源是一种能产生并维持一定输出电流的理想二端元件，又称恒流源。理想电流源的特点：输出恒定电流不变，输出的电流与它两端的电压无关，它两端的电压大小是由与之相连的外电路决定的。理想电流源在电路中的图形符号和伏安特性如图 2-24 所示。

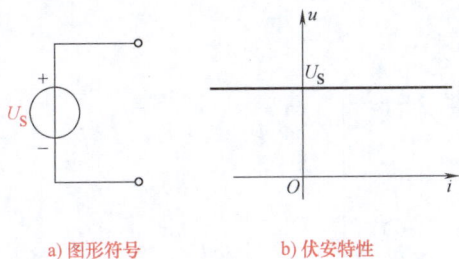

a) 图形符号　　　b) 伏安特性

图 2-23　理想电压源

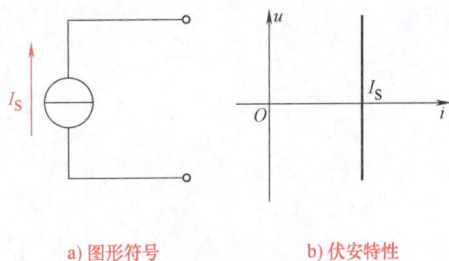

a) 图形符号　　　b) 伏安特性

图 2-24　理想电流源

2.4.2　实际电源

理想电压源和理想电流源实际上是不存在的，一个实际的电源可以用一个理想电压源 U_S（或电动势 E）与电阻 R_0（电源内阻）串联组合来表示，称之为电压源，如图 2-25a 的虚线框所示。同理，一个实际的电源也可以用一个理想电流源 I_S 与电阻 R_S（电源内阻）并联组合来表示，称之为电流源，如图 2-25b 的虚线框所示。

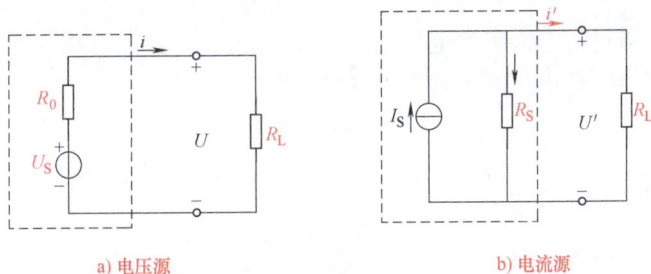

a) 电压源　　　　　　b) 电流源

图 2-25　实际电源模型

1. 实际中哪些电源设备可看成是理想电压源？试列举几例。
2. 电压源的端电压和理想电压源电压相等吗？什么情况下两者相等？

2.5　电阻的连接

由于不同的工作需要，实际电路常常是由许多负载电阻按不同方式连接起来所组成的一个较复杂的电阻网络。在电路分析时，为了简化电路的结构，便于电路分析计算，需要对电阻网络进行简化，即将一个复杂的电阻网络等效成一个电阻。下面以电阻串联、并联两种基本的连接方式为例，来分析它们的等效电路及特点。

2.5.1　电阻的串联

两个或两个以上电阻首尾相连，中间无分支的连接方式叫作串联。图 2-26a 所示为 3 个灯泡串联的实物电路，图 2-26b 所示是三个电阻的串联电路，其等效电路如图 2-26c 所示。

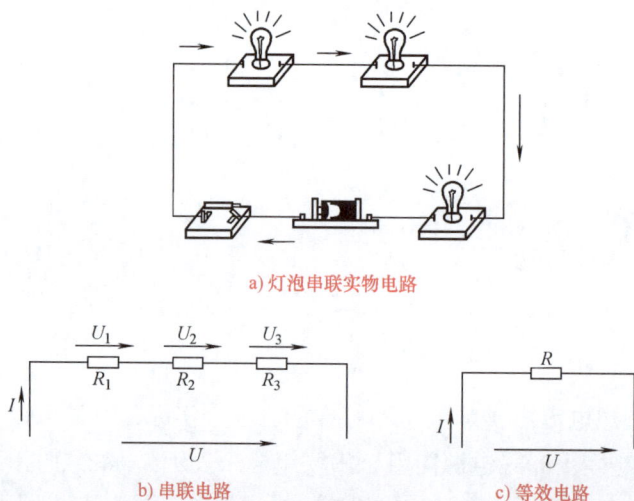

a) 灯泡串联实物电路

b) 串联电路　　　　c) 等效电路

图 2-26　电阻的串联

串联电路的特点：

1）串联电路中流过每个电阻的电流相等。

2）串联电路两端的总电压等于各电阻两端电压之和，即

$$U = U_1 + U_2 + U_3 \tag{2-10}$$

3）串联电路的等效电阻（即总电阻）等于各串联电阻之和，即

$$R = R_1 + R_2 + R_3 \tag{2-11}$$

4）分压公式

$$U_1 = IR_1 = \frac{U}{R_1 + R_2 + R_3}R_1 = \frac{R_1}{R_1 + R_2 + R_3}U = \frac{R_1}{R}U \qquad (2\text{-}12)$$

$$U_2 = \frac{R_2}{R_1 + R_2 + R_3}U = \frac{R_2}{R}U \qquad (2\text{-}13)$$

$$U_3 = \frac{R_3}{R_1 + R_2 + R_3}U = \frac{R_3}{R}U \qquad (2\text{-}14)$$

式(2-12)~式(2-14)表明，在串联电路中，电压的分配与电阻成正比，即阻值越大的电阻所分配到的电压越大；反之电压越小。

5）总功率为各串联电阻上功率之和

$$P = P_1 + P_2 + P_3 = U_1 I + U_2 I + U_3 I$$

$$= I^2 R_1 + I^2 R_2 + I^2 R_3$$

$$= I^2(R_1 + R_2 + R_3) = I^2 R \qquad (2\text{-}15)$$

可见，当流过用电器的电流一定时，功率与电阻成正比。由于串联电路流过同一电流，故串联电阻的功率与各电阻成正比。

2.5.2 电阻的并联

两个或两个以上的电阻接在电路相同两点的连接方式叫作电阻的并联。图 2-27a 所示为三个小灯泡并联的实物电路，图 2-27b 所示是三个电阻的并联电路，其等效电路如图 2-27c 所示。

并联电路的特点：

1）并联电路中各电阻上的电压相等。

2）并联电路中的总电流等于各电阻中的电流之和，即

$$I = I_1 + I_2 + I_3 \qquad (2\text{-}16)$$

3）并联电路的等效电阻（即总电阻）的倒数等于各并联电阻的倒数之和，即

$$\frac{1}{R} = \frac{1}{R_1} + \frac{1}{R_2} + \frac{1}{R_3} \qquad (2\text{-}17)$$

或

$$G = G_1 + G_2 + G_3 \qquad (2\text{-}18)$$

G 称为电导。它是电阻的倒数。单位是西门子，简称西，符号是 S。

若是两个电阻并联，则并联后的总电阻为

$$R = \frac{R_1 R_2}{R_1 + R_2} \qquad (2\text{-}19)$$

若 n 个相同的电阻 R 并联，则各电阻上电流都相等，总电阻等于 R/n。

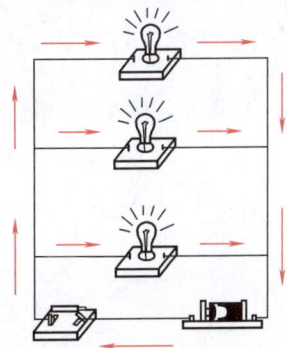

a) 小灯泡并联实物电路

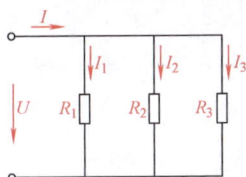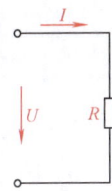

b) 并联电路　　c) 等效电路

图 2-27 电阻的并联

4）分流公式　两个电阻 R_1、R_2 并联，则

$$I_1 = \frac{U}{R_1} = \frac{IR}{R_1} = \frac{R_2}{R_1 + R_2} I \tag{2-20}$$

$$I_2 = \frac{U}{R_2} = \frac{IR}{R_2} = \frac{R_1}{R_1 + R_2} I \tag{2-21}$$

式（2-21）表明，在并联电路中，电流的分配与电阻成反比，即阻值越大的电阻所分配到的电流就越小；反之电流越大。

5）总功率为各并联电阻上功率之和

$$P = P_1 + P_2 + P_3 = UI_1 + UI_2 + UI_3$$
$$= \frac{U^2}{R_1} + \frac{U^2}{R_2} + \frac{U^2}{R_3}$$
$$= U^2 \left(\frac{1}{R_1} + \frac{1}{R_2} + \frac{1}{R_3} \right) = \frac{U^2}{R} \tag{2-22}$$

可见，当加在用电器两端的电压一定时，功率与电阻成反比。由于并联电路的两端电压相等，故并联电阻的功率与各电阻成反比。

2.5.3　电阻的混联

在电路中既有串联也有并联的电路叫作混联电路。

图 2-28a 所示是先并联后串联，其等效电阻 $R_i = R_1 + \frac{R_2 R_3}{R_2 + R_3}$，电流为 $I = \frac{U}{R_i}$。

图 2-28b 所示是先串联后并联，其等效电阻 $R_i' = \frac{(R_1 + R_2) R_3}{R_1 + R_2 + R_3}$，电流为 $I = \frac{U}{R_i'}$。

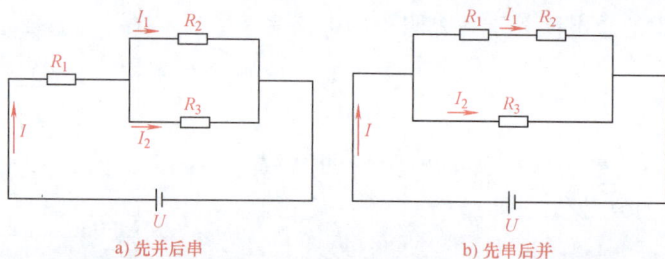

a) 先并后串　　　　b) 先串后并

图 2-28　混联电路

分析混联电路的关键问题是看清楚电路的连接特点，一般的分析方法是从里到外，从局部到整体，最后逐步等效为一个简单的电路。这需要通过大量的解题逐步熟练分析技巧。

>>> 小知识｜用电设备的额定值

我们把用电设备安全工作时所允许的最大电流、电压和电功率分别叫作额定电流、额定电压和额定功率，统称为额定值。一般用电设备的额定值都会标在明显位置，也可以在

产品目录中查得。我们把用电设备在额定功率下的工作状态叫作额定工作状态，也叫作满载；低于额定功率的工作状态叫作轻载；高于额定功率的工作状态叫作过载或超载。由于过载很容易烧坏用电器，所以一般不允许出现过载。

想一想、做一做

1. 如图 2-29 所示，节日里为了烘托欢乐的气氛，经常采用一种用小彩灯组成的串灯来装饰居室、建筑物以及一些节日装饰物，你观察过它们吗？根据所学知识想一想它们是怎样连接的？分析其中道理。

2. 动动手：（1）给你两只灯泡、一个开关、一个电池，要求开关能同时控制两只灯泡，画出电路图并动手连接一下；（2）给你两只灯泡、一个电池、三个开关，要求两只灯泡有各自的开关控制，互不影响，画出对应电路图。

图 2-29　节日彩灯装饰

3. 图 2-30 所示是简化的电冰箱电路图，M 是压缩机用的电动机，HL 是冰箱内的照明灯泡，想一想，它们采用的是什么连接方式？这样的连接对我们在使用和维修的过程中有什么方便之处。

4. 试判断：几盏灯接入同一电路，其中一盏灯的灯丝断了不亮，其余几盏灯仍然发光，则坏的灯与其余灯是怎样连接的？

5. 画一画：图 2-31 的实物连接图中各灯泡是怎样连接的？画出对应的电路图。

6. 有一电源，一只小灯泡，一个电铃，两个开关和若干导线，要按下面要求连接成一个电路：当两只开关均闭合时，灯亮、电铃响；当一只开关单独闭合时，灯亮、电铃不响；当另一只开关单独闭合时，灯不亮、电铃也不响。试画出符合以上要求的电路图。

7. 画一画：在图 2-32 所给元器件中连线，使 S_1 闭合 HL_1 亮，S_2 闭合 HL_2 亮，且两灯互不影响。

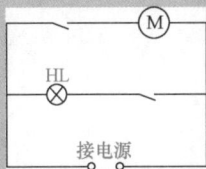

图 2-30　电冰箱灯泡的电路图　　图 2-31　灯泡实物连接电路　　图 2-32　电路元器件散件

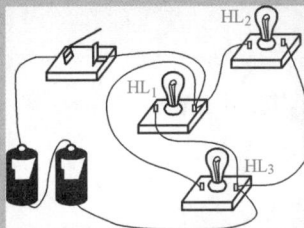

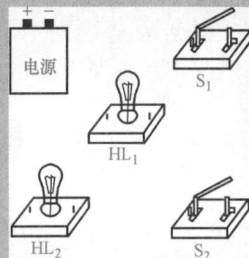

2.6 基尔霍夫定律

仅用欧姆定律和电阻的串、并联方法就能求解的电路称为简单电路。用以上方法无法解决的电路称为复杂电路。复杂电路的求解必须采用新的方法，基尔霍夫定律是解决复杂电路最基本的理论，它包括两个定律即基尔霍夫电流定律（也称基尔霍夫第一定律）和基尔霍夫电压定律（也称基尔霍夫第二定律）。

2.6.1 电路中几个常用的术语

1. 支路

由一个或几个元器件首尾相接而组成的无分支电路叫作支路。图 2-33 所示复杂电路中有 $R_1 - U_{S1}$、$R_2 - U_{S2}$、R_3 三条支路。支路具有串联特性，同一支路中各元器件上电流相等。

2. 节点

电路中三条或三条以上支路的汇交点叫作节点。图 2-33 所示电路中有 a 点、b 点两个节点。

3. 回路

电路中任一闭合路径叫作回路。图 2-33 所示电路中有 acbda 回路、acba 回路、abda 回路。

4. 网孔

只有一个孔的回路或最简单的回路叫作网孔。图 2-33 所示电路中有 acba 网孔和 abda 网孔。

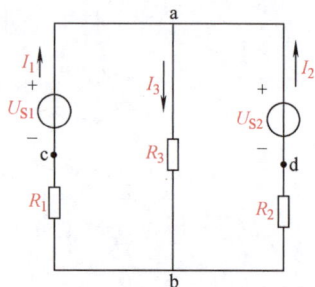

图 2-33 复杂电路

2.6.2 基尔霍夫电流定律（KCL）

依据电流的连续性原理，基尔霍夫电流定律（简称 KCL）的内容是：任一瞬间，流入电路中任一节点的电流之和恒等于流出该节点的电流之和，即

$$\sum I_入 = \sum I_出 \tag{2-23}$$

例如：对于图 2-34 所示电路中的节点 A，由 KCL 可得

$$I_2 + I_3 + I_5 = I_1 + I_4$$

或

$$I_1 + I_4 - I_3 - I_2 - I_5 = 0$$

根据这一定律列出的方程叫作节点电流方程。在列方程前首先要假定各支路电流的参考方向。

2.6.3 基尔霍夫电压定律（KVL）

基尔霍夫电压定律的内容是：沿电路中任一回路绕行一周，其回路中各段电压的代数和为零，即

$$\sum U = 0 \tag{2-24}$$

或回路中所有电压源电压的代数和恒等于所有电阻上电压降的代数和，即

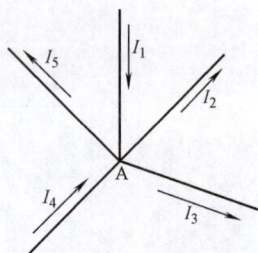

图 2-34 节点电流

$$\sum U_S = \sum IR \qquad\qquad (2\text{-}25)$$

可见，基尔霍夫电压定律的内容有两种表述形式。前者适用于以回路各段电压为研究对象的场合；后者适用于以回路中电压源和电阻为研究对象的场合。

根据这一定律列出的方程叫作回路电压方程。在列方程前首先要确定各电量的正负。通常情况下，先假定各电量的参考方向，然后在回路中选择一个绕行方向，回路的绕行方向原则上是可以任意选定的（顺时针或逆时针方向），如图 2-35 所示电路中两网孔中所标。但是绕行方向一旦选取后，在解题过程中就不要再改变，并以这个绕行方向来确定各电量的正负。

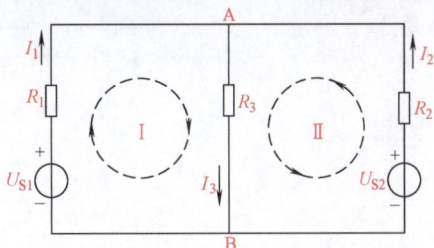

图 2-35 复杂电路

式(2-24) 中正负规定为：回路中各段电压参考方向与绕行方向一致时为正，相反为负。

式(2-25) 中电压源电压正负号规定为：电压源电压参考方向与绕行方向一致者为负；相反者为正。电阻上电压降正负号的规定为：流经电阻上的电流方向与绕行方向一致者该电阻上电压降（IR）取正，相反者取负。

为了帮助理解和记忆，将两种情况的正负号规定用图 2-36 直观地表示出来。

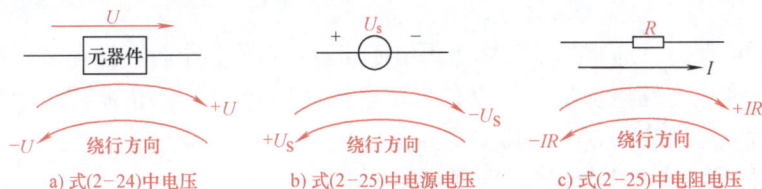

a) 式(2-24)中电压   b) 式(2-25)中电源电压   c) 式(2-25)中电阻电压

图 2-36 正负号规定

下面通过一个具体的例题来说明如何利用以上两个定律列出电路方程。

例 2-3 列出图 2-35 所示电路的 KCL 电流方程和 KVL 电压方程。

解：假定各支路的电流及参考方向并标示在图中。

注意，同一支路中，只需要设一个未知电流。未知电流的参考方向可以任意假定。

用 KCL 列出节点 A 的电流方程

节点 A $\qquad\qquad I_1 + I_2 = I_3 \quad I_1 + I_2 - I_3 = 0$

用 KVL 列出左右两个网孔，Ⅰ、Ⅱ 的回路电压方程。

选择闭合回路 Ⅰ，取回路的绕行方向为顺时针方向，如图 2-35 所示；

选择闭合回路 Ⅱ，取回路的绕行方向为逆时针方向，如图 2-35 所示；

对回路 Ⅰ $\qquad\qquad U_{S1} = R_1 I_1 + R_3 I_3$

对回路 Ⅱ $\qquad\qquad U_{S2} = R_2 I_2 + R_3 I_3$

想一想、做一做

1. 应用 KCL 求图 2-37 所示电路中的电流 I_2、I_3、I_5、I_6。

2. 应用 KVL 列出图 2-38 所示电路的回路电压方程。

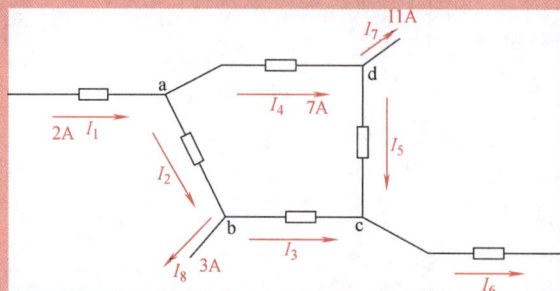

图 2-37 应用 KCL 列方程电路

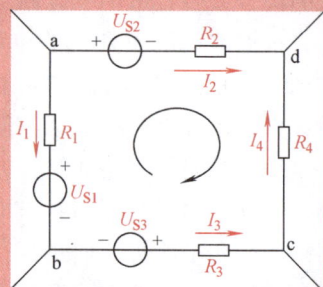

图 2-38 应用 KVL 列方程电路

2.7 复杂电路的分析方法

复杂电路的分析计算有多种方法，各有其特点，下面介绍几种最常用的。

2.7.1 支路电流法

在求解复杂电路时，通常都是已知电源电压和各电阻值，求各支路电流，最常用的方法是支路电流法。所谓支路电流法，是以各支路电流为未知量，应用基尔霍夫定律列出足够的、独立的方程联立求解的方法。其主要步骤如下：

1）假定并标出各支路电流的参考方向和回路的绕行方向。

2）应用基尔霍夫电流定律（KCL）列出独立的节点电流方程。若电路有 n 个节点，则列出其中 $n-1$ 个节点电流方程必定是独立的。

3）用基尔霍夫电压定律（KVL）列出独立的回路电压方程。为保证方程的独立性，要求每列一个回路方程都要包含一个新支路。可以证明：电路中所有网孔的回路电压方程正好是一组独立方程。

4）代入已知数，联立方程式求出各支路电流。

5）确定各支路电流的实际方向。

例 2-4 图 2-39 所示是两个电源并联对负载供电的电路，已知 $U_{S1} = 180V$，$U_{S2} = 80V$，$R_1 = 5\Omega$，$R_2 = 10\Omega$，$R_3 = 15\Omega$。求各支路电流。

解：第一步：假定各支路的电流及参考方向如图 2-39 所示。

注意，同一支路中，只需要设一个未知电流。未知电流的参考方向可以任意假定，若求解后得正值，说明电流的实际方向与参考方向相同；若得负值，说明电流的实际方向与参考方向相反。

图 2-39 复杂电路的计算

第二步：用 KCL 列出 $n-1$ 个节点电流方程（n 为电路的节点数，该电路 $n=2$）。

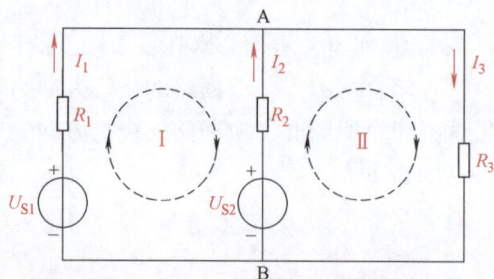

节点 A $I_1 + I_2 = I_3$

第三步：用 KVL 列出 $m = 2$ 个回路电压方程（m 为电路的网孔总数）。

选择闭合回路 I，取回路的绕行方向为顺时针方向，如图 2-39 所示。

选择闭合回路 II，取回路的绕行方向为顺时针方向，如图 2-39 所示。

对回路 I $U_{S1} - U_{S2} = R_1 I_1 - R_2 I_2$

对回路 II $U_{S2} = R_2 I_2 + R_3 I_3$

整理并联立以上得到的三个方程

$$\begin{cases} I_1 + I_2 = I_3 \\ U_{S1} - U_{S2} = R_1 I_1 - R_2 I_2 \\ U_{S2} = R_2 I_2 + R_3 I_3 \end{cases}$$

代入数据

$$\begin{cases} I_1 + I_2 = I_3 \\ 180 - 80 = 5I_1 - 10I_2 \\ 80 = 10I_2 + 15I_3 \end{cases}$$

解得

$$\begin{cases} I_1 = 12\text{A} \\ I_2 = -4\text{A} \\ I_3 = 8\text{A} \end{cases}$$

求得的结果中 I_2 为负值，说明 I_2 的实际方向与参考方向相反。电源 U_{S1} 不仅给 R_3 供电，同时还给 U_{S2} 所在的支路供电，U_{S2} 与电流方向相反，它可能是一组被充电的电池或是一台电动机。

2.7.2　戴维南定理

戴维南定理指出：任何一个线性含源的二端网络，都可以用一个电压源和一个电阻串联的支路来等效。电压源的电压 U_S 等于这个含源二端网络的开路电压 U_{OC}，电阻 R_0 等于该网络中所有电源都不起作用（理想电压源视为短接，理想电流源视为开路，保留其内阻）时的等效电阻。

在分析复杂电路时，如果只要求计算某一条特定支路的电流，应用戴维南定理较为方便。这时可将待求支路之外的部分，看成一个含源二端网络，用一个电压源和一个电阻串联的支路代替后，将复杂电路化成一个简单电路，应用欧姆定律得以求解。

戴维南定理解题步骤如下：

1）将电路划分为待求支路和含源二端网络两部分。

2）将待求支路断开，求出含源二端网络的开路电压 U_{OC},，即 $U_S = U_{OC}$。

3）令含源二端网络中的理想电压源短接，理想电流源开路，保留其内阻，得到无源二端网络，求它的端口电阻 R_0。

4）用所求得的电压源 U_S 和电阻 R_0 串联的支路来等效代替含源二端网络，将待求支路接入，用欧姆定律或 KVL 求出该支路电流。

例 2-5　如图 2-40a 所示，已知 $U_{S1} = 6\text{V}$、$U_{S2} = 1.5\text{V}$、$R_1 = 0.6\Omega$、$R_2 = 0.3\Omega$、$R = 9.8\Omega$。用戴维南定理求通过 R 的电流 I。

解：（1）将待求支路断开，由如图 2-40b 所示的含源二端网络，计算等效电压源电压 U_S,

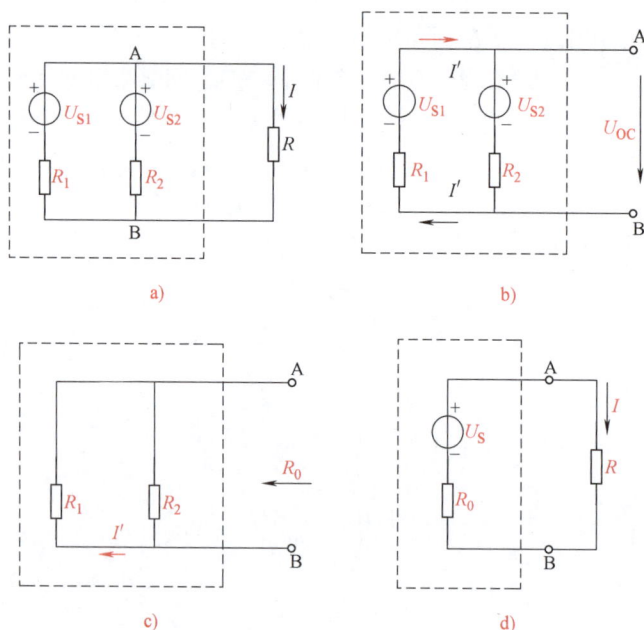

图 2-40 戴维南定理

因

$$I' = \frac{U_{S1} - U_{S2}}{R_1 + R_2} = \frac{6 - 1.5}{0.6 + 0.3}A = 5A$$

$$U_S = U_{OC} = U_{S1} - R_1 I' = (6 - 0.6 \times 5)V = 3V$$

或

$$U_S = U_{OC} = U_{S2} + R_2 I' = (1.5 + 0.3 \times 5)V = 3V$$

（2）由图 2-40c 所示的无源二端网络，计算 A、B 两点间的等效电阻 R_0：

$$R_0 = \frac{R_1 R_2}{R_1 + R_2} = \frac{0.6 \times 0.3}{0.6 + 0.3}\Omega = 0.2\Omega$$

（3）由图 2-40d 所示的等效电路，求出待求支路 R 上的电流为

$$I = \frac{U_S}{R + R_0} = \frac{3}{9.8 + 0.2}A = 0.3A$$

2.7.3 叠加定理

叠加定理是线性电路的一个重要定理，它体现了线性电路的基本性质，为复杂电路的分析和计算提供了更加简便的方法。

叠加定理的内容：在含有多个电源的线性电路中，任一支路的电流或电压，等于各个电源单独作用时在该支路中产生的电流或电压的代数和。

某个电源单独作用，是指其他电源不起作用，即电压源和电流源的输出电流均为零。在电路图中，不起作用的电压源是用一根导线代替其在电路中的位置，不起作用的电流源可用开路代替，它们的内阻则保留。

在求代数和（叠加）时，若分电路中的电流参考方向与原电路中对应电流参考方向一致时，取正（＋），相反时取负（－）。

应用叠加定理可将所有电源共同作用的原电路分解为各个电源分别单独作用的分电路，各分电路的结果叠加就是原电路的结果。即所谓化整为零、变复杂为简单就是叠加定理的基本思想。

由下列电路的分析计算，可对叠加定理进一步理解和认识。

如图 2-41a 所示电路，在应用叠加定理求其各支路电流时，可将原电路（图 2-41a）分解为 U_{S1} 单独作用的分电路（图 2-41b）和 U_{S2} 单独作用的分电路（图 2-41c）两部分。并可计算如下：

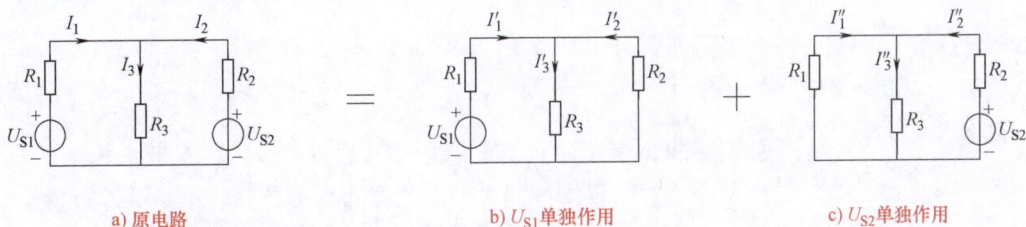

a) 原电路　　　　　b) U_{S1} 单独作用　　　　　c) U_{S2} 单独作用

图 2-41　叠加定理

由图 2-41b 所示电路有

$$I_1' = \frac{U_{S1}}{R_1 + \dfrac{R_2 R_3}{R_2 + R_3}} \quad I_2' = -\frac{R_3}{R_2 + R_3} I_1' \quad I_3' = \frac{R_2}{R_2 + R_3} I_1'$$

由图 2-41c 所示电路有

$$I_2'' = \frac{U_{S2}}{R_2 + \dfrac{R_1 R_3}{R_1 + R_3}} \quad I_1'' = -\frac{R_3}{R_1 + R_3} I_2'' \quad I_3'' = \frac{R_1}{R_1 + R_3} I_2''$$

对照原电路和各分电路，叠加得各支路电流

$$I_1 = I_1' + I_1'' \quad I_2 = I_2' + I_2'' \quad I_3 = I_3' + I_3''$$

值得强调的是，叠加定理只适用于线性电路，不适用于非线性电路；且只适用于计算电压和电流，不适用于计算功率。叠加定理不仅仅提供了一种求解复杂电路的方法，更重要的是可用来帮助掌握线性电路基本性质。

例 2-6　电路如图 2-42a 所示，试用叠加定理求电流 I。

解：应用叠加定理将原电路分解为如图 2-42b 和图 2-42c 所示两个分电路。

（1）由图 2-42b 可知 60V 电压源单独作用时，将 40V 电压源短路，得

$$I' = \frac{60}{3 + \dfrac{6 \times 6}{6 + 6}} \times \frac{6}{6 + 6} \text{A} = 5\text{A};$$

（2）由图 2-42c 可知 40V 电压源单独作用时，将 60V 电压源短路，得

$$I'' = \frac{40}{\dfrac{3 \times 6}{3 + 6} + 6} \times \frac{3}{3 + 6} \text{A} = \frac{5}{3} \text{A} \approx 1.67\text{A}$$

（3）两电源共同作用时，由于方向一致，所以

$$I = I' + I'' = (5 + 1.67)\text{A} = 6.67\text{A}$$

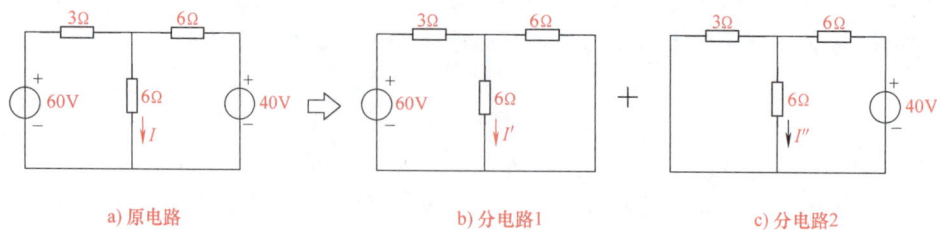

a) 原电路　　　　　　　　　b) 分电路1　　　　　　　　c) 分电路2

图 2-42　叠加定理计算

想一想、做一做

1. 为什么利用支路电流法计算复杂电路只需列出 $n-1$ 个节点方程（n 为电路节点数）和网孔的电压方程即可？不用列出所有方程。

2. 你理解独立方程的含义吗？说说看。

3. 电量的正负代表什么含义？

4. 戴维南定理一般适用于求解复杂电路的哪种情况？

5. 你理解含源和无源网络的含义吗？

6. 叠加定理对求解功率有效吗？

7. 你是如何理解叠加的基本思想的？

实训指导　常用直流仪表及其测量

实训指导2.1　直流电流表及其使用方法

电流表又称"安培表"，是测量电路中电流大小的工具。

1. 熟悉外形和表盘

直流电流表的外形和表盘如图 2-43 所示。图中电流表有 12 个量程插孔，量程范围为 7.5mA～30A，根据需要进行选择。表盘共有 150 小格，可由量程算出每小格安培数，所测电流为

$$I_X = \frac{I_N}{N}n$$

式中，I_N 为量程值；$N=150$ 格；n 为被测电流所占格数。

2. 电流表的使用方法

（1）测前准备

【看表盘】　使用前要对电表进行观察，看表盘上的符号是不是"A"，"A"表示这个电表是电流表。注意"$\underline{A}$"是直流电流表，"$\underset{\sim}{A}$"是交流电流表。再看表盘上的刻度，要弄清表盘刻度的量程（最大测量值）与每一大格和每一小格代表多大的电流。

【校零】　使用前应先观察指针是指在"0"刻度线处，还是指在"0"刻度线的左侧或右侧。然后用一字螺钉旋具调整校零按钮，使指针指在"0"刻度线。

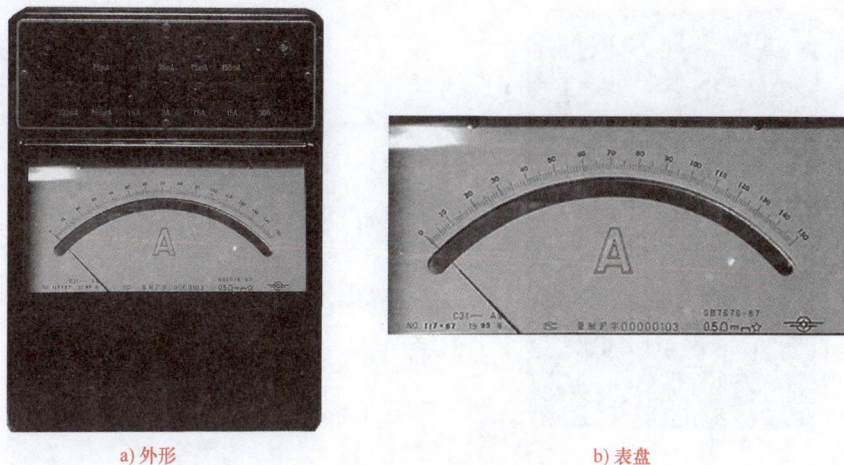

a) 外形　　　　　　　　　　　　　　　　b) 表盘

图 2-43　直流电流表外形和表盘

【选用量程】　用电流表测量电流时，一要确保被测电流不能超过电流表的最大测量值，二要确保电流表在安全的前提下尽量提高测量的准确程度，因此要根据被测电流的大小选择电流表的量程。一般可根据经验估计或采用试触法（即按由大到小量程试测）。

（2）开始测量

1）连接电路时，开关应断开。

2）电流表要串联在电路中（否则短路）。

3）电流要从"＋"接线柱入，从"－"接线柱出（否则指针反转）。

4）被测电流不要超过电流表的量程（可以采用试触的方法来看是否超过量程）。

5）严禁不经过用电器而把电流表连到电源的两极上（若将电流表连到电源的两极上，轻则指针打歪，重则烧坏电流表、电源及导线）。

6）电流表读数：看清量程，看清分度值，看清指针停留位置（一定从正面观察），得出测量结果要先大后小再估读，即先读指针左侧相邻的大格所对应的示数，接着读出小格所对应的示数。大格示数加上小格示数就是电流表示数。当指针不是正对刻度线时，要进行估读。方法是：以指针所指的左右两侧的小格为参照，看指针是指在两小格中间还是偏左或偏右。如果指针在中间，则为最小刻度的一半；如果偏左或偏右，则可根据偏离程度进行估读。

实训指导 2.2　直流电压表及其使用方法

电压表（Voltmeter）又称"伏特表"，是一种测量电压的仪器。

1. 熟悉外形和表盘

直流电压表的外形和表盘如图 2-44 所示。图中电压表有 10 个量程插孔，量程范围为 0.75 ~ 600V，根据需要进行选择。表盘共有 150 小格，可由量程算出每小格伏特数，所测电压即为

$$U_X = \frac{U_N}{N} n$$

式中，U_N 为量程值；$N = 150$ 格；n 为被测电压所占格数。

2. 电压表的使用方法

（1）测前准备

a) 外形   b) 表盘

图 2-44   直流电压表外形和表盘

1）**看表盘**。使用前要对电表进行观察，看表盘上的符号是不是"V"，"V"表示这个电表是电压表，注意"$\underline{V}$"是直流电压表，"$\underline{\underline{V}}$"是交流电压表。再看表盘上的刻度，要弄清表盘刻度的量程（最大测量值）与每一大格和每一小格代表多大的电压。

2）**校零**。使用前应先观察指针是指在"0"刻度线处，还是指在"0"刻度线的左侧或是右侧。然后旋转电流表上的调零旋钮，使指针指在"0"刻度线。

3）**选量程**。用电压表测量电压时，一要确保被测电压不能超过电压表的最大测量值；二要在安全的前提下尽量提高电压表测量的准确度，因此要根据被测电压的大小选择电压表的量程。一般可根据经验估计或用试触法（即按由大到小量程测试）。

（2）开始测量

1）连接电路时，开关应断开。

2）根据测量要求（测量哪个用电器或电路元器件两端的电压），必须将电压表和被测的用电器或电路元件并联。

3）接线柱的接法要正确，电流要从电压表的"＋"极流入，从"－"极流出。

4）电压表读数：看清量程，看清分度值，看清指针停留位置（一定从正面观察）。要先大后小再估读。即先读指针左侧相邻的大格所对应的示数；接着读出小格所对应的示数。大格的示数加上小格的示数就是电压表的示数。当指针不是正对刻度线时，要进行估读。方法是：以指针所指的左右两侧的小格为参照，看指针是指在两小格的中间，还是偏左或偏右。如果指针指在中间，则读数为最小刻度的一半；如果指针偏左或偏右，则可根据偏离程度进行估读。

实训指导2.3   指针式万用表及其使用方法

万用表分为指针式万用表和数字式万用表，是一种多功能、多量程的测量仪表，一般万用表可测量直流电流、直流电压、交流电流、交流电压、电阻等。

MF－500B 型指针式万用表的外形和表盘如图 2-45 所示。图中万用表有 5 个测量区，即直流电压$\underline{V}$、交流电压$\underline{\underline{V}}$、欧姆 Ω、毫安 mA、微安 μA，根据具体测量需要进行选择。表盘共有上下4 层数据刻度，读数时根据测量电量和量程确定所读刻度线，其使用方法及注意事项介绍如下。

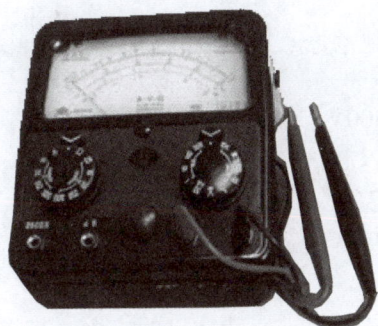
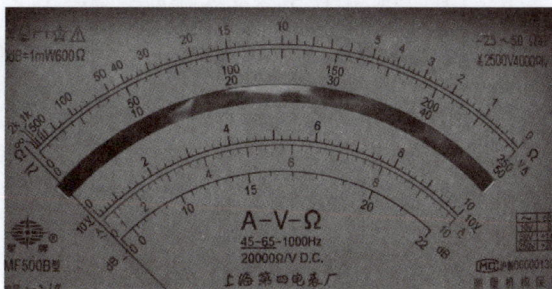

a) 外形　　　　　　　　　　　　　　　　b) 表盘

图 2-45　MF－500B 型万用表的外形和表盘

1. 熟悉表盘

1）熟悉转换开关、旋钮和插孔的作用。

2）了解刻度盘上每条刻度线所对应的被测电量。

3）检查红色和黑色两根表笔所接的位置是否正确。黑表笔插入"＊"插孔，红表笔插入"＋"插孔。

4）机械调零。

指针式万用表的使用

2. 测量直流电压

1）将转换开关拨到"$\underline{V}$"档，选择合适的量程。

2）把万用表并联接入被测电路，红表笔接被测电压的正极，黑表笔接被测电压的负极。

3）读数。

3. 测量交流电压

1）将转换开关拨到"$\underline{V}$"档，选择合适的量程。

2）把万用表两根表笔并联接在被测电路的两端，不分正负极。

3）读数。

4. 测量直流电流

1）将转换开关拨到"mA"或"μA"档，选择合适的量程。

2）将被测电路断开，万用表串接于被测电路中，注意正、负极性。

5. 测量电阻

1）将转换开关拨到"Ω"档，选择合适量程，将两表笔短接进行调零，即转动零欧姆调节旋钮，使指针指到电阻刻度的"0"处。

2）将被测电阻所在电路断电，并同时把被测电阻一端与所在电路断开，用两表笔接触电阻两端，指针显示的读数乘以所选量程的倍率数即为被测电阻的阻值。如：$R = 15$（指针读数）×10（×10 档）＝150Ω。

6. 注意事项

1）不得带电测量被测电阻。

2）每换一次倍率档，要重新调零。

3）万用表内电池的正极与黑表笔即"＊"插孔相连，电池的负极与红表笔即"＋"插孔相连，在测量电解电容和晶体管器件时要注意极性。

4）不得用两只手捏住表笔的金属部分测电阻，否则会将人体电阻并接于被测电阻而引起测量误差。

5）测量完毕，将转换开关置于交流电压最高档（500V）或空档。

实训指导2.4　数字式万用表及其使用方法

数字式万用表如图2-46所示，其使用方法及注意事项介绍如下。

1. 测前准备

测量前，熟悉电源开关、量程开关、插孔、特殊插口的作用，并将电源开关置于ON位置。

2. 交直流电压的测量

根据需要将量程开关拨至DCV（直流电压）或ACV（交流电压）的合适量程，红表笔插入V/Ω孔，黑表笔插入COM孔，并将表笔与被测线路并联，读数即显示。

3. 电阻的测量

将量程开关拨至"Ω"档的合适量程，红表笔插入V/Ω孔，黑表笔插入COM孔。如果被测电阻值超出所选择量程的最大值，万用表将显示"1"，这时应选择更高的量程。测量电阻时，红表笔为正极，黑表笔为负极，这与指针式万用表正好相反。

4. 使用注意事项

1）如果无法预先估计被测电压或电流的大小，则应先拨至最高量程档测量一次，再视情况逐渐把量程减小到合适位置。测量完毕，应将量程开关拨到最高电压档，并关闭电源。

图2-46　数字式万用表

2）满量程时，仪表仅在最高位显示数字"1"，其他位均消失，这时应选择更高的量程。

3）测量电压时，应将数字万用表与被测电路并联。测电流时，应将数字万用表与被测电路串联，测直流量时不必考虑正、负极性。

4）当误用交流电压档去测量直流电压，或者误用直流电压档去测量交流电压时，显示屏将显示"000"，或低位上的数字出现跳动。

5）禁止在测量高电压（220V以上）或大电流（0.5A以上）时换量程，以防止产生电弧，烧毁开关触点。

6）当显示"BATT"或"LOW BAT"时，表示电池电压低于工作电压。

5. 关于指针式万用表与数字式万用表的使用区别

1）指针式万用表与数字式万用表对应的基本测量功能大致相同，指针式万用表在测量过程中，可以看到数值的动态变化。数字式万用表的测量结果，更为精确一些。技术人员基本上是依据个人习惯，选择使用。

2）目前，中档的数字式万用表价格已经很便宜（不到100元），已经低于中档的指针式万用表，有如普通数字式手表的价格低于机械式手表的价格的情况。

3）指针式万用表与数字式万用表的测量功能有一个重要的不同，就是数字式万用表可以定量地测量电容器的电容量，而指针式万用表只能够定性地判断电容器性能的好、坏。

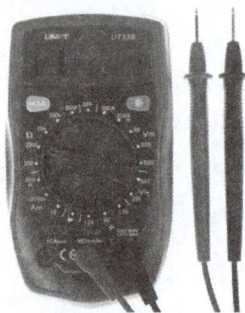

"定量地测量电容器的电容量"这种功能,对于维修电工而言,是十分有用的。原因是各种电容器(特别是电解电容器)长期(3~5年)使用后会出现"老化"现象,导致电容量下降,影响电气装置的工作。因此,及时发现电容器的老化程度,及时更换,防患于未然,是十分重要的。一般电容器的电容量下降10%之后,就应该予以更换。

维修工作中,常见的需要检测的电容器包括:①电子电路中的大容量电解电容,一般是滤波电容。②交流单相电动机的起动电容器。③电子装置(如电视机)中的高压电容器。

实训 2.1　色环电阻及识读

色环电阻是在电阻封装上(即电阻表面)涂上一定颜色的色环来代表这个电阻的阻值,其外形如图 2-47 所示。色环电阻的识读示意及对照表分别如图 2-48a、b 所示,其读数方法如下。

1. 色环颜色代表的数字

棕1、红2、橙3、黄4、绿5、蓝6、紫7、灰8、白9、黑0。

图 2-47　色环电阻实物

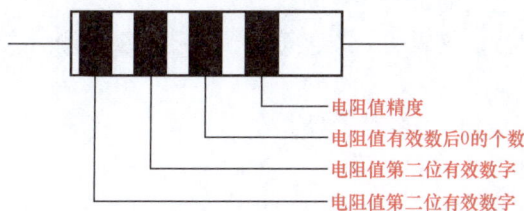

2. 色环颜色代表的倍率

棕*10、红*100、橙*1k、黄*10k、绿*100k、蓝*1M、紫*10M、灰*100M、白*1000M、黑*1、金*0.1、银*0.01。

3. 色环颜色代表的误差等级

金5%、银10%、棕1%、红2%、绿0.5%、蓝0.25%、紫0.1%、灰0.05%、无色20%。

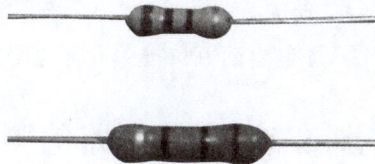

a) 识读示意

b) 对照表

图 2-48　色环电阻的识读示意及对照表

4. 四环电阻的读法

前 2 位数字是有效数字，第 3 位是倍率，第 4 位是误差等级。

例如：棕红黑金 12 * 1 = 12Ω，误差为 ±5%；

红红橙银 22 * 1k = 22kΩ，误差为 ±10%；

黄紫黄金 47 * 10k = 470kΩ，误差为 ±5%。

5. 五环电阻的读法

前 3 位数字是有效数字，第 4 位是倍率，第 5 位是误差等级。

例如：棕红黑黑金 120 * 1 = 120Ω，误差为 ±5%；

棕红黑橙棕 120 * 1k = 120kΩ，误差为 ±1%；

黑棕黑银灰 010 * 0.01 = 0.1Ω，误差为 ±0.05%。

6. 六环电阻的读法

六环电阻前五位按照五环电阻的读法读出来，第六环是温度系数。

实训 2.2 直流电路的测量

1. 实训目的

1）认识实验室的电源设备，熟悉实验室的规章制度，培养安全用电的习惯。

2）学习晶体管直流稳压电源的使用方法。

3）正确使用直流电流表、直流电压表、万用表等仪表。

4）学习电位、电流及电压的测量方法。

5）测量并绘制线性电阻的伏安特性曲线。

6）了解常用电工仪器、仪表的分类、符号、精度等级和测量误差等方面的基本知识。

2. 所用仪器设备

1）晶体管直流稳压电源 HG1723 1 只；

2）直流电流表 C31-A 1 只；

3）直流电压表 C31-V 1 只；

4）万用表 MF-500B 1 只；

5）滑线变阻器 BX4-514 1 只；

6）旋式电阻箱 ZX21 2 只。

3. 测量电路及实物连接图

（1）测量电路　如图 2-49 和图 2-50 所示。

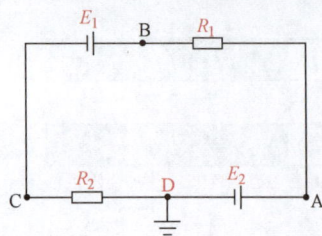

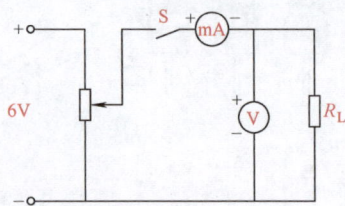

图 2-49　测量电位　　　　图 2-50　测量电阻伏安特性曲线

（2）实物连接图　如图 2-51 和图 2-52 所示。

图 2-51　测量电位实物图

图 2-52　测量电阻曲线实物图

4. 训练内容及步骤

（1）电位的测量

步骤 1　按图 2-49 或图 2-51 连接电路，选择并调节电源数据：$E_1 = 6V$，$E_2 = 1.5V$；电阻参数：$R_1 = 20\Omega$，$R_2 = 30\Omega$。

步骤 2　选择电路的 D 点为参考点，用电压表测量其他各点（A、B、C 三点）对"参考点"的电压（即其他各点的电位 V_A、V_B、V_C），记入表 2-2 中。

步骤 3　选择电路的 C 点为参考点，用电压表测量其他各点（A、B、D 三点）对"参考点"的电压（即其他各点的电位 V_A、V_B、V_D），记入表 2-2 中。

步骤 4　根据测量值，计算出 U_{AB}、U_{BC}、U_{CD}。

（2）线性电阻伏安特性的测定　线性电阻的伏安特性是用电压和电流的关系曲线 $I = f(U)$ 或 $U = f(I)$ 来描述的，称为伏安特性曲线。显然，线性电阻的伏安特性曲线应是通过原点的一条直线。

首先用万用表欧姆档测量待测电阻箱的阻值，记入表 2-3 中，以备和测量结果对比。

步骤 1　按图 2-50 或图 2-52 所示电路接线，选择电路参数 $R_L = 50\Omega$。

步骤 2　调节电位器的滑动端，逐步增加其输出电压，在 0～6V 之间选取几个测试点，将电压和电流表的相应读数记入表 2-3 中。

步骤 3　以电压 U 为纵坐标、电流 I 为横坐标作线性电阻的伏安特性曲线 $U = f(I)$。

5. 测量结果

（1）数据记录表

表 2-2　电位测量数据表

参考点选择	测量值/V						计算值/V						
	U_{AD}	U_{BD}	U_{CD}	U_{AC}	U_{BC}	U_{DC}	V_A	V_B	V_C	V_D	U_{AB}	U_{BC}	U_{CD}
$V_D = 0$										0			
$V_C = 0$									0				

表 2-3　特性曲线测量数据表

I/mA	0	20	40	60	100
U/V					

用万用表测量 $R_L = $ ＿＿＿＿＿＿＿ Ω。

（2）伏安特性曲线

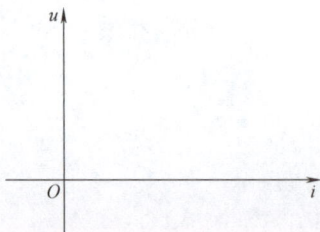

大国工匠英雄谱之二

精益求精，匠心筑梦，将"学技术是其次，学做人是首位，干活要凭良心"作为座右铭的人——胡双钱

坚守航空事业近四十年，对质量的坚守已经融入血液，他加工数十万飞机零件而无一差错。钳工是进行零件加工最直接的手段，胡双钱利用几十年的积累和沉淀攻坚克难，创新工作方法，总结归纳出"对比复查法"和"反向验证法"，在飞机零件制造岗位上创造了奇迹，圆满完成了 ARJ21－700 飞机起落架钛合金作动筒接头特制件制孔、C919 大型客机项目平尾零件制孔等各种特制件的加工工作。

本章小结

1. 一个最基本的电路由电源、负载、连接导线和控制器件组成。

2. 电路的三种状态：通路、断路和短路。

3. 电流：单位时间内通过导体横截面的电荷量的大小。表达式为 $I = \dfrac{Q}{t}$。

4. 电压：电场力将单位正电荷从一点移到另一点所做的功。表达式为 $U_{ab} = \dfrac{W_{ab}}{Q}$。

5. 电位：电路中任意一点的电位就是由该点到参考点的电压。表达式为 $V_a = U_{ao}$（o 点为参考点）。

6. 电动势：电源力（非电场力）将单位正电荷在电源的内部从负极移动到正极所做的功。表达式为 $E = \dfrac{W_E}{Q}$。

7. 电能：电流流过负载时做的功。表达式为 $W = UQ = UIt$。

8. 电功率：电流流过负载在 1s 内所做的功称作电功率。表达式为 $P = \dfrac{W}{t} = UI$。

9. 电阻器：阻碍电流流过的一类限流元件。

10. 电位器：用于分压的可变电阻器。

11. 电阻：电阻器或导体对电流的阻碍作用。表达式为 $R = \rho \dfrac{l}{S}$。

12. 欧姆定律：$U = RI$ 或 $I = GU$（G 为电导）。

13. 电流热效应：电流通过导体时使导体发热的现象。表达式为 $Q = I^2 Rt$。

14. 负载的额定值：用电设备安全工作时所允许的最大电流、电压和电功率分别叫作额定电流、额定电压和额定功率，统称为额定值。

15. 电阻的连接：串联指两个或两个以上电阻首尾相连，中间无分支的连接方式。并联指两个或两个以上的电阻接在电路相同两点的连接方式。

16. 基尔霍夫定律：①几个常用的术语，支路、节点、回路和网孔；②电流定律（KCL）；$\sum I_入 = \sum I_出$；③电压定律（KVL），$\sum U = 0$（回路中各段电压参考方向与绕行方向一致时为正，相反为负）或 $\sum U_S = \sum IR$（电压源电压参考方向与绕行方向一致者为负，相反者为正；流经电阻上的电流方向与绕行方向一致者该电阻上电压降取正，相反者取负）。

17. 复杂电路的计算：在求解复杂电路时，通常都是已知电源电压和各电阻值，求各支路电流。复杂电路的求解方法很多，常用的方法有支路电流法、戴维南定理和叠加定理。

支路电流法：以各支路电流为未知量，应用基尔霍夫定律列出足够的、独立的方程联立求解的方法。

戴维南定理：任何一个线性含源的二端网络，都可以用一个电压源和一个电阻串联的支路来等效。电压源的电压 U_S 等于这个含源二端网络的开路电压 U_{OC}，电阻 R_0 等于该网络中所有电源都不起作用（理想电压源视为短接，理想电流源视为开路，保留其内阻）时的等效电阻。

叠加定理是线性电路的一个重要定理，它体现了线性电路的基本性质，为复杂电路的分析和计算提供了更加简便的方法。叠加定理：在含有多个电源的线性电路中，任一支路的电流或电压，等于各个电源单独作用时在该支路中产生的电流或电压的代数和。

某个电源单独作用，是指其他电源不起作用，即电压源和电流源的输出电流均为零。在电路图中，不起作用的电压源是用一根导线代替其在电路中的位置，不起作用的电流源可用开路代替，它们的内阻则保留。

第3章　电容与电感

▶ **本章导读**

知识目标

　1. 结合实物，了解实际电容元件，了解电容的概念、参数、标注及其应用。

*2. 了解电容充放电概念、时间常数、充放电快慢。

　3. 结合实物，了解实际电感元件，了解电感的概念及其应用。

*4. 了解铁磁性物质的磁化现象，了解常用磁性材料的种类及其用途。

*5. 了解磁路、主磁通和漏磁通的概念，了解涡流产生的原因及其在工程技术上的应用。

技能目标

1. 会识别不同类型的电容器，会检测电容器，能判断其好坏。

2. 会识别不同类型的电感器，会检测电感器，能判断其好坏。

思政目标

培养学生爱党、爱国、遵纪守法；增强学生树立远大理想信念的自信心；增强综合素养；培养奋斗精神；培养学生精益求精的大国工匠精神。

3.1　电容器和电容

3.1.1　电容器及电容

1. 概述

任何两个导体之间用绝缘物质隔开就构成电容器，这两个导体叫作电容器的极板，它们之间的绝缘物质叫作介质，空气、纸、云母、油、塑料等都可以做电容器的绝缘介质。

电容器的种类繁多，具体结构也有所不同，但其基本结构是一样的。电容器的最简单结构可由两个相互靠近的平行金属板中间夹一层绝缘介质组成，称为平板电容器，如图3-1所示。当在两个极板间加上电压时，电容器就会在两个极板上储存等量异号的电荷，两极间就建立了电场，所以电容器是一个储存电荷、储存电场能量的电子元件。

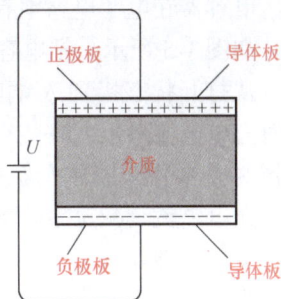

图3-1　平板电容器的结构

通过实验可以得出，电容器极板上储存的电荷量的大小和两极间电压成正比，即

$$q = Cu_C \tag{3-1}$$

式中，C 称为电容量，简称电容，是反映电容器储存电荷能力的参数。

按国际单位制，如果一个电极板所带的电荷为 1C，两个电极板之间的电压为 1V，此时电容器的电容为 1 法拉，简称 1 法，符号为 F。在实际应用时，法拉（F）这个单位太大，常采用微法（μF）和皮法（pF）作为其单位，其换算关系如下：

$$1\mu F = 10^{-6}F$$
$$1pF = 10^{-12}F$$

平板电容器的电容可由下式计算：

$$C = \frac{q}{u_C} = \frac{\varepsilon S}{4\pi d} \tag{3-2}$$

式中　C——电容，单位是 F；

　　　q——电极板上储存的电荷，单位是 C；

　　　u_C——两个电极板上的电压，单位是 V；

　　　ε——绝缘介质的介电常数，和介质材料种类有关；

　　　S——两金属极板的重叠面积，单位是 m^2；

　　　d——极板间的距离，单位是 cm。

2. 电容器的分类

电容器按结构的不同可以分为固定电容器、可变电容器和半可变电容器。

固定电容器的电容量为一定数值且固定不能调节。

可变电容器是一种电容量在一定范围内可以调节的元件，适用于电容量需要随时改变的电路。它通常用空气或低损耗的塑料薄膜做介质。

半可变电容器又叫作微调电容器，其电容量能在较小的范围内变动，而且在使用中不经常改变。通常采用陶瓷、云母以及空气做介质。

电容器按照介质的不同可以分为纸介电容器、油浸电容器、金属化纸介电容器、陶瓷电容器、有机薄膜电容器、云母电容器、电解电容器等。各种类型的电容器的外形如图 3-2 所示，实物如图 3-3 所示，电路符号和文字符号如图 3-4 所示。

3. 电容器的充电和放电

电容器在电子电路中有着广泛的应用，最主要是利用它的充、放电特性。

如图 3-5 所示，把电容器与电阻串联后，再接到端电压 U 为恒定值的电源两端，当把开关 S 从打开状态接到 A 端时，电容器充电。接通瞬间，电容器上无电荷，两端电压为零，这时充电电流最大，$i = U/R$。随着充电的不断进行，电容器两极板上的电荷不断聚集，电容器两端的电压逐渐增高，而充电电流不断衰减。当电容器的端电压和电源的端电压相等时，充电电流衰减至零，到此充电便结束。图 3-6 所示为充电过程中 u_C 和 i 的变化曲线。

电容器在充电过程中，从电源处吸收电能，把它储藏在电容器的电场之中，它所储藏的能量为

$$W = \frac{1}{2}CU^2 \tag{3-3}$$

动片
定片
动片
定片

旋转式   直滑式   推拉式
a) 可变电容器

b) 半可变电容器(微调电容器)   c) 陶瓷电容器

d) 电解电容器   e) 有机薄膜电容器

f) 云母电容器   g) 纸介电容器

常用电容器外形

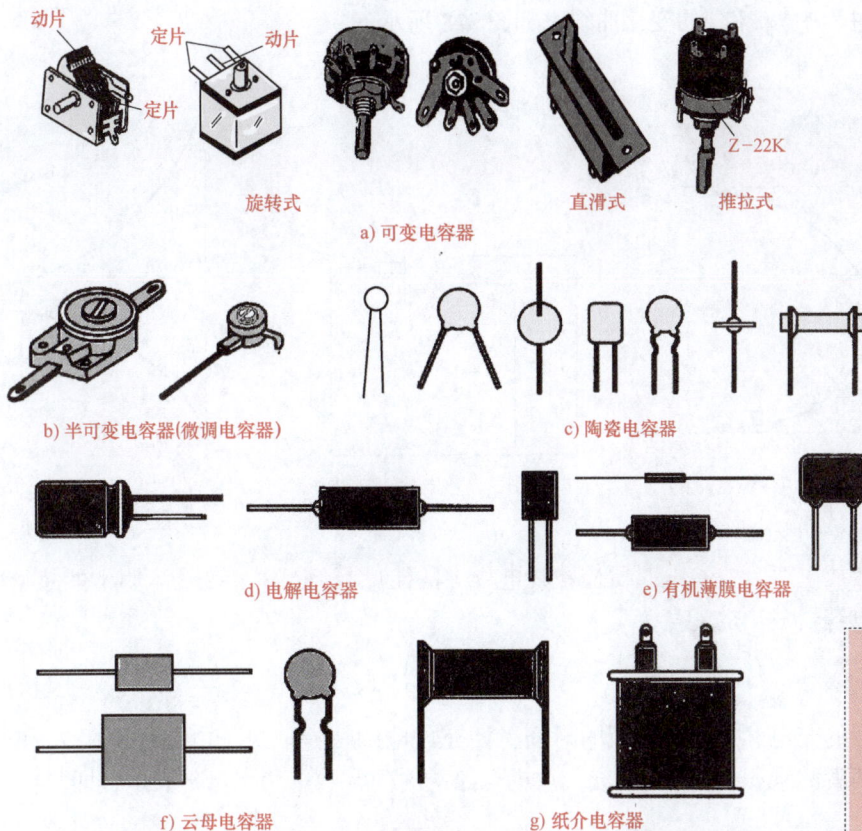

图 3-2   各种类型的电容器外形

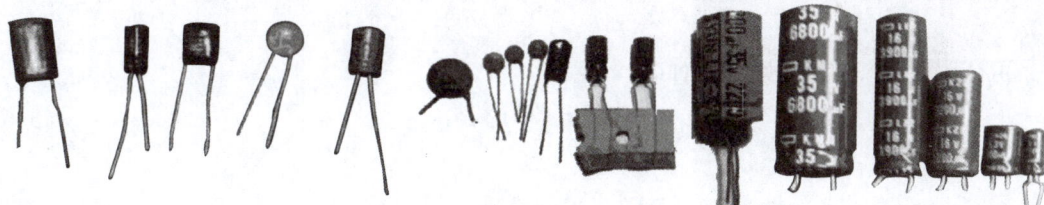

图 3-3   各种类型的电容器实物

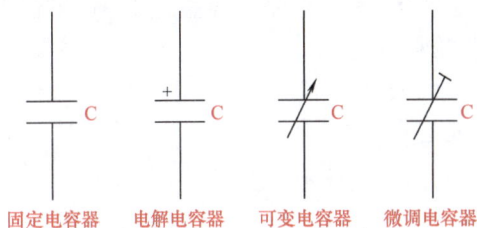

固定电容器   电解电容器   可变电容器   微调电容器

图 3-4   电容器的电路符号和文字符号

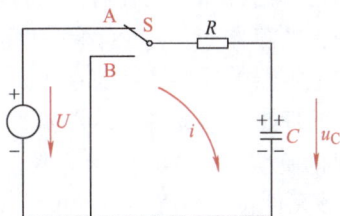

图 3-5   电容器充电

在电容器充电完毕后，如把开关 S 从 A 端迅速扳到 B 端，如图 3-7 所示，此时电容器开始放电。同样，在电路刚接通的瞬间，放电电流最大。随着电容器两电极上的电荷不断减少，其两端的电位差就逐渐降低。最后放电完毕，放电电流便等于零。

放电过程中 u_C 和 i 的变化曲线，如图3-8所示。

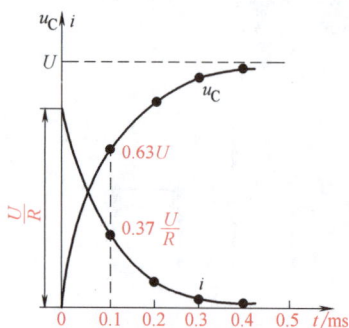

图3-6 电容器充电时的
电压、电流变化过程

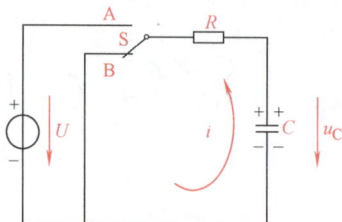

图3-7 电容器放电

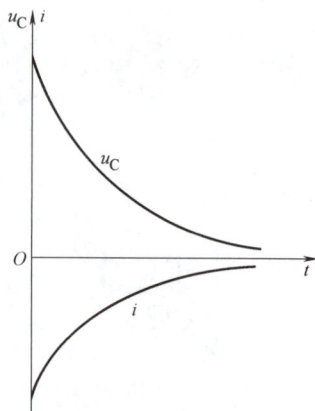

图3-8 电容器放电时的
电压、电流变化过程

电容器放电时，把充电时所储藏在电场中的能量释放出来转变为电阻上的热量。在放电过程中，电容器放出的能量为

$$W = \frac{1}{2}CU^2 \tag{3-4}$$

电容器的充电和放电所经历的时间，即充放电的快慢取决于电路中电阻 R 和电容 C 的大小，将两者的乘积 RC 定义为充、放电电路的时间常数，用字母 τ 表示，即

$$\tau = RC \tag{3-5}$$

其中，若电阻 R 的单位为欧姆（Ω），电容 C 的单位为法拉（F），则时间常数 τ 的单位为秒（s）。

可证明，RC 电路充放电的时间为

$$t = \infty \,(理论上) \tag{3-6}$$

或

$$t = (3 \sim 5)\tau \,(实际工程中) \tag{3-7}$$

3.1.2 电容元件

由以上讨论可知，电容器是一种能够储存能量的元件，这是电容器的基本电磁性能。但在实际中，电容器介质中还存在一定的介质损耗和漏电流。如果忽略电容器的这些次要影响，就可以用一个代表其基本电磁性能的理想二端元件作为模型。电容元件就是实际电容器的理想化模型。图3-9所示为其图形符号。其中，$+q$ 和 $-q$ 代表该元件正、负极板上的电荷量。

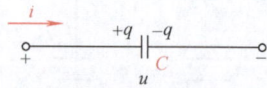

图3-9 线性电容元件的图形符号

如果电容元件的电容为常量，且不随它所带电量的变化而变化，这样的电容元件即为线性电容元件。本书只讨论线性电容元件。

电容元件也简称为电容。所以，电容一词，既表示电容元件，也表示电容 C 这个物理量。

若假定通过电容元件的电流参考方向与其两端电压 u 的参考方向一致（关联参考方向），如图3-9所示。则电容元件的电压与电流的伏安关系为

$$i = C \frac{\mathrm{d}u}{\mathrm{d}t} \tag{3-8}$$

式(3-8) 表明,电容元件的电流与其电压的变化率成正比。只有当元件的电压发生变化时,其中才会有电流。所以,直流电路中,电容元件相当于开路。

3.1.3 电容器的检测

1. 固定电容器的检测

1) 检测 10pF 以下的小电容器。因 10pF 以下的固定电容器容量太小,用万用表进行测量,只能定性地检查其是否有漏电、内部短路或击穿现象。测量时,可选用万用表 R×10k 档,用两表笔分别任意接电容的两个引脚,阻值应为无穷大。若测出阻值(指针向右摆动)为零,则说明电容漏电损坏或内部击穿。

2) 检测 10pF~0.01μF 的固定电容器 检测此种规格电容器是否有充电现象,进而判断其好坏。万用表选用 R×1k 档。用两只晶体管(β 值均为 100 以上)组成复合管。将被测电容器的两极分别与复合管的基极与集电极相连,万用表的红、黑表笔分别与复合管的发射极 e 和集电极 c 相接。由于复合晶体管的放大作用,把被测电容的充放电信号予以放大,使万用表指针摆动幅度加大,从而便于观察。

3) 检测 0.01μF 以上的固定电容器 可用万用表的 R×10k 档直接测试电容器有无充电过程以及内部有无短路或漏电,并可根据指针向右摆动的幅度大小估计出电容器的容量。

图 3-10 所示为固定电容器的实测示意图。

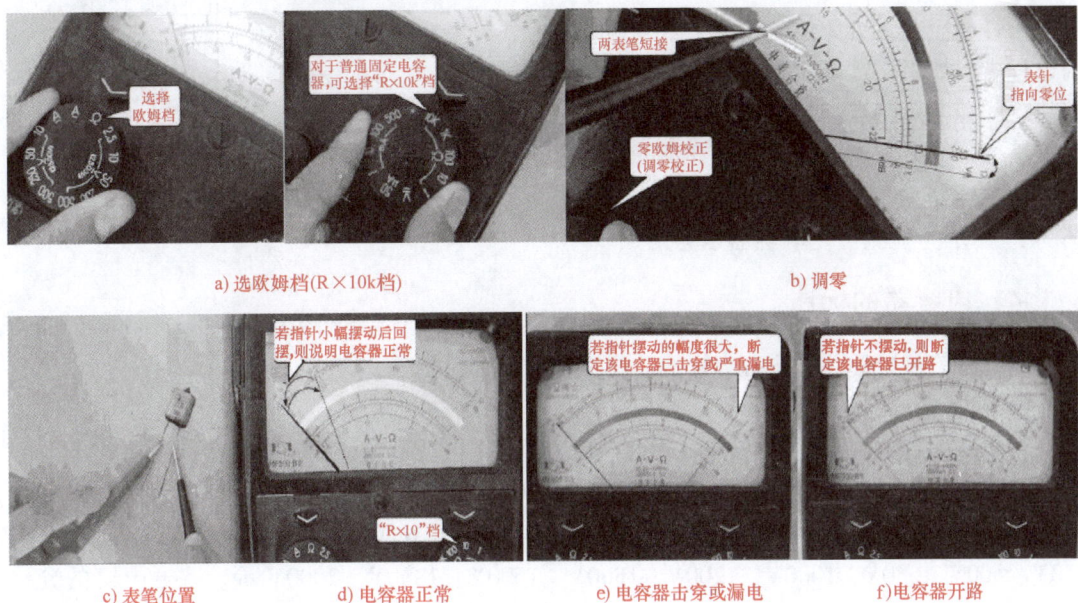

a) 选欧姆档(R×10k档)   b) 调零

c) 表笔位置   d) 电容器正常   e) 电容器击穿或漏电   f) 电容器开路

图 3-10 固定电容器的实测示意图

2. 电解电容器的检测

1) 因为电解电容器的容量较一般固定电容器大得多,所以,测量时,应针对不同容量选用合适的量程。一般情况下,1~47μF 间的电容器,可用 R×1k 档测量;大于 47μF 的电容器可用 R×100 档测量。

2）将万用表红表笔接负极，黑表笔接正极，在刚接触的瞬间，万用表指针即向右偏转较大角度（对于同一电阻档，容量越大，摆幅越大），接着逐渐向左回转，直到停在某一位置。此时的阻值便是电解电容器的正向漏电阻，此值略大于反向漏电阻。实际使用经验表明，电解电容器的漏电阻一般应在几百千欧以上，否则将不能正常工作。在测试中，若正向、反向均无充电现象，即表针不动，则说明容量消失或内部断路；如果所测电阻值很小或为零，则说明电容器漏电大或已被击穿损坏，不能再使用。

3）对于正、负极标志不明显的电解电容器，可利用上述测量漏电阻的方法加以判别，即先任意测量一下漏电阻，记住其大小，然后交换表笔再测出一个电阻值。两次测量中电阻值大的那一次便是正向接法，即黑表笔接的是正极，红表笔接的是负极。

4）使用万用表电阻档，采用给电解电容器进行正、反向充电的方法，根据指针向右摆动幅度的大小，可估测出电解电容器的容量。

3. 可变电容器的检测

1）用手轻轻旋动转轴，应感觉十分平滑，不能有时松时紧、甚至卡滞的现象。将转轴向前、后、上、下、左、右等各个方向推动时，不应有松动的现象。

2）用一只手旋动转轴，另一只手轻触动片组的外缘，不能有任何松脱现象。转轴与动片之间接触不良的可变电容器是不能再继续使用的。

3）将万用表置于 R×10k 档，一只手将两个表笔分别接可变电容器的动片和定片的引出端，另一只手将转轴缓缓旋动几个来回，万用表指针都应在无穷大位置不动。在旋动转轴的过程中，如果指针有时指向零，说明动片和定片之间存在短路点；如果碰到某一角度，万用表读数不为无穷大而是出现一定阻值，则说明可变电容器动片与定片之间存在漏电现象。图3-11所示为检测可变电容器示意图。

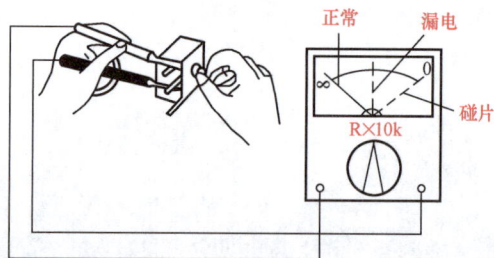
图3-11　检测可变电容器示意图

3.1.4　电容器的标注

电容器的参数标注方法有直标法、文字符号法和色标法。

1. 直标法

直标法是将电容器的主要参数（标称电容量、额定电压及允许偏差）直接标注在电容器上，一般用于电容器或体积较大的无极性电容器。标称电容量的单位有微法（μF）和皮法（pF）。

额定电压有 6.3V、10V、16V、25V、32V、50V、63V、100V、160V、250V、400V、450V、500V、630V、1000V、1200V、1500V、1600V、1800V、2000V 等。普通电容的允许误差有 ±5%、±10%、±20% 和 >±20% 等，精密电容器的允许偏差有 +2%、±1%、±0.5%、±0.25%、±0.1% 和 ±0.05%。国外电容器也有只标数字、不标单位的直标法，或用 R 来表示小数点，或将小数点及其前面的零省略不标等情况。

2. 文字符号法

文字符号法是采用数字或字母与数字混合的方法来标注电容器的主要参数。

（1）数字标注法　数字标注法一般是用 3 位数字表示电容器的容量。其中前两位数字为有效值数字，第三位数字为倍乘数（即表示有效值后有多少个 0）。例如：102 表示 $10 \times 10^2 \mathrm{pF} = 1000 \mathrm{pF}$，104 表示 $10 \times 10^4 \mathrm{pF} = 0.1 \mu\mathrm{F}$，105 表示 $10 \times 10^5 \mathrm{pF} = 1 \mu\mathrm{F}$。

（2）字母与数字混合标注法　此标注方法是用 2 ~ 4 位数字表示有效值，用 p、n、μ、m 等字母表示有效数后面的量级。进口电容器在标注数值时不用小数点，而是将整数部分写在字母之前，将小数部分写在字母后面。例如：4p7 表示 4.7pF，8n2 表示 8200pF，3m3 表示 $3300 \mu\mathrm{F}$。

3. 色标法

色标法与电阻器的色环法基本一样，都是在元件封装外表涂上不同的颜色，表示元件的标称值。电容器的色标法标注的容量单位一般为 pF。表 3-1 是不同颜色所代表的具体数字。

表 3-1　色标法中各色所表示的意义

颜色	黑	棕	红	橙	黄	绿	蓝	紫	灰	白	金	银	无色
有效数字	0	1	2	3	4	5	6	7	8	9	—	—	—
允许偏差(%)	—	±1	±2	—	—	±0.5	0.25	0.1		$-20 \sim 50$	±5	10	±2
工作电压/V	4	6.3	10	16	25	32	4	50	63	—			
倍率	10^0	10^1	10^2	10^3	10^4	10^5	10^6	10^7	10^8	10^9	10^{-1}	10^{-2}	—

如图 3-12 所示，色标法的标注方法：沿着电容器引线方向，第一、二色带，表示电容量的有效数字，第三色带表示有效数字后面零的个数（倍率），第四色带表示允许误差。如遇到电容器色带的宽度为两个或三个色带宽度时，就表示有两个或三个相同的数字。图 3-12a 所示为棕、绿、橙三个色带，它表示的电容器标称容量为 15000pF，即 0.015μF。图 3-12b 所示为橙色宽带和红色带，它表示的电容器标称容量为 3300pF。

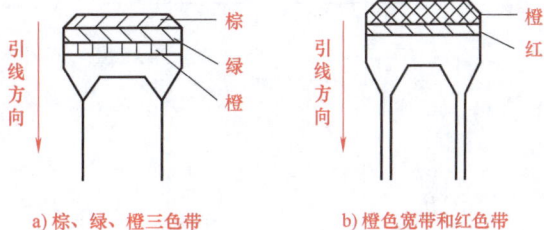

a) 棕、绿、橙三色带　　　b) 橙色宽带和红色带

图 3-12　色标法的标注方法

>>> 小知识 | 闪光灯

闪光灯（Flash Light）是照相机加强曝光量的辅助设备，尤其在昏暗的地方，借助闪光灯便于让景物更明亮。闪光灯电路由振荡升压、整流充电、电压指示和脉冲触发闪光 4 个部分组成。当电源接通后，利用振荡升压部分获得一个大于 300V 的交变电压。交变电压经整流后变成直流电压，对主电容器和触发电容器充电储能。当电压充至额定电压的 70% 左右时，指示电路中的氖灯起辉，指示闪光灯处于正常闪光等待状态。当按下按钮，触发电路产生脉冲电压，感应出瞬间高压脉冲（约 10kV），通过闪光管的触发极使闪光管内氖气电离并导通，触发电容器上储存的电能瞬间通过闪光灯管放电转化为光能，完成一次闪光。

3.2 电感与电感元件

3.2.1 电感器与电感

1. 概述

电感器就是用导线绕制的空心线圈或具有铁心的线圈，它是能够把电能转化为磁能而存储起来的元件，在工程中有广泛的应用。图 3-13 所示为电感器的结构示意图，图 3-14 所示为常见电感器实物图。

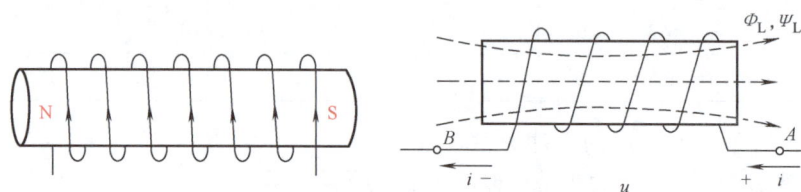

图 3-13 电感器的结构示意图

图 3-14 常见电感器的实物图

当电感线圈内有电流 i 流过时，电流在该线圈内产生的磁通为自感磁通。在图 3-13 中，Φ_L 表示电流 i 产生的自感磁通。如果线圈的匝数为 N，且穿过每一匝线圈的自感磁通都是 Φ_L，则

$$\Psi_L = N\Phi_L \tag{3-9}$$

即是电流 i 产生的自感磁链。

若电感线圈是空心线圈，自感磁链 Ψ_L 与电流 i 成正比，即

$$L = \frac{\Psi_L}{i_L} \tag{3-10}$$

L 称为电感元件的自感系数，或电感系数，简称电感。其大小表征了电感线圈产生磁链（磁通）的能力。电感的单位为亨利，简称亨，符号为 H，$1H = 1Wb/A$。除了亨（H），其单位还有毫亨（mH）和微亨（μH），换算关系为

$$1mH = 10^{-3}H, 1\mu H = 10^{-6}H$$

2. 电感器的分类

电感器种类繁多，有如下分类方式：

1）按其结构的不同，电感器可分为线绕式电感器和非线绕式电感器（多层片状、印刷电感等）；还可分为固定式电感器和可调式电感器。固定式电感器又分为空心电感器、磁心电感器、铁心电感器等。可调式电感器又分为磁心可调电感器、铜心可调电感器、滑动接点可调电感器、串联互感可调电感器和多抽头可调电感器。

2）按工作频率的不同，电感器可分为高频电感器、中频电感器和低频电感器。空心电感器、磁心电感器和铜心电感器一般为中频或高频电感器，而铁心电感器多数为低频电感器。

3）按用途的不同，电感器可分为振荡电感器、校正电感器、显像管偏转电感器、阻流电感器、滤波电感器、隔离电感器和补偿电感器等。

图 3-15 所示为几种常见类型电感器的示意图。

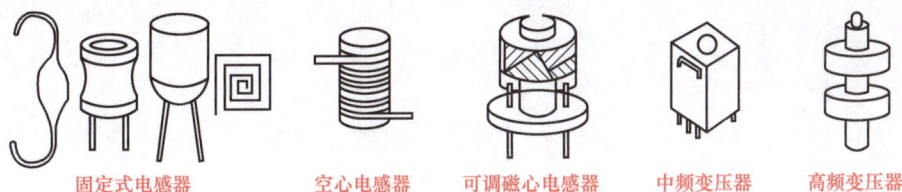

固定式电感器　　空心电感器　　可调磁心电感器　　中频变压器　　高频变压器

常用电感器外形

图 3-15　常见电感器的示意图

3.2.2　电感器的检测

用指针万用表检测电感器的方法如下：

1）首先将万用表调到欧姆档的 R×1 档，两表笔与电感器的两引脚相接，表针指示应

接近"0Ω"，如果表针不动，说明该电感器内部断路，如果表针指示不稳定，说明电感器内部接触不良。

2）将万用表置于 R×10k 档，检测电感器的绝缘情况，测量线圈引线与铁心或金属屏蔽之间的电阻，均应为无穷大，否则该电感器绝缘不良。

3）查看电感器的结构，好的电感器线圈绕线应不松散、不变形，引出端应固定牢固，磁心既可灵活转动、又不会松动等，否则电感器可能损坏。

3.2.3 电感元件

电感元件是一种理想的二端元件，其符号如图 3-16 所示。实际电感线圈的主要特性是储存磁场能量，除此之外，电感线圈还具有一定的耗能及电容特性，如果忽略这些次要特性，就可以用一个理想元件来表示，电感元件就是体现实际线圈主要电磁性能的理想化模型。

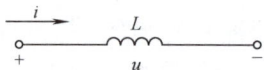

图 3-16 线性电感元件

如果电感元件的电感为常量，而不随通过它的电流的改变而变化，则称为线性电感元件。除非特别指出，否则本书中所涉及的电感元件都是指线性电感元件。图 3-16 所示为线性电感元件的图形符号。

电感元件和电感系数一样也称为电感。所以，电感一词有时指电感元件，有时则是指电感元件或电感线圈的电感系数。

如图 3-16 所示，选择电感元件两端电压 u 与电流 i 的参考方向一致时（关联参考方向），电感元件的电压与电流的伏安关系表示为

$$u = L \frac{\mathrm{d}i}{\mathrm{d}t} \tag{3-11}$$

式(3-11) 表明，电感元件的电压与其电流的变化率成正比。只有当元件的电流发生变化时，其两端才会有电压。所以，直流电路中的电感元件相当于短路。

电感元件也是一种储能元件。

想一想、做一做

1. 根据电感器实物图想一想，你在哪些电器设备、电子产品中看到过哪些电感器？
2. 想一想，空心线圈真的是"空心"的吗？

3.3 铁磁性物质

3.3.1 铁磁性物质与磁化

根据导磁性能的好坏，自然界的物质可分为两大类。一类称为铁磁材料，如铁、钢、镍、钴等，这类材料的导磁性能好，磁导率 μ 值大；另一类为非铁磁材料，如铜、铝、纸、空气等，此类材料的导磁性能差，μ 值小（接近真空的磁导率 μ_0）。

由于铁磁材料的内部磁畴结构的特殊性，在一定强度的外磁场作用下，将在其内部产生一个附加磁场，使铁磁材料内的磁感应强度大大增强，这种现象称为磁化。非铁磁材料没有磁畴结构，所以不具有磁化特性。

通电线圈中放入铁心后，磁场会大大增强，这时的磁场是线圈中电流产生的磁场和铁心被磁化后产生的附加磁场的叠加。铁磁材料是制造变压器、电动机等各种电器设备的主要材料，变压器、电动机和各种电器的线圈中都放有铁心，在这种具有铁心的线圈中通入不大的励磁电流，便可产生足够大的磁感应强度和磁通。

铁磁材料被磁化的过程，可以由磁化曲线形象表示。如图 3-17 所示，$B=f(H)$ 曲线为起始磁化曲线，表明了铁磁材料最初磁化的变化过程。H 是外加磁场，B 是铁磁材料内部磁场。图 3-18 所示是几种常见铁磁材料的磁化曲线。

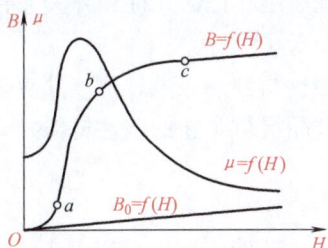

图 3-17　起始磁化曲线

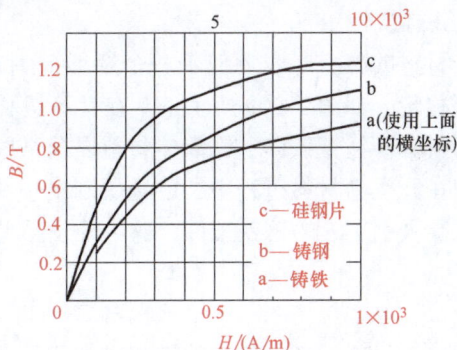

图 3-18　几种常见铁磁材料的磁化曲线

在交变磁场（由交变励磁电流产生）的磁化作用下，铁磁材料将在大小和方向不断变化的外加磁场作用下进行磁化，磁感应强度 B 随磁场强度 H 变化关系曲线如图 3-19 所示，称为磁滞回线。其中，B_r 叫作剩余磁感应强度，简称磁滞，是铁磁材料被磁化后外磁场去掉后所保留的磁性；H_c 叫作矫顽力，是磁化后的铁磁材料被完全去磁所应该加的最小磁场强度。

在铁磁材料的反复磁化过程中，磁感应强度的变化总是落后于磁场强度的变化，这种现象称为磁滞现象。

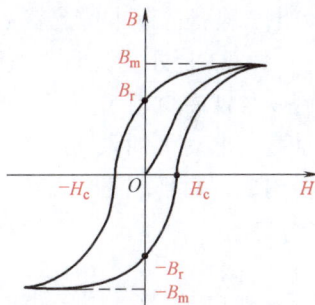

图 3-19　磁滞回线

3.3.2　常用磁性材料的种类及其用途

不同的铁磁材料有不同的剩磁 B_r 和矫顽磁力 H_c，因此它们的磁滞回线和其磁性能也各不相同。按其磁性能把铁磁材料分为三类。

1. 软磁性材料

软磁性材料的矫顽磁力、剩磁、磁滞损耗均较小，磁滞回线狭长，如图 3-20a 所示。它既容易磁化，又容易退磁，一般用于有交变磁场的场合，如用来制造镇流器、变压器、电动机以及各种中、高频电磁元件的铁心等。常用的软磁性材料有硅钢片（电工钢）、铸钢、铸铁以及玻莫合金、非金属软磁铁氧体等。

2. 硬磁性材料

硬磁性材料的矫顽磁力、剩磁、磁滞损耗均较大，磁滞回线较宽，如图 3-20b 所示。硬磁性材料一经磁化，就能获得很强的剩磁，且不易退磁。因此适用于制造永磁铁，如扬声器、耳机、电话机、录音机以及各种磁电式仪表中的永磁铁都是由硬磁性材料制成的。常用的硬磁性材料有钨钢、碳钢、钴钢及铝镍钴合金等。

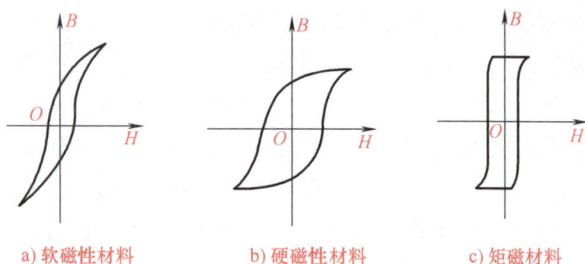

a) 软磁性材料　　　b) 硬磁性材料　　　c) 矩磁材料

图 3-20　不同类型的磁滞回线

3. 矩磁材料

矩磁材料的磁滞回线近似于一个矩形，剩磁很大，接近饱和磁感应强度，但矫顽力较小，易于翻转，如图 3-20c 所示。常在计算机和控制系统中用作记忆元件和开关元件，常见的矩磁材料有镁锰铁氧体、铁氧体材料以及某些铁镍合金等。

当前在开发新材料过程中，已经研制出一种稀土硬磁性材料——钕铁硼。几克重的钕铁硼磁体就能吸引 1kg 的钢铁工件，这为开发新型的机电产品提供了新的磁性材料。

3.3.3　磁路

运用铁磁材料的高磁导率特性将磁力线约束在铁心所定范围内而形成的磁通路径，称为磁路。磁路是由产生磁通的励磁绕组（匝数 N 和电流 I）和铁心两个最基本单元组成的。大多数电气设备的基本构造就是由电路和磁路组成的。

图 3-21 所示为几种电气设备的磁路，其中图 3-21a 所示为单相变压器的磁路，它是由同一种铁磁材料组成，各段铁心的横截面相等，这样的磁路称为均匀磁路。图 3-21b 所示是直流电动机的磁路。图 3-21c 所示为交流接触器的磁路，后两种磁路常由几种不同的物质构成，而且磁路中都有很短的空气隙，各段磁路的横截面积也不尽相等，故称为不均匀磁路。

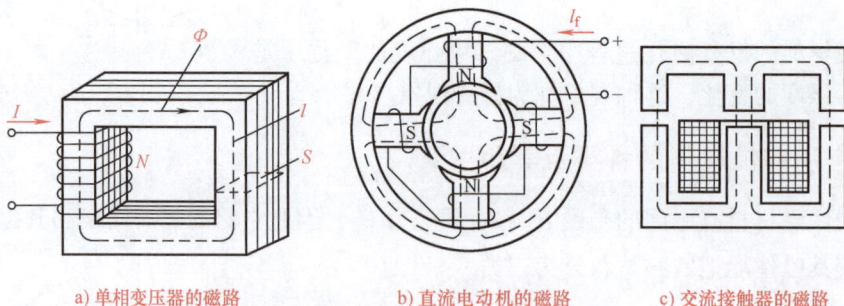

a) 单相变压器的磁路　　　b) 直流电动机的磁路　　　c) 交流接触器的磁路

图 3-21　几种电气设备的磁路

3.3.4　涡流及其应用

如图 3-22a 所示，当实心铁心线圈中通入交变电流时，铁心中将产生做周期性变化的磁场，铁心可视为无数个电阻很小的闭合导线的组合。根据电磁感应原理，变化的磁场将在铁心中的闭合回路中产生感应电动势和感应电流，这些电流呈漩涡状，称为涡流。涡流在铁心中流动，使铁心发热产生能量损耗，称为涡流损耗。

涡流将使变压器、电动机等电气设备的铁心发热，浪费能量，还可能损坏电器。为了减小涡流损耗，当线圈用于一般工频交流时，可采用由彼此绝缘且顺着磁场方向的硅钢片叠成铁心，如图 3-22b 所示，这样将涡流限制在较小的截面内流通；因铁心含硅，电阻率较大，也使涡流及其损耗大为减小。一般电动机和变压器的铁心常由厚度为 0.35 mm 或 0.5 mm 的硅钢片叠成。对于高频铁心线圈，常采用铁氧体磁心，其电阻率很高，可大大降低涡流损耗。

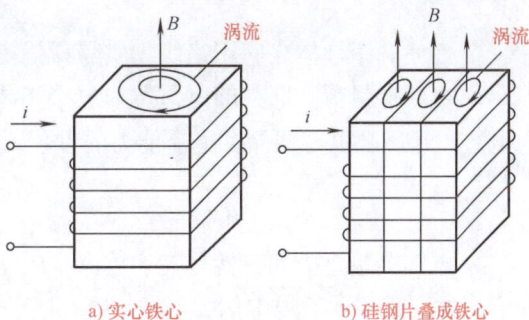

a) 实心铁心　　　　b) 硅钢片叠成铁心

图 3-22　涡流的产生和减少

涡流也有其有利的一面，可利用其热效应做成中频感应炉来冶炼金属，也可做成电磁炉来加热和烹饪食物等。

>> 小知识 | 电磁炉

电磁炉是利用电磁感应加热原理制成的电气烹饪器具。由高频感应加热线圈（即励磁线圈）、高频电力转换装置、控制器及铁磁材料锅底炊具等部分组成。使用时，加热线圈中通入交变电流，线圈周围便产生一交变磁场，交变磁场的磁力线大部分通过金属锅体，在锅底中产生大量涡流，使锅具中的铁分子高速无规则运动，分子互相碰撞、摩擦从而产生烹饪所需的热能。

想一想、做一做

1. 日常生活里磁化现象的例子很多，你能列举几个吗？
2. 比较磁路和电路，有哪些相同点？哪些区别？

大国工匠英雄谱之三

"蛟龙号"载人潜水器首席装配钳工技师、
深海"蛟龙"的守护者——顾秋亮

"蛟龙号"载人潜水器是目前世界上下潜最深的载人潜水器，其研制难度不亚于航天工程。10 多年来，顾秋亮带领全组成员在这个高精尖的重大技术攻关项目中，保质保量完成了蛟龙号总装集成、数十次水池试验和海试过程中的"蛟龙号"部件拆装与维护，还和科技人员一道攻关，解决了海上试验中遇到的技术难题，用实际行动演绎着对祖国载人深潜事业的忠诚与热爱。

本章小结

1. 任何两个导体之间用绝缘物质隔开就构成电容器。

2. 电容器极板上储存的电荷量的大小和两极间电压成正比，即 $q = Cu_C$；式中，C 称为电容。是反映电容器储存电荷能力的参数。平板电容器的电容计算公式为

$$C = \frac{q}{u_C} = \frac{\varepsilon S}{4\pi d}$$

3. 电容器最主要的特性是充、放电。RC 电路时间常数 $\tau = RC$，充放电的时间理论上为无穷大，在实际工程中认为 $t = 3\tau \sim 5\tau$ 时充放电将结束。

4. 电容器的检测有固定电容器的检测、电解电容器的检测和可变电容器的检测。

5. 电容器的参数标注方法有直标法、文字符号法和色标法。

6. 常用磁性材料的种类有软磁性材料、硬磁性材料和矩磁材料。

7. 涡流是交流电流产生的磁通通过实心铁心时所感应出来的漩涡状电流。

第4章 正弦交流电路

▶ 本章导读

知识目标

1. 通过实验，观察交流电的产生，了解正弦交流电的产生过程，掌握交流电波形图；掌握频率、角频率、周期的概念及其关系；掌握最大值、有效值的概念及其关系；了解初相位与相位差的概念，会进行同频率正弦量相位的比较；了解正弦量的矢量表示法，能进行正弦量解析式、波形图和矢量图的相互转换。

2. 理解电阻元件的电压与电流的关系，了解其有功功率；理解电感元件的电压与电流的关系，了解其感抗、有功功率和无功功率；理解电容元件的电压与电流的关系，了解其容抗、有功功率和无功功率。

3. 理解 RL 串联电路的阻抗概念，了解电压三角形、阻抗三角形的应用。

4. 理解电路有功功率、无功功率和视在功率的概念；理解功率三角形和电路的功率因数，了解功率因数的意义；了解提高功率因数的方法及其在实际生产生活中的意义。

5. 通过调查企业生产用电现状，了解三相交流电的应用；了解三相正弦交流电的产生，理解相序的意义。

*6. 了解星形联结方式下线电压和相电压的关系以及线电流、相电流和中性线电流的关系，了解中性线的作用；了解三角形联结方式下线电压和相电压的关系以及线电流和相电流的关系；理解三相电功率的概念。

技能目标

1. 通过现场观察与讲解，了解实训室工频电源；了解交流电压表、交流电流表、单相和三相调压器等仪器、仪表的外形、结构和使用方法；了解试电笔的构造，掌握其使用方法。

2. 了解照明电路配电板的组成，并能安装照明电路配电板，掌握单相电能表的接线；会按照图样要求安装荧光灯电路并能排除荧光灯电路的简单故障。

3. 能连接一个三相负载电路，会观察三相星形负载电路在有、无中性线时的运行情况，测量相关数据，并会进行比较。

思政目标

培养学生爱党、爱国、遵纪守法；具有强烈的责任感、使命感与荣誉感。具备安全意识、集体意识和团队合作精神；培养学生精益求精的大国工匠精神。

4.1 正弦交流电路的基本概念

　　大小和方向都随时间做周期性变化且在一个周期内的平均值为零的电动势、电压和电流分别称为交流电动势、交流电压和交流电流，统称为交流电。在交流电作用下的电路称为交流电路。图4-1中给出的就是某些交流电的波形图。

　　交流电可分为正弦交流电和非正弦交流电两大类。其中，大小和方向都随时间按正弦规律变化的交流电称为正弦交流电，其波形如图4-1a所示；大小和方向随时间均不按正弦规律变化的交流电统称为非正弦交流电，诸如三角波、矩形波、方波等，其波形如图4-1b、c所示；在本章中只讨论实际中应用最多的正弦交流电。

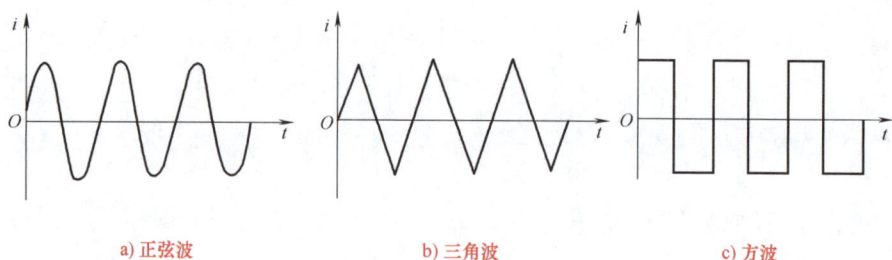

a) 正弦波　　　　　b) 三角波　　　　　c) 方波

图4-1　交流电波形示例

4.1.1　单相正弦交流电的产生与表示

　　单相正弦交流电（以正弦交流电动势为例）通常是由单相交流发电机产生的。图4-2所示是最简单的单相交流发电机示意图。由图可知，它的主要组成部分是转子、定子、集电环、电刷，在静止不动的定子磁极间装有能转动的圆柱形铁心，铁心上紧绕着线圈。线圈的两端分别连接着两个彼此绝缘的集电环C，集电环又通过电刷A、B与外电路相接。当线圈在原动机的驱动下，在磁场中做逆时针方向旋转时，线圈就切割磁场产生感生电动势。由于磁极被设计成特殊形状，转子处于正弦分布的磁场中，所产生的感应电动势是按正弦规律变化的交流电。可用下式表示

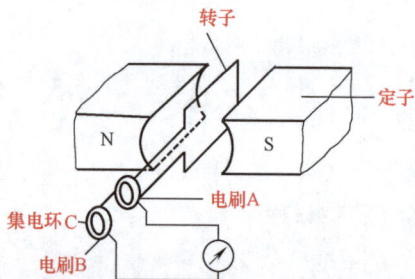

图4-2　单相交流发电机示意图

$$e = E_m \sin(\omega t + \psi) \tag{4-1}$$

　　由于交流电的极性（实际方向）是变化的，如图4-1a中所示的正弦波，在正半周，正弦电流 $e>0$，表明 e 的实际方向与参考方向相同；负半周 $e<0$，表明 e 的实际方向与参考方向相反。

　　同理，正弦交流电压、电流的解析表达式为

$$u = U_m \sin(\omega t + \psi) \tag{4-2}$$

$$i = I_m \sin(\omega t + \psi) \tag{4-3}$$

4.1.2 正弦交流电的三要素

1. 瞬时值

正弦交流电随时间按正弦规律变化，我们把正弦交流电在任意时刻的数值称为瞬时值，正弦电动势、电压、电流的瞬时值分别用小写英文字母 e、u 和 i 表示，见式(4-1)～式(4-3)。瞬时值可正可负，也可能为零。

2. 最大值

最大的瞬时值称为最大值（或峰值、振幅）。正弦交流电的电动势、电压和电流的最大值分别用大写英文字母加下标 m 即 E_m、U_m 和 I_m 来表示，见式(4-1)～式(4-3)。最大值虽然有正有负，但习惯上最大值都以绝对值表示。

3. 周期、频率和角频率

(1) 周期 交流电每重复一次变化所需要的时间称为周期，用字母 T 表示，单位是秒（s）。

(2) 频率 交流电 1s 内重复变化的次数称为频率，用字母 f 表示，单位是赫兹，用字母 Hz 表示。如果交流电 1s 内变化了一次，我们就称该交流电的频率是 1Hz。比赫兹大的常用单位是千赫（kHz）和兆赫（MHz），其换算关系为

$$1kHz = 10^3 Hz$$

$$1MHz = 10^3 kHz = 10^6 Hz$$

根据周期和频率的定义可知，周期和频率互为倒数，即

$$f = \frac{1}{T} \quad 或 \quad T = \frac{1}{f} \tag{4-4}$$

如我国工农业及生活中使用的交流电频率为 50Hz（习惯上称为工频），其周期为 0.02s。世界上少数国家交流电频率采用 60Hz。又如中央人民广播电台中波频率之一是 540kHz，其周期约为 1.85μs。

(3) 角频率 所谓角频率（即电角速度）是指交流电在 1s 内变化的电角度（弧度值），用字母 ω 表示，单位是弧度/秒（rad/s）。如果交流电在 1s 内变化了 1 次，则电角度正好变化了 2π 弧度，也就是说该交流电的角频率 $\omega = 2\pi$rad/s。若交流电 1s 内变化了 f 次，则可得角频率与频率的关系式为

$$\omega = 2\pi f = \frac{2\pi}{T} \tag{4-5}$$

以上所讲的周期、频率和角频率都是表示交流电变化快慢的物理量。三个物理量中只要知道其中一个，就可以通过式(4-5)求出另外两个。

例 4-1 已知某正弦交流电动势为 $e = 311\sin 314t\,V$。试求该电动势的最大值、角频率、频率和周期各为多少？

解：将已知式与公式 $e = E_m\sin(\omega t + \psi)$ 比较可得

$$E_m = 311V \quad \omega = 314\,rad/s$$

则根据式(4-5)得

$$f = \frac{\omega}{2\pi} = \frac{314}{2 \times 3.14}Hz = 50Hz$$

$$T = \frac{1}{f} = 0.02s$$

4. 相位与初相

显然，从表达式(4-1) 可知，电角度 $\alpha = \omega t + \psi$ 是随时间变化的，对于一个确定的时间 t，就有一确定的正弦电动势值与之对应。也就是说，角度 $\alpha = \omega t + \psi$ 是表示正弦交流电在任意时刻的电角度，通常把它称为相位角，也叫作相位或相角。而把 $t = 0$ 时的相位角称为初相角，也叫作初相位或初相。在式(4-1) 中正弦电流的初相就等于 ψ。

习惯上初相角的绝对值不大于180°。凡大于180°的正角就化为绝对值小于180°的负角；而绝对值大于180°的负角就化成小于180°的正角来表示。如240°可化成240° – 360° = – 120°，而 – 240°可化成360° – 240° = 120°。

由式 $e = E_m \sin(\omega t + \psi)$ 可以看出，当正弦交流电的最大值、角频率（或频率或周期）和初相角这三个量确定时，正弦交流电才能被确定。也就是说，这三个量是描述正弦交流电必不可少的要素，所以称它们为正弦交流电的三要素。

例4-2 已知某正弦交流电动势为 $e = 14.1\sin\left(800\pi t + \dfrac{3\pi}{2}\right)$V。求该正弦交流电的三要素各是多少？

解：将已知式与公式 $e = E_m \sin(\omega t + \psi)$ 比较可得

$$E_m = 14.1\,V \qquad \omega = 800\pi \ (\text{rad/s})$$

$$f = \frac{\omega}{2\pi} = 400\,Hz$$

$$T = \frac{1}{f} = 2.5\,ms$$

$$\psi = \frac{3\pi}{2} - 2\pi = -\frac{\pi}{2} = -90°$$

4.1.3 正弦量的波形图法表示

若把正弦量的瞬时值与时间的关系在直角坐标下用曲线来表示，则这种曲线称为正弦量的波形图表示。画波形图的关键是要把正弦交流电的三要素体现在图中。具体的要求如下：

1) 以正弦量的瞬时值为纵坐标，单位是相应电量的单位；电角度 ωt 或时间 t 为横坐标，以电角度 ωt 为横坐标时，单位是弧度或角度，以时间 t 为横坐标时，单位为 s，如图 4-3 所示。

2) 最大值标在纵坐标上，角频率体现在横坐标的时间变量 t 之前，如角频率 $\omega = 314\text{rad/s}$ 时，图中横坐标就为 $314t$，如图 4-3 所示。

3) 波形图中最关键的是初相的表示，初相角和时间的起点选择有关，如果 $t = 0$ 时正弦交流电的值为正，则其初相角为正角，反之初相角为负角。在图形上表示初相角时，

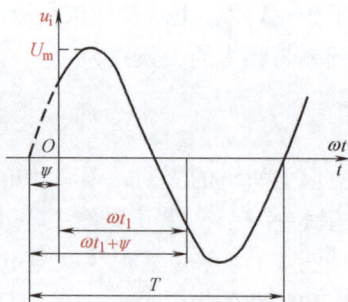

图 4-3 正弦量的波形图表示

在所有曲线由负值变为正值的零点里，取离坐标原点最近的零点，它与坐标原点间的距离值（角度值）为初相角，若所取零点位于坐标原点左侧，其初相角为正值，在右侧为负值，在坐标原点处的初相角为零值，如图 4-4 所示。另外，初相的大小可根据零点与坐标原点间的弧度值的大小做相应估画。如图 4-5 中为 $\psi = 90°$、$\psi = 45°$、$\psi = 60°$ 等几个特殊角时的波形。

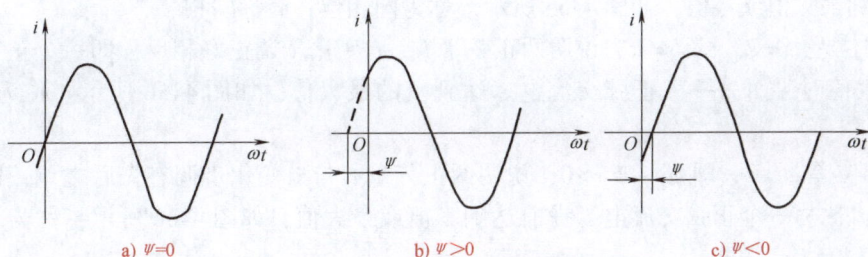

a) $\psi=0$　　　　　　　b) $\psi>0$　　　　　　　c) $\psi<0$

图 4-4　波形中初相的正负表示

4) 波形图中，$t>0$ 处的曲线画为实线，$t<0$ 处的曲线画为虚线，如图 4-5 所示。

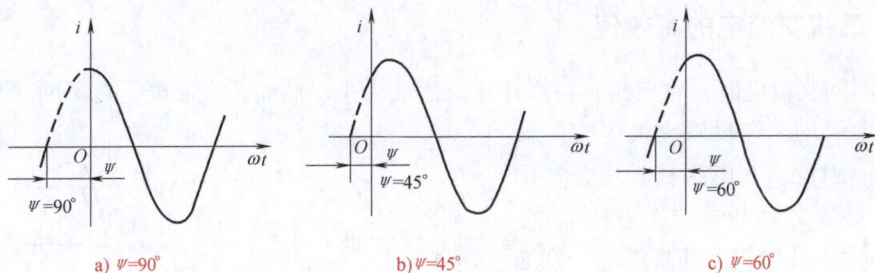

a) $\psi=90°$　　　　　　b)$\psi=45°$　　　　　　c) $\psi=60°$

图 4-5　初相为几个特殊角时的波形

4.1.4　相位差

为了比较两个正弦交流电，引入相位差的概念。所谓相位差，就是两个同频率正弦交流电的相位之差。

设两个同频率正弦电流为

$$i_1 = I_m \sin(\omega t + \psi_1)$$
$$i_2 = I_m \sin(\omega t + \psi_2)$$

则相位差　　　　　　$\varphi = (\omega t + \psi_1) - (\omega t + \psi_2) = \psi_1 - \psi_2$　　　　　　(4-6)

由此可见，两个同频率正弦量的相位差等于它们的初相之差。相位差是不随时间变化的。不同频率的正弦量的相位差将随时间变化，在我们的讨论范围内没有意义，我们不做讨论。

相位差反映出同频率正弦量在变化进程上的快慢差别或相位关系，如图 4-6 所示。

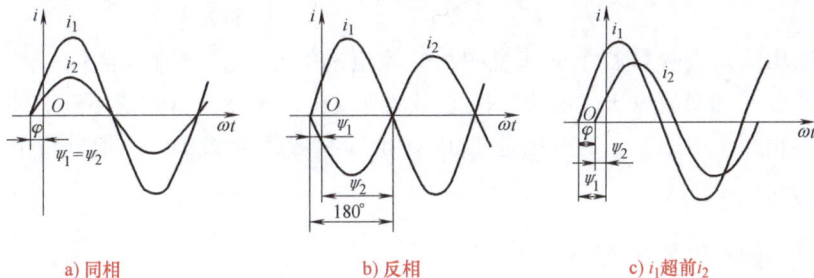

a) 同相　　　　　　　b) 反相　　　　　　c) i_1超前i_2

图 4-6　正弦量的相位差

关于相位差的讨论如下：

1) 相位差 $\varphi=0$，即 $\psi_1 - \psi_2 = 0$　说明两正弦量 i_1、i_2 变化步调一致，即两个正弦交流

电同时达到最大值或零值，如图 4-6a 所示，称为同相位，简称同相。

2）相位差 $\varphi = \psi_1 - \psi_2 = \pi$　说明两正弦量 i_1、i_2 变化步调正好相反，即一个正弦交流电 i_1 达到最大值时，而另一个正弦交流电 i_2 达到负的最大值，如图 4-6b 所示，称为反相位，简称反相。

3）相位差 $\varphi > 0$，即 $\psi_1 - \psi_2 > 0$　说明两正弦量 i_1 与 i_2 变化步调有先后之差，即一个正弦交流电 i_1 比另一个正弦交流电 i_2 提前达到零值或最大值，如图 4-6c 所示，称为 i_1 超前 i_2 或 i_2 滞后 i_1。

4）相位差 $\varphi < 0$，即 $\psi_1 - \psi_2 < 0$　同 3）的情况相反，正弦交流电 i_2 比 i_1 提前达到零值或最大值，称为 i_2 超前 i_1 或 i_1 滞后 i_2。

4.1.5　正弦交流电的有效值

比较不同交流电时，除初相、频率外还要比较大小。然而，交流电是在不断变化的，瞬时值和最大值均不能反映交流电实际做功的效果。因此，在电工技术中，常用有效值来衡量交流电做功能力的大小。如图4-7所示，让交流电和直流电分别通过阻值完全相同的电阻，如果在相同的时间内，这两种电流产生的热量相等，就把此直流电的数值称为该交流电的有效值。换句话说，把热效应相等的直流

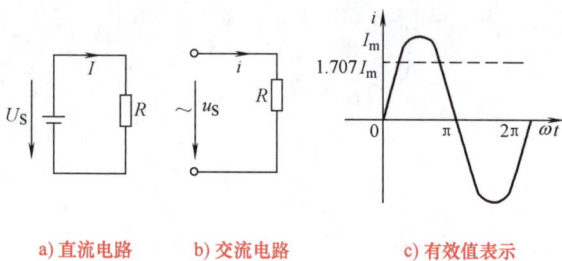

a) 直流电路　　　b) 交流电路　　　c) 有效值表示

图 4-7　交流电的有效值

电流（或电压或电动势）定义为相应交流电流（或电压或电动势）的有效值。交流电流、电压和电动势有效值的符号分别是大写的英文字母 I、U、和 E。

可以证明，正弦交流电的有效值和最大值之间有以下关系

$$I = \frac{I_m}{\sqrt{2}} \approx 0.707 I_m \tag{4-7}$$

$$E = \frac{E_m}{\sqrt{2}} \approx 0.707 E_m \tag{4-8}$$

$$U = \frac{U_m}{\sqrt{2}} \approx 0.707 U_m \tag{4-9}$$

特别应指出的是，今后若无特殊说明，交流电的大小总是指有效值；一般灯泡、用电器、仪表上所标注的交流电压、电流数值也都是有效值。显然，有效值不随时间变化。例如通常使用的单相照明电路，它的电压是220V（也即有效值为220V），则电路中电压的最大值 $U_m = \sqrt{2} \times 220\text{V} \approx 311\text{V}$。

4.1.6　正弦量的矢量表示法

从数学知识可知，矢量是指既有大小又有方向的量，在直角坐标轴上可由一个有向线段来几何表示。其中矢量的大小由有向线段的长度来表示，方向由有向线段的指向或有向线段与横轴之间的夹角来表示。如果令矢量绕坐标原点逆时针不断地旋转，这样的矢量称为旋转

矢量。

　　所谓用旋转矢量法表示正弦量，就是用一个在直角坐标系中绕原点沿逆时针方向不断旋转的矢量来表示正弦交流电。

　　设有一正弦电动势 $e = E_m \sin(\omega t + \psi_e)$，它可以用这样一个旋转矢量来表示，过直角坐标的原点作一矢量，矢量的长度等于该正弦量的最大值 E_m，矢量起始时与横轴正向的夹角等于该正弦量的初相角 ψ_e，该矢量沿逆时针方向旋转，其旋转的角速度等于该正弦量的角频率 ω。那么这个旋转矢量任一瞬间在纵轴上的投影，就是该正弦量的瞬时值 e。如图 4-8 所示，当 $\omega t = 0$ 时，矢量在纵轴上的投影为 $e_0 = E_m \sin\psi_e$；当 $\omega t = \omega t_1$ 时，矢量在纵轴上的投影为 $e_1 = E_m \sin(\omega t_1 + \psi_e)$。这就是说，正弦量可以用一个旋转矢量来表示，这样的矢量称为最大值的矢量或最大值的矢量图。

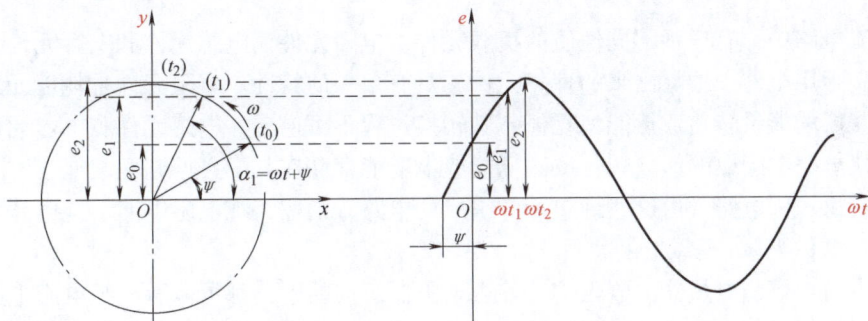

图 4-8　正弦交流电的旋转矢量图

　　在实际电路中，由于一般情况下各电量的频率都是相同的，并且一般常用有效值表示，因此可简化为：用一个长度为正弦量有效值的，与横轴夹角为正弦量初相的静止矢量来表示正弦量。这样称为有效值矢量图，又称为相量图。例如，正弦电流 $i = 5\sqrt{2} \sin\left(\omega t + \dfrac{\pi}{4}\right)$A，用相量图表示如图 4-9 所示。

　　相量图具有以下几个特点：

　　1）相量的长度表示正弦量的有效值。

　　2）相量与水平方向的夹角仍表示正弦量的初相角，沿逆时针转动的角度为正角，反之为负角。

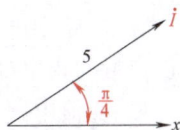

图 4-9　相量图

　　3）在仅仅为了表示几个正弦量的相位关系时，既可以选横轴的正方向为参考方向，也可任意选一个相量作为参考相量，并取消直角坐标轴。

　　4）相量用 $\dot{U}$、$\dot{I}$ 和 $\dot{E}$ 来表示。

　　值得注意的是，有效值相量在纵轴上的投影并不等于正弦量的瞬时值。这一点与最大值的相量图是不一样的。

　　根据相量图，应用平行四边形法则可以对处于同一相量图上的两个相量进行求和（或差）。应强调的是，对于正弦量的相量来说，只有同频率正弦量的相量才可以画在同一相量图中。可以证明：①两个同频率正弦量的和（或差）的相量等于两个同频率正弦量相量的和（或差）；②两个同频率正弦量的和（或差）其结果仍然是一个同频率的正弦量。因此，只要求得合成相量的大小和初相位后，就不难求得对应的正弦交流电的瞬时值表达式，也不难做出波形图。

想一想、做一做

1. 你知道我们国家日常生活中交流电的电压大小和频率（工频交流电）是多少吗？并算一算工频交流电的电压最大值、周期和角频率。

2. 市场上买的护眼灯的原理是什么呢？做一个市场调查。

4.2 纯电阻、纯电感和纯电容电路

在交流电路中，有三种不同性质的负载元件：电阻元件、电感元件和电容元件。三种元件都是从实际用电器中抽象出来的理想元件，具有单一的特性。电阻元件是耗能元件，它把在电路中获得的能量转化成热能消耗掉，其转换过程不可逆转。电感元件和电容元件是储能元件，把从电路中吸取的能量转化成磁场能或电场能存储在其中；但它们又能在一定的条件下放出能量返送回电路。由这些理想元件组成的电路分别称为纯电阻电路、纯电感电路和纯电容电路，也称为单一参数电路。

一般由白炽灯、电热器、电阻炉及各类电阻器组成的电路都可以看成纯电阻电路；忽略电容器的内部损耗可以看成纯电容电路；纯电感线圈很难见到，因为绕制线圈的导线总会有一定的电阻，只有当导线电阻很小、计算又不要求十分精确时，才可以把它看成是纯电感元件。

在讨论交流电路时应当注意：

1）电路中标注的电压、电流方向都是我们选定的参考方向，而它们的实际方向是在不断改变的，瞬时值为正的半个周期，实际方向与参考方向相同；瞬时值为负的半个周期，实际方向与参考方向相反。

2）电路中电压和电流的关系主要讨论有效值关系和相位关系，因为在同一交流电路中各正弦量的频率都相同。

3）交流电路中的功率一般也是随着时间变化的，在这里，负载的功率也引申为代数量，负载功率为正表示该元件从电路吸收能量；负载功率为负表示该元件向电路释放能量。

4.2.1 纯电阻电路

在交流电路中接入电阻元件，组成纯电阻电路，如图 4-10a 所示。下面我们讨论电阻上电压和电流之间的关系及电阻上的功率。

1. 电压与电流的关系

如图 4-10a 所示，设加在电阻两端的电压瞬时值为

$$u_R = U_{Rm}\sin\omega t \tag{4-10}$$

在任意瞬间，电阻上的电压和电流之间应符合欧姆定律，即

$$i = \frac{u_R}{R} = \frac{U_{Rm}}{R}\sin\omega t$$

$$= I_{\mathrm{m}} \sin\omega t \tag{4-11}$$

对比式(4-10)与式(4-11)可得以下结论：

（1）电压与电流的频率关系　电压 u_{R} 与电流 i 是同频率的正弦量。

（2）电压与电流的大小关系

最大值关系　　　$I_{\mathrm{m}} = \dfrac{U_{\mathrm{Rm}}}{R}$

有效值关系　　　$I = \dfrac{U_{\mathrm{R}}}{R}$ $\qquad\qquad\qquad\qquad\qquad$ (4-12)

即电量有效值之间符合欧姆定律。

（3）电压与电流的相位关系　电压 u_{R} 与电流 i 相位相同。

电压、电流的相量图、波形图分别如图 4-10b、c 所示。

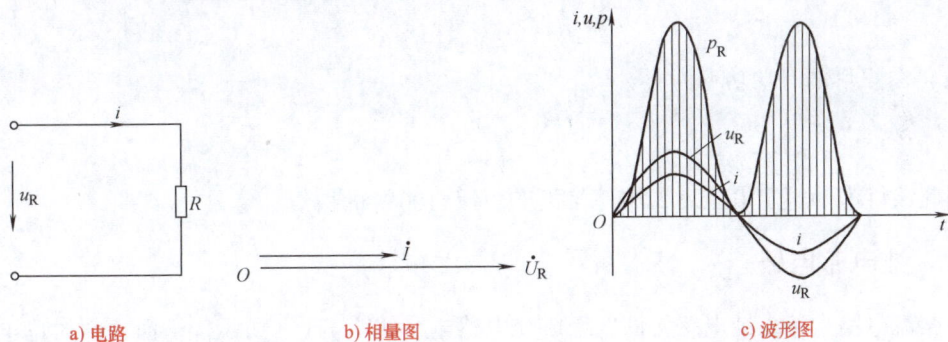

a) 电路　　　　　　　　b) 相量图　　　　　　　c) 波形图

图 4-10　纯电阻电路及其电压、电流的相量图和波形图

2. 电路中的功率

由于电阻两端的电压和电阻上的电流都在不断变化，所以电阻消耗的功率也在不断变化。功率的瞬时值可用下式求出

$$p = u_{\mathrm{R}} i = U_{\mathrm{Rm}} I_{\mathrm{m}} \sin^2 \omega t$$

根据上式，将电压和电流同一时间的数值逐点相乘，即可画出瞬时功率的变化曲线。由于在前半周内电压和电流都是正值，故功率都是正值；在后半周内虽然电压和电流都是负值，但二者的乘积仍为正值，所以瞬时功率曲线均为正值（除电压和电流都为零外）。另外，从能量的观点来看，不论电流的方向如何，电阻总要消耗能量，所以电阻上的功率只能是正值。电阻上的电压、电流及功率变化曲线如图 4-10c 所示。

由于瞬时功率的测量和计算都不方便，交流电的功率规定为一个周期内瞬时功率的平均值，即平均功率。又因为电阻消耗的电能说明电流做了功，从做功的角度来讲又把平均功率叫作有功功率，简称功率，以 P 表示，单位仍是瓦（W）。经数学证明，有功功率等于最大瞬时功率的一半，即

$$P = \frac{1}{2} U_{\mathrm{Rm}} I_{\mathrm{m}} = U_{\mathrm{R}} I = I^2 R = \frac{U_{\mathrm{R}}^2}{R} \tag{4-13}$$

式中　P——有功功率，单位为 W；

$\quad U_{\mathrm{R}}$——电阻两端交流电压的有效值，单位为 V；

I——电阻上交流电流的有效值，单位为 A。

例 4-3 已知某白炽灯正常工作时的电阻为 484Ω，其两端加有的电压为 $u = 311\sin314t\text{V}$，试求：（1）电流有效值并写出电流瞬时值的解析式；（2）白炽灯的有功功率。

解：（1）由 $u = 311\sin314t\text{V}$ 可知，交流电压的有效值为

$$U = \frac{U_m}{\sqrt{2}} = \frac{311}{\sqrt{2}}\text{V} = 220\text{V}$$

则电流的有效值为

$$I = \frac{U}{R} = \frac{220}{484}\text{A} \approx 0.45\text{A}$$

又因为白炽灯可视为纯电阻，电压与电流同相，所以电流瞬时值的解析式为

$$i = 0.45\sqrt{2}\sin314t(\text{A})$$

（2）白炽灯的有功功率为

$$P = \frac{U^2}{R} = \frac{220^2}{484}\text{W} = 100\text{W}$$

因此该灯泡为额定电压为 220V、额定功率为 100W 的白炽灯。

4.2.2 纯电感电路

在交流电路中接入纯电感元件，组成纯电感电路如图 4-11a 所示。下面我们讨论电感上电压和电流之间的关系及电感上的功率。

1. 电压与电流的关系

如图 4-11a 所示，假定电路中的电流瞬时值为

$$i = I_m\sin\omega t \tag{4-14}$$

经计算（过程略）得

$$u_L = I_m\omega L\sin\left(\omega t + \frac{\pi}{2}\right)$$

$$= U_{Lm}\sin\left(\omega t + \frac{\pi}{2}\right) \tag{4-15}$$

比较式(4-14)与式(4-15)可得以下结论：

（1）电压与电流的频率关系　电压 u_L 与电流 i 是同频率的正弦量。

（2）电压与电流的大小关系

最大值关系

$$U_{Lm} = I_m\omega L$$

$$I_m = \frac{U_{Lm}}{\omega L} = \frac{U_{Lm}}{X_L}$$

两边同除以 $\sqrt{2}$ 得有效值关系为

$$I = \frac{U_L}{X_L} \tag{4-16}$$

即有效值之间仍符合欧姆定律。式中 $X_L = \omega L = 2\pi f L$ 称为感抗，单位也是 Ω；它表示了电感对电流的阻碍作用。对比纯电阻电路的欧姆定律可知，X_L 与电阻 R 地位相当。

值得注意的是，虽然感抗与电阻相当，但感抗和频率有关（成正比关系），即只有交流

电路才有意义，在直流电路（即频率 $f = 0$）中，$X_L = 0$，电感相当于短路状态；而且不能代表电压与电流瞬时值的比值，即 $X_L \neq \dfrac{u_L}{i}$。

（3）电压与电流的相位关系　电压 u_L 超前电流 $\pi/2$ 或 90°。

电压、电流的相量图、波形图分别如图 4-11b、c 所示。

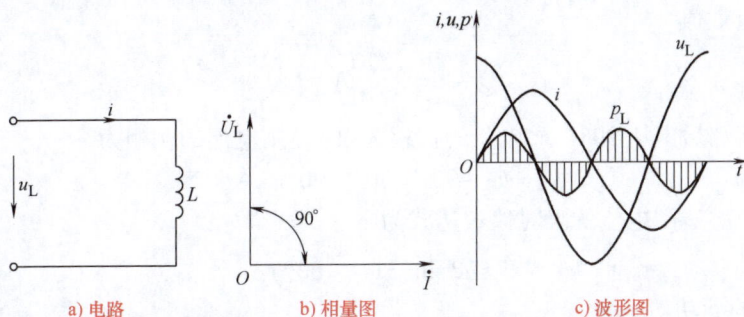

a) 电路　　　　b) 相量图　　　　c) 波形图

图 4-11　纯电感电路及其电压、电流的相量图和波形图

2. 电路中的功率

在纯电感电路中，电压瞬时值和电流瞬时值的乘积称为瞬时功率，即

$$
\begin{aligned}
p_L &= u_L i \\
&= U_{Lm} \sin\left(\omega t + \frac{\pi}{2}\right) I_m \sin\omega t \\
&= U_{Lm} I_m \sin\omega t \cos\omega t \\
&= \frac{1}{2} U_{Lm} I_m \sin 2\omega t \\
&= U_L I \sin 2\omega t
\end{aligned}
\tag{4-17}
$$

由于纯电感瞬时功率的频率是电压和电流频率的两倍，如图 4-11c 所示，则在第一及第三个 1/4 电流周期内，p_L 为正值，这表示电感吸收电源的能量并以磁能的形式储存在线圈中；在第二及第四个 1/4 电流周期内，p_L 为负值，这表示电感把储存的能量送回电源。不同的电感与电源交换能量的规模是不同的，但纯电感电路中的有功功率（即平均功率）为零，即

$$
P = 0
\tag{4-18}
$$

在供电系统中，只要接有电感负载，就会出现电能与磁能的相互转换，能量在电源与负载之间往返传输，占用了发电设备和线路，却没有向负载传输能量，这对供电部门来讲，没有产生实际的效益，是不希望出现的。为了计量这一部分往返传输的功率，我们取交换功率的最大值为计量数据，并把它叫作电路的无功功率，为了与有功功率区分开来，无功功率用 Q_L 表示，以乏（var）为单位，数学式为

$$
Q_L = U_L I = I^2 X_L = \frac{U_L{}^2}{X_L}
\tag{4-19}
$$

必须指出，"无功"的含义是"交换"而不是"消耗"，它是相对于"有功"而言的，决不能理解为"无用"。事实上无功功率在生产实践中占有很重要的地位。具有电感性质的变压器、电动机等设备都是靠电磁转换工作的。

例 4-4 设有一电阻可以忽略的电感线圈，接在电压为 $u = 220\sqrt{2}\sin(314t + 30°)$ V 的交流电源上，电感线圈的电感量 $L = 0.7\text{H}$。求：（1）流过电感线圈电流的瞬时值表达式；（2）电路的无功功率。

解：（1）因电感线圈感抗 $X_\text{L} = \omega L = 314 \times 0.7\Omega \approx 220\Omega$

电压的有效值 $U = 220\text{V}$

则电流的有效值

$$I = \frac{U}{X_\text{L}} = \frac{220}{220}\text{A} = 1\text{A}$$

又因为电流滞后电压 90°，而电压的初相为 30°，则电流的初相为

$$\psi_\text{i} = \psi_\text{u} - 90° = 30° - 90° = -60°$$

所以流过电感线圈电流的瞬时值表达式为

$$i = \sqrt{2}\sin(314t - 60°)\text{A}$$

（2）电路的无功功率为

$$Q_\text{L} = UI = 220 \times 1\text{var} = 220\text{var}$$

4.2.3 纯电容电路

在交流电路中接入纯电容元件，组成纯电容电路如图 4-12a 所示。下面我们讨论电容上电压和电流之间的关系及电容上的功率。

1. 电压与电流的关系

如图 4-12a 所示，假定电路中的电压瞬时值为

$$u_\text{C} = U_\text{Cm}\sin\omega t \tag{4-20}$$

经计算（过程略）得

$$i = U_\text{Cm}\omega C\sin\left(\omega t + \frac{\pi}{2}\right)$$

$$= I_\text{m}\sin\left(\omega t + \frac{\pi}{2}\right) \tag{4-21}$$

比较式(4-20) 和式(4-21) 得到以下结论：

（1）电压与电流的频率关系　电压 u_C 与电流 i 是同频率的正弦量。

（2）电压与电流的大小关系

最大值关系

$$I_\text{m} = U_\text{Cm}\omega C$$

$$= \frac{U_\text{Cm}}{\dfrac{1}{\omega C}} = \frac{U_\text{Cm}}{X_\text{C}}$$

两边同除以 $\sqrt{2}$ 得有效值关系为

$$I = \frac{U_\text{C}}{X_\text{C}} \tag{4-22}$$

即有效值之间仍符合欧姆定律。式中 $X_\text{C} = \dfrac{1}{\omega C} = \dfrac{1}{2\pi fC}$ 称为容抗，单位也是欧姆（Ω）。它表示了电容对电流的阻碍作用。对比纯电阻、纯电感电路的欧姆定律可知，X_C 的地位相

当于电阻 R 和感抗 X_L。

值得注意的是，容抗与感抗一样，容抗也和频率有关（成反比关系），只有交流电路才有意义，在直流电路（即频率 $f=0$）中，$X_C=\infty$，电容相当于开路状态；而且不能代表电压与电流瞬时值的比值，即 $X_C\neq\dfrac{u_C}{i}$。

（3）电压与电流的相位关系　电流 i 超前电压 $\pi/2$ 或 $90°$。

电压、电流的相量图、波形图分别如图 4-12b、c 所示。

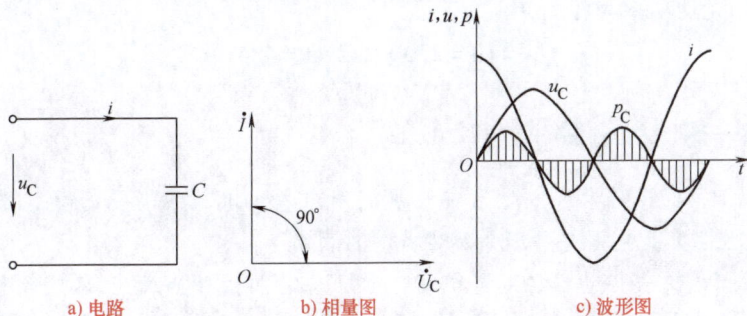

a) 电路　　　　　　b) 相量图　　　　　　c) 波形图
图 4-12　纯电容电路及其电压、电流的相量图和波形图

2. 电路中的功率

在纯电容电路中，电压瞬时值和电流瞬时值的乘积，称为电容的瞬时功率，即

$$
\begin{aligned}
p_C &= u_C i \\
&= U_{Cm}\sin\omega t\, I_m\sin\left(\omega t+\frac{\pi}{2}\right) \\
&= U_{Cm}I_m\sin\omega t\cos\omega t \\
&= \frac{1}{2}U_{Cm}I_m\sin2\omega t \\
&= U_C I\sin2\omega t
\end{aligned}
\tag{4-23}
$$

根据式（4-23）及图 4-12c 中的波形图可知，纯电容电路的有功功率（即平均功率）为零，即

$$
P=0
\tag{4-24}
$$

但是电容与电源之间进行着能量的交换，在第一及第三个 1/4 电压周期内，电容吸收电源的能量并以电场能储存在电容中，在第二及第四个 1/4 电压周期内，电容又向电源回送能量，为了计量这一部分往返传输的功率，与纯电感电路一样，我们取交换功率的最大值为计量数据，叫作电路的无功功率，用 Q_C 表示，以乏（var）为单位，数学式为

$$
Q_C=U_C I=I^2 X_C=\frac{U_C^2}{X_C}
\tag{4-25}
$$

例 4-5　已知某纯电容电路两端的电压为 $u=220\sqrt{2}\sin(314t+30°)$ V，电容器的电容量 $C=31.9\mu F$。求：（1）电容上电流的瞬时值表达式；（2）电路的无功功率。

解：（1）因容抗 $X_C=\dfrac{1}{\omega C}=\dfrac{1}{314\times31.9\times10^{-6}}\Omega\approx100\Omega$

电压的有效值为 $U=220V$

则电流的有效值为

$$I = \frac{U}{X_C} = \frac{220}{100} A = 2.2A$$

又因为电流超前电压90°，而电压的初相为30°，则电流的初相为

$$\psi_i = \psi_u + 90° = 30° + 90° = 120°$$

所以流过电容电流的瞬时值表达式为

$$i = 2.2\sqrt{2}\sin(314t + 120°) A$$

（2）电路的无功功率为

$$Q_C = UI = 220 \times 2.2 var = 484 var$$

想一想、做一做

1. 把日常生产、生活中常见的用电器、电器设备分分类，看哪些可归于电阻性负载，哪些可归于容性或感性负载。

2. 找一些电容和电感元件，分别将它们接在直流电源和交流电源上（电源电压要小一点），分别测量其电流，比较看看有什么特点？思考为什么？从而理解容抗和感抗大小和频率之间的关系。

3. 从上题结果，试分析纯电容和纯电感在直流电路中分别相当于什么状态？

4.3　电阻与电感的串联电路

当线圈的电阻不能被忽略时，就可视为由电阻 R 和电感 L 串联的元件，若将电感线圈接于正弦交流电源上，就构成了电阻与电感的串联电路，简称 RL 串联电路，如图4-13a所示。工厂里常见的电动机、变压器所组成的交流电路都可以看成是 RL 串联电路。显然，研究 RL 串联电路具有很强的实际意义。

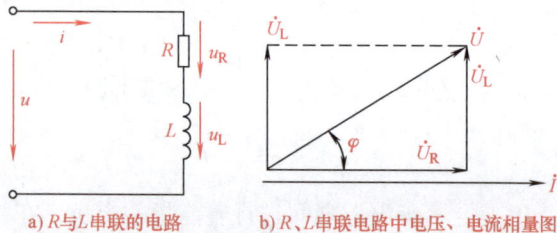

a) R 与 L 串联的电路　　b) R、L 串联电路中电压、电流相量图

图4-13　电阻与电感的串联电路及电压、电流相量图

4.3.1　电压与电流的关系

如图4-13a所示，为电压、电流的参考方向。设电路中的电流

$$i = I_m \sin\omega t \tag{4-26}$$

由 KVL 得

$$u = u_R + u_L$$

根据式（4-10）有

$$u_R = U_{Rm}\sin\omega t$$

根据式（4-15）有

$$u_L = U_{Lm}\sin\left(\omega t + \frac{\pi}{2}\right)$$

所以

$$u = u_R + u_L = U_{Rm}\sin\omega t + U_{Lm}\sin\left(\omega t + \frac{\pi}{2}\right)$$

以电路中电流为参考相量（初相为零，其与横轴重合），分别作电路电流 $\dot{I}$ 电阻电压 $\dot{U}_R$ 和电感电压 $\dot{U}_L$ 的相量图，如图 4-13b 所示。

从相量图看出，按相量的平行四边形法则，$\dot{U}$、$\dot{U}_R$ 和 $\dot{U}_L$ 三个电压相量组成一个直角三角形，如图 4-14 所示，称之为电压三角形，由直角三角形的勾股定理得三电压的有效值关系为

$$U = \sqrt{U_R^2 + U_L^2} \tag{4-27}$$

又因

$$U_R = IR \qquad U_L = IX_L$$

则

$$U = \sqrt{U_R^2 + U_L^2} = \sqrt{(IR)^2 + (IX_L)^2} = I\sqrt{R^2 + X_L^2}$$

令

$$Z = \sqrt{R^2 + X_L^2} \tag{4-28}$$

式中，Z 在交流电路中起阻碍电流通过的作用，称为电路的阻抗，单位为欧姆（Ω）。

可见，Z、R 和 X_L 三个阻抗之间也满足直角三角形勾股定理的关系，即也组成一个直角三角形，称之为阻抗三角形，如图 4-15 所示。

由上得到 RL 串联电路总电压与总电流有效值之间所满足的欧姆定律形式

$$I = \frac{U}{Z} \tag{4-29}$$

从图 4-13b 可知，总电压 $\dot{U}$ 与电流 $\dot{I}$ 之间的相位差 φ 既不是零，也不是 90°。总电压超前电流一个角度 φ，且 90° > φ > 0°。通常把总电压超前电流的电路叫作感性电路，或者说负载是感性负载。

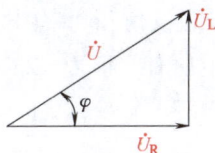

图 4-14　电压三角形

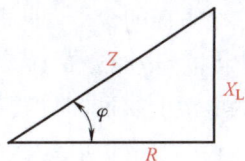

图 4-15　阻抗三角形

4.3.2　电路中的功率

1. 电路的有功功率

电路中电阻上消耗的功率为有功功率，即

$$P = U_R I = UI\cos\varphi \tag{4-30}$$

其中，由电压三角形可得 $U_R = U\cos\varphi$。

2. 电路的无功功率

电路中电感上交换的功率为无功功率，即

$$Q = U_L I = UI\sin\varphi \tag{4-31}$$

其中，由电压三角形可得 $U_L = U\sin\varphi$。

3. 视在功率

电路两端的电压与电流的有效值的乘积，称为视在功率，以 S 表示，单位为伏·安（V·A），其数学式为

$$S = UI \tag{4-32}$$

它表示了电源提供的总容量（或总功率），反映了交流电源容量的大小。

由上，得到有功功率、无功功率和视在功率三者的关系为

$$P = S\cos\varphi$$

$$Q = S\sin\varphi$$

$$S = \sqrt{P^2 + Q^2} \tag{4-33}$$

可见，有功功率 P、无功功率 Q 和视在功率 S 三者的大小关系满足直角三角形的勾股定理的关系，即也组成一个直角三角形，称为功率三角形。如图 4-16 所示。

4. 功率因数

电源提供给负载的总功率为视在功率 S，而真正被负载吸收的功率为有功功率 P，无功功率是负载和电源进行交换的功率。这样就存在一个功率利用率的问题。为了反映这种利用率，引入功率因数的概念

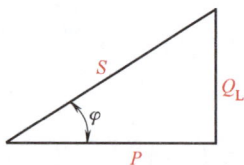

图 4-16 功率三角形

$$\text{功率因数 } \cos\varphi = \frac{\text{有功功率 } P}{\text{视在功率 } S} \tag{4-34}$$

上式表明，当电源提供的视在功率一定时，功率因数越大，说明用电器的有功功率越大，电源的功率利用率就越高，这也是供电部门所期望的。

从电压、阻抗和功率三角形，不难得到求解功率因数的公式为

$$\cos\varphi = \frac{U_R}{U} = \frac{R}{Z} = \frac{P}{S} \tag{4-35}$$

其中，φ 有三个方面的含义，即电压和电流之间的相位差角、阻抗角和功率因数角。

例 4-6 将电感为 25.5mH、电阻为 6Ω 的电感线圈接到电压有效值 $U = 220$V、角频率 $\omega = 314$rad/s 的电源上。求：（1）线圈的阻抗 Z；（2）电路中的电流 I；（3）电路中的功率 P、Q 和 S；（4）电路的功率因数 $\cos\varphi$。

解：（1）线圈的阻抗

因

$$X_L = \omega L = 314 \times 25.5 \times 10^{-3}\Omega \approx 8\Omega$$

则

$$Z = \sqrt{R^2 + X_L^2} = \sqrt{6^2 + 8^2}\Omega = 10\Omega$$

（2）电路中的电流

$$I = \frac{U}{Z} = \frac{220}{10}A = 22A$$

（3）电路中的功率

$$P = I^2 R = 22^2 \times 6W = 2904W$$

$$Q = I^2 X_L = 22^2 \times 8\text{var} = 3872\text{var}$$

$$S = UI = 220 \times 22V \cdot A = 4840V \cdot A$$

（4）电路的功率因数

$$\cos\varphi = \frac{P}{S} = \frac{R}{Z} = \frac{6}{10} = 0.6$$

4.4　电路功率因数及其提高

4.4.1　提高功率因数的意义

1. 提高了电源设备的利用率

电源设备（发电机或变压器）的容量大小一般是用其额定的视在功率来衡量的，也称电源设备的额定容量。额定容量等于额定电压 U_N 与额定电流 I_N 的乘积，即

$$S_N = U_N I_N \tag{4-36}$$

当电源设备工作时，电源的供电效果是从两个方面表现的，一个是将能量传输给负载，由负载将电能转变为热能的形式而消耗。一个是将能量储存起来，然后过一定时间后再放出来给电源而进行交换。负载消耗是主体，我们用有功功率来衡量，其和视在功率的关系为

$$P = IU\cos\varphi = S_N \cos\varphi \tag{4-37}$$

可见，在容量一定情况下，负载有功功率的大小取决于负载（电路）功率因数的大小。负载的功率因数是供电系统中的一个重要参数，它的大小取决于负载的性质，当功率因数 $\cos\varphi = 1$ 时，$\varphi = 0$，负载是纯电阻性的，电源向电路提供的电能量全部转换为阻性负载的有功能量。当 $\cos\varphi < 1$ 时，意味着负载中增加了无功负载成分。使得电源与负载之间存在能量交换（无功功率），结果使电源向电路提供的电能量中，转换成负载的有功能量成分减少。这就意味着，同样容量的电源设备，功率因数越低，负载的有功功率就越小。所带的负载就越少，电源设备的利用率就越小。

例 4-7　有一台变压器的额定容量 $S_N = 100\text{kV}\cdot\text{A}$，向功率为 10kW、功率因数 $\cos\varphi = 0.6$ 的电动机供电，可以供电动机的数量为

$$n = \frac{S_N}{P/\cos\varphi} = \frac{100}{10/0.6} = 6\text{（台）}$$

若将供电线路的功率因数提高到 $\cos\varphi' = 0.9$，同样是这台变压器，可以供电动机的数量为

$$n = \frac{S_N}{P/\cos\varphi'} = \frac{100}{10/0.9} = 9\text{（台）}$$

由此可见，在供电系统中，提高电路的功率因数会大大提高电源设备的利用率，有重要的经济意义。

2. 减小了供电线路上的能量损耗

在供电系统的输出电压 U 和输出功率 P 一定时，电路上的电流与功率因数有关，其关系为

$$I = \frac{P}{U\cos\varphi} \tag{4-38}$$

从上式可以看出，负载的功率因数越高，电路中的电流就越小，反之则电路中的电流就越大。就是说，在输出电压一定的电路中，输送一定的电能的情况下，电路中的功率因数越高，电路中的电流就越小，电路中的能量损耗就越小，相应地输电线的截面也可以减小。显然，提高功率因数有利于能源和输电导线材料的节约。

例 4-8 已知某发电机的额定电压为 220V，额定容量为 440kV·A。（1）用该发电机向额定电压为 220V、有功功率为 4.4kW、功率因数为 0.5 的负载供电，能供多少个负载？（2）若把功率因数提高到 1 时，又能供多少个负载？（不计电路损耗）

解：（1）当负载的功率因数为 $\cos\varphi_1 = 0.5$ 时，发电机能供出的有功功率为

$$P_1 = S_N \cos\varphi_1 = 440 \times 0.5 \text{kW} = 220 \text{kW}$$

能供电的负载数为

$$\frac{220}{4.4} = 50 \text{（个）}$$

（2）当负载的功率因数为 $\cos\varphi_2 = 1$ 时，则发电机能供出的有功功率为

$$P_2 = S_N \cos\varphi_2 = 440 \times 1 \text{kW} = 440 \text{kW}$$

能供电的负载数为

$$\frac{440}{4.4} = 100 \text{（个）}$$

例 4-9 已知某水电站以 220kV 的高压向有功功率为 440000kW 的负载供电，若输电线路的总电阻为 10Ω，试计算负载的功率因数从 0.5 提高到 0.9 时，输电线一年 365 天能节约多少电能？每度电按 0.2 元计，可节约多少电费？

解：当 $\cos\varphi_1 = 0.5$ 时，电路的电流为

$$I_1 = \frac{P}{U\cos\varphi_1} = \frac{44 \times 10^7}{220 \times 10^3 \times 0.5} \text{A} = 4000 \text{A}$$

当 $\cos\varphi_2 = 0.9$ 时，电路的电流为

$$I_2 = \frac{P}{U\cos\varphi_2} = \frac{44 \times 10^7}{220 \times 10^3 \times 0.9} \text{A} \approx 2222 \text{A}$$

所以一年内电路上少损失的电能为

$$\Delta W = (I_1^2 - I_2^2)Rt = [4000^2 - 2222^2] \times 10 \times 10^{-3} \times 365 \times 24 \text{度} = 9.69 \times 10^8 \text{度}$$

节约的电费为

$$0.2\Delta W = 9.69 \times 10^8 \times 0.2 \text{元} = 1.938 \times 10^8 \text{元} = 1.938 \text{亿元}$$

从以上讨论可明显看出，提高功率因数是必要的，其意义在于：可以提高供电设备的利用率，减小输电线路上的损耗，提高输电效率。

4.4.2 提高功率因数的一般方法

通常交流电路多为电阻和电感串联组成感性负载，如荧光灯、电动机等。为了提高功率因数一般都采用以下两种方法。

1. 并联补偿电容器

如图 4-17 所示，在感性电路两端并联一个适当的、电容为 C 的电容器，若已知电路的有功功率 P，电源电压 U、电源频率 f 及感性负载两端并联电容前后的功率因数 $\cos\varphi_1$ 和

$\cos\varphi$，则并联电容 C 的大小可用下式求出

$$C = \frac{P}{2\pi fU^2}(\tan\varphi_1 - \tan\varphi) \tag{4-39}$$

注意：电容也不宜过大，过大会造成过补偿，功率因数反而会减小。

图 4-17　感性电路并联补偿电容器

2. 提高自然功率因数

在机械工业中，其动力主要是由电动机提供的，电动机的功率要选择合适，电动机的功率太小，不能满足生产机械的需要，太大则又会引起功率因数降低。为了提高功率因数，不要用大功率的电动机来带动小功率的负载（即不要大马拉小车）。另外，应尽量避免电动机空转。

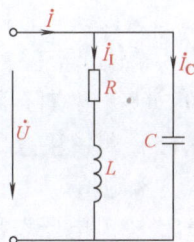

想一想、做一做

1. 想一想，功率因数大小和负载本身功率大小有什么关系？

2. 采用并联电容设备的方法可提高感性电路的功率因数，思考回答，并联电容前后电路中哪些电量没变？哪些变了？

实训指导　常用交流仪表及测量方法

1. 单相交流电度表及连接方法

（1）特性　电度表是一种测量电能的累计性仪表。

（2）熟悉外形、结构和表盘　其外形如图 4-18 所示，结构示意图如图 4-19 所示。

图 4-18　单相电度表外形

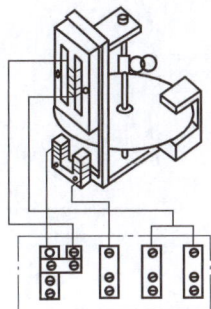

图 4-19　单相电度表结构示意图

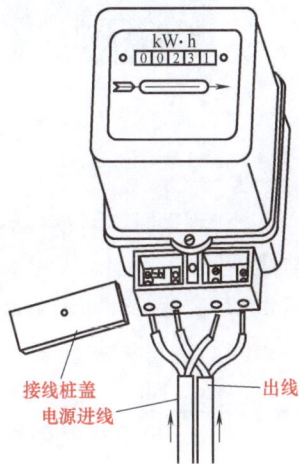

（3）接线方法　220V 单相电度表接线共 4 条线，两条进线和两条出线，如图 4-20 所示。一般是 1 和 3 为进线，2 和 4 为出线，即应符合"相线 1 进 2 出"，"中性线 3 进 4 出"的原则。

（4）读数 直接读表上数字，最后一位红色数字是小数部分，从这一位向上（左侧）依次为个位、十位、百位等，依此类推，如果看实际用电的话，就用现在的读数减去之前的读数，就得出实际用的度数了。

（5）测量注意事项 负载的电压和电流不超过所用电度表的额定值。

2. 交流电压表及使用方法

（1）特性 交流电压表用于测量交流电路中的电压。

（2）熟悉外形和表盘 其外形和表盘如图4-21所示。从表盘可见，大多交流电压表的读数刻度值不是均匀分布的，这是和直流电压表的不同点。

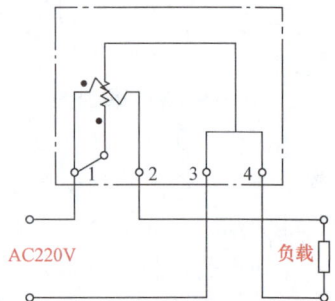

图4-20 单相电度表的接线

（3）使用方法

1）测量前：机械调零，把指针调到零刻度；选择量程，被测电压不能超过电压表的量程，注意：如果不能估计电路上的电压，先用较大的量程试触，粗略测得电压后，再选用适合的量程。这样可以防止电压过大而打弯指针或烧坏表。

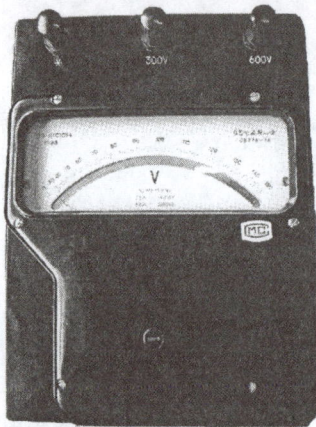
a)外形

b)表盘

图4-21 交流电压表外形和表盘

2）测量时：将电压表并联在被测电路的两端。因为电压表内阻很大，串联在电路中会造成断路。

3）读数：注意有效数字的保留，要用恰当的单位表示。

（4）测量注意事项 交流电压表不分正负极，正确选择量程，直接把电压表并联在被测电路的两端。

3. 交流电流表及使用方法

（1）特性 交流电流表用于测量交流电路中的电流。

（2）熟悉外形和表盘 其外形和表盘如图4-22所示，和交流电压表一样，大多交流电流表的读数刻度值也不是均匀分布的。

（3）使用方法

1）测量前：机械调零，把指针调到零刻度；选择量程，被测电流不能超过电流表的量程，注意：如果不能估计电路中的电流，先用较大的量程试触，粗略测得电流后，再用适合的量程。这样可以防止电流过大而打弯指针或烧坏表。

2）测量时：将电流表串联在被测电路中，因为电流表内阻很小，并联在电路中会造成短路。

3）读数：注意有效数字的保留，要用恰当的单位表示。

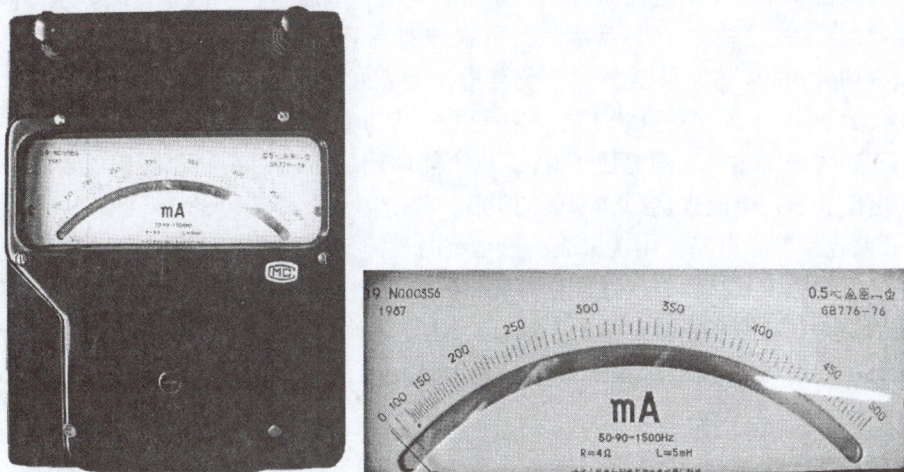

a) 外形　　　　　　　　　　　b) 表盘
图 4-22　交流电流表外形和表盘

4. 功率表（瓦特表）及使用方法

（1）特性　功率表又称为瓦特表（wattmeter），是一种测量有功功率值的仪表。

（2）熟悉外形和表盘　其外形和表盘如图 4-23 所示。从图可见，功率表有两个量程旋钮，一个是电压量程，一个是电流量程。两个量程的乘积即是功率的量程。表盘刻度为 150 格。测量值须经计算才能得到。

a) 外形　　　　　　　　　　　b) 表盘
图 4-23　功率表（瓦特表）外形和表盘

（3）功率表的组成和测量原理　功率表（瓦特表）的测量机构主要由固定的电流线圈和可动的电压线圈组成，电流线圈与负载串联，反映负载的电流；电压线圈与负载并联，反映负载的电压。

（4）使用方法

1）正确选择功率表的量程。选择功率表的量程就是选择功率表中的电流量程和电压量程。使用时应使功率表中的电流量程不小于负载电流，电压量程不低于负载电压，而不能仅从功率量程来考虑。例如，两只功率表，量程分别是1A、300V 和2A、150V，由计算可知其功率量程均为300W，如果要测量一负载电压为220V、电流为1A 的负载功率时应使用1A、300V 的功率表，而2A、150V 的功率表虽然其功率量程也大于负载功率，但是由于负载电压高于功率表所能承受的电压150V，故不能使用。所以，在测量功率前要综合考虑负载的额定电压和额定电流来选择功率表的量程。

2）正确连接测量电路。用功率表测量功率时，需使用四个接线柱，两个电压线圈接线柱和两个电流线圈接线柱，电压线圈要并联接入被测电路，电流线圈要串联接入被测电路。通常情况下，电压线圈和电流线圈的带有 * 标端应短接在一起，否则功率表除了可能指针反偏外，还有可能损坏，如图4-24 所示。

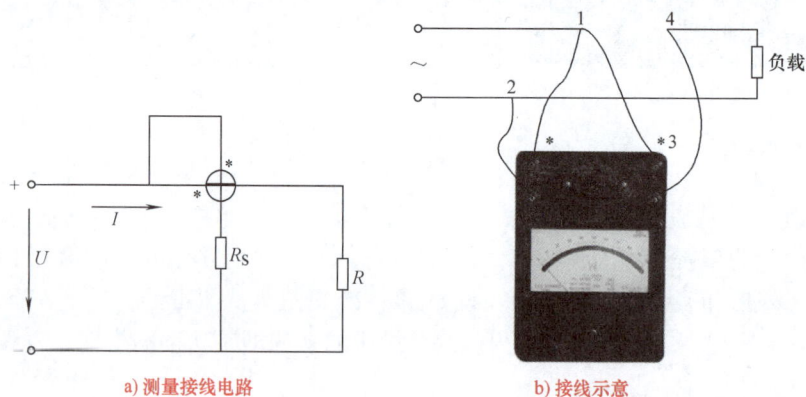

a) 测量接线电路　　　　　　　　　　b) 接线示意

图 4-24　功率表的接线方法

3）正确读数。一般安装式功率表为直读单量程式，表上的示数即为功率数。但便携式功率表一般为多量程式，在表的标度尺上不直接标注示数，只标注分格。在选用不同的电流与电压量程时，每一分格都可以表示不同的功率数。在读数时，应先根据所选的电压量程 U、电流量程 I 以及标度尺满量程时的格数 a_m，求出每格瓦数（又称功率表常数）C，然后再乘上指针偏转的格数 a，就可得到所测功率 P，即

$$C = UI/a_m \tag{4-40}$$

$$P = Ca \tag{4-41}$$

4）使用注意事项：

① 功率表在使用过程中应水平放置。

② 仪表指针如不在零位时，可利用表盖上的零位调整器调整。

③ 测量时，如遇仪表指针反向偏转，应改变仪表面板上的 " + " " – " 换向开关极性，切忌互换电压接线，以免使仪表产生误差。

④ 功率表与其他指示仪表不同，指针偏转大小只表明功率值，并不显示仪表本身是否过载，有时表针虽未达到满度，只要 U 或 I 之一超过该表的量程就会损坏仪表。故在使用功率表时，通常需接入电压表和电流表进行监控。

⑤ 功率表所测功率值包括了其本身电流线圈的功率损耗，所以在进行准确测量时，应从测得的功率中减去电流线圈消耗的功率，才是所求负载消耗的功率。

实训 4.1　白炽灯照明电路安装

1. 实训目的

1）熟悉与照明电路相关的电气图形符号，掌握电度表、刀开关、剩余电流保护器、灯座、插座等器件在电路中的作用。

2）掌握单开关控制一盏灯电路的连接方法，并能对电路进行简单故障检修。

2. 所用仪器设备

1）白炽灯灯座 1 个。

2）白炽灯（220V，25W）1 个。

3）电度表 1 个。

4）刀开关 1 个。

5）剩余电流保护器 1 个。

6）插座 1 个。

7）单刀开关 1 个。

8）导线若干。

9）钳子、螺钉旋具、螺钉若干。

3. 测量电路及实物连接图

（1）测量电路　如图 4-25 所示。

（2）电路装配图　如图 4-26 所示。

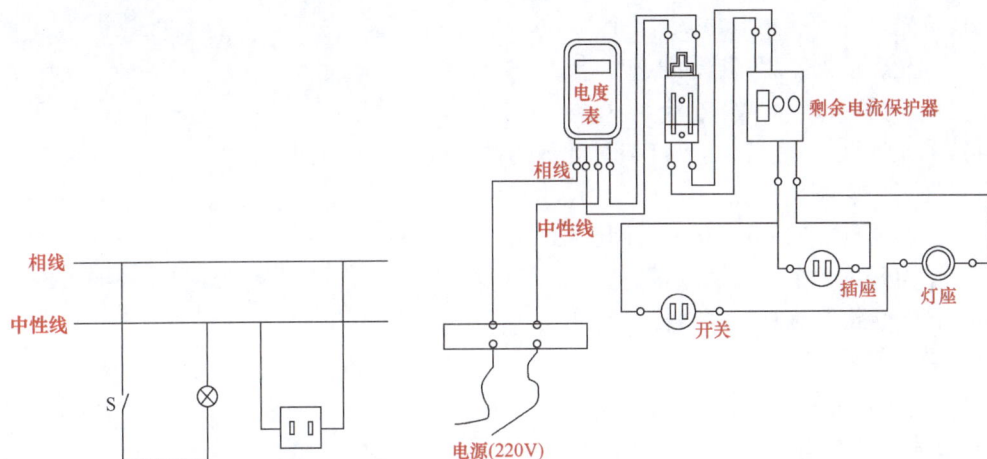

图 4-25　测量电路

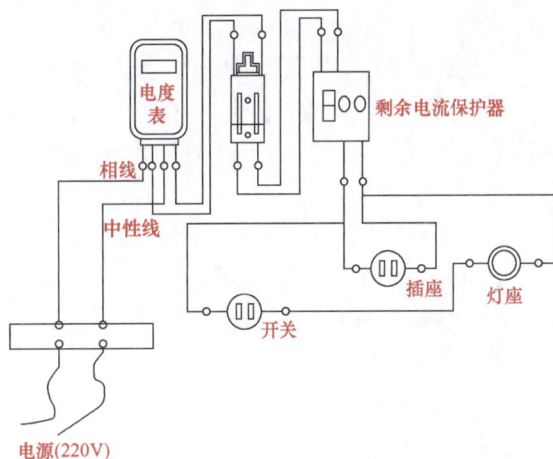

图 4-26　电路装配图

4. 训练内容及步骤

按电路图及装配图连接线路，具体操作方法如下：

（1）单相电度表安装　单相电度表有四个接线桩，从左至右分别是1、2、3、4编号。接线方法：按编号1、3接进线（1接相线，3接中性线），2、4接出线（2接相线，4接中性线）。安装注意事项：单相电度表一般装在配电盘的左上方，电度表必须与地面垂直，否则将影响电度表计数的准确性。

（2）刀开关安装　刀开关用于控制电路接通或切断。接线方法：与刀柄相连的一对接线桩规定接电源进线；底座下端的一对接线桩规定接电源出线。安装注意事项：安装时，刀柄要朝上，不能倒装或平装，以避免发生事故。

（3）剩余电流保护器安装　剩余电流保护器用于防止因触电、漏电引起的人身伤亡事故、设备损坏及火灾的安全保护电路中。安装注意事项：安装时，要依据标示的电源端和负载端接线，不能接反；使用前应操作试验按钮，看剩余电流保护器是否正常工作。

（4）照明电路与插座安装　依据"相线进开关，中性线接灯座，接通开关和灯座"的基本原则安装照明电路。

5. 注意事项

1）与有垫圈的接线柱连接时，线头应弯成"羊眼圈"，即使其大小略小于垫圈。

2）导线下料长短适中，应无裸露部分，以避免发生非正常线间短路及触电事故，线头连接应紧固到位。

3）通电前必须使用万用表对电路进行检验，得到正确的检验结果以后，才能进行通电试验。

实训4.2　荧光灯电路安装

1. 实训目的

1）了解荧光灯的构造和工作原理。
2）练习安装荧光灯电路和排除简单的故障。

2. 所用仪器设备

1）荧光灯灯管（30～40W）1个。
2）辉光启动器、辉光启动器座1套。
3）镇流器（30～40W）1个。
4）荧光灯灯座（2个）、1灯架（配置的铁架或木架）1套。
5）插头、插座1套。
6）电容器（3.75～4.75μF，耐压220V以上）1只。
7）单刀开关1个。
8）钳子、螺钉旋具、螺钉若干。
9）导线若干。
10）功率表1块。

3. 主要部件介绍

（1）荧光灯灯管　荧光灯两端各有一灯丝，灯管内充有微量的氩和稀薄的汞蒸气，灯管内壁上涂有荧光粉，两个灯丝之间的气体导电时发出紫外线，激发荧光粉发出柔和的可见光。荧光灯管开始点燃时需要一个高电压，正常发光时只允许通过不大的电流，这时灯管两端的电压低于电源电压。其结构和外形如图 4-27 所示。

（2）镇流器　又叫限流器、扼流圈，是一个具有铁心的线圈。其作用有两个：一是在荧光灯启动时它产生一个很高的感应电压，使灯管点亮，二是在灯管工作时限制通过灯管的电流不致过大而烧毁灯丝。其外形如图 4-28 所示。

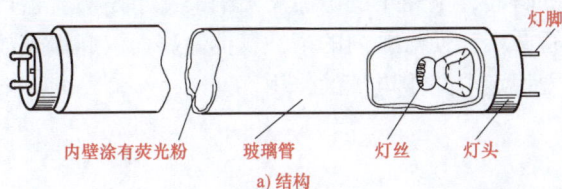

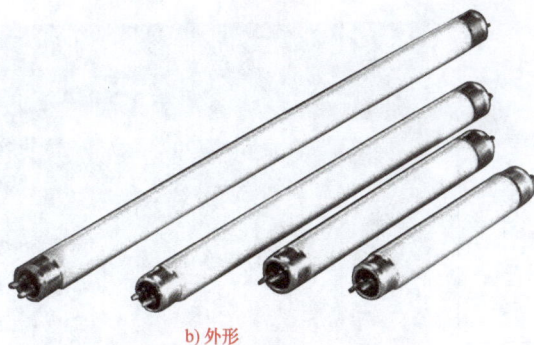

内壁涂有荧光粉　玻璃管　灯丝　灯头

a) 结构

b) 外形

图 4-27　荧光灯管结构和外形

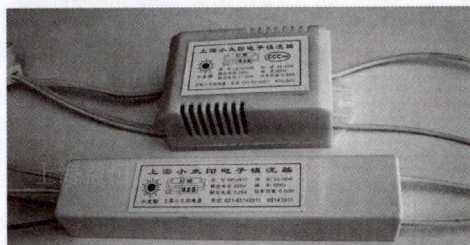

图 4-28　镇流器外形

（3）辉光启动器又叫启辉器，在电路中起开关作用。荧光灯的辉光启动器有辉光式和热开关式两种。最常用的是辉光式，其外面是一个铝壳（或塑料壳），里面有一个氖灯和一个纸质电容器，氖灯是一个充有氖气的小玻璃泡，里边有一个 U 形双金属片和一个静触片，如图 4-29a 所示。U 形双金属片是由两种膨胀系数不同的金属组成，受热后，由于两种金属的膨胀不同而使弯曲程度减小，与静触片相碰，冷却后恢复原形与静触片分开，起到瞬间通、断电路的作用。与氖灯并联的小电容的作用是减小荧光灯启动时对无线电接收机的干扰，其外形如图 4-29b 所示。

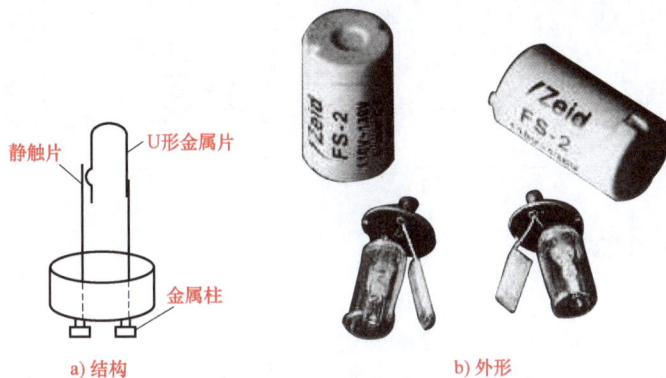

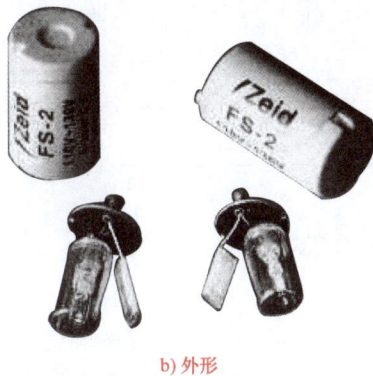

静触片　U形金属片

金属柱

a) 结构

b) 外形

图 4-29　辉光启动器

4. 电路原理图及电路原理

（1）电路图　荧光灯电路原理图如图 4-30 所示。

（2）原理　当荧光灯接入电路以后，辉光启动器两个电极间开始辉光放电，使 U 形双金属片受热膨胀而与静触片接触，于是电源、镇流器、灯丝和辉光启动器构成一个闭合回路，电流使灯丝预热，受热 1~3s 后，辉光启动器的两个电极间的辉光放电熄灭，随之双金属片冷却而与静触片断开，当两个电极断开的瞬间，电路中的电流突然消失，于是镇流器产生一个高压脉冲，它与电源叠加后，加到灯管两端，使灯管内的惰性气体电离而引起弧光放电，在正常发光过程中，镇流器的自感还起着稳定电路中电流的作用。

5. 电路实物装配图

荧光灯电路实物装配图如图 4-31 所示。

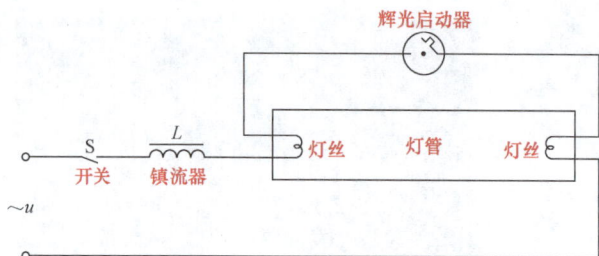

图 4-30　荧光灯电路

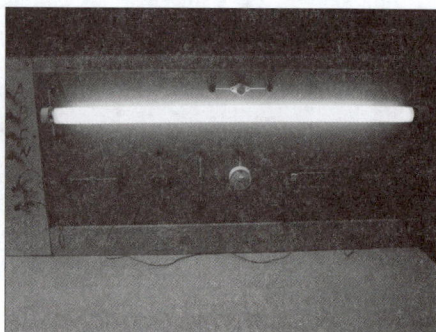

图 4-31　荧光灯电路实物装配图

6. 操作内容及步骤

1）先把两个灯座和辉光启动器座装在灯架上。把镇流器固定在适当位置上。

2）按图接线，熟悉普通荧光灯电路的电路结构。

3）安上辉光启动器和灯管。经教师检查后，将插头插入照明电路的插座，观察灯的启亮过程，观察辉光启动器的作用。

4）用交流电流表测量电路中的电流 I，用交流电压表或万用表测量电压（荧光灯两端电压 U_R、镇流器两端电压 U_L 及端口处输入电压 U），用功率表测量电路中的有功功率 P，将测量结果填入表 4-1 中。

表 4-1　测量数据表

U/V	U_R/V	U_L/V	I/A	P/W

7. 思考问题

1）测得的三个电压满足 $U = U_R + U_L$ 吗？为什么？

2）测得的有功功率 P 是荧光灯上的额定功率吗？为什么？

3）灯管点亮后两端电压 U_R 和点亮瞬间电压一样大吗？为什么？

4）将荧光灯熄灭，在没有辉光启动器的情况下，重新接通电源。这时荧光灯是否发光？用一节绝缘导线将辉光启动器座上的两接线柱碰触，略等一会儿取走。这样做以后，能否使荧光灯发光？碰一下的作用相当于辉光启动器中双金属片的什么动作？

8. 注意事项

1）开关一定要接在相线上。

2）灯管一定要与镇流器串联后接到电源上，切勿将灯管直接接到 220V 电源上。

3）荧光灯启动时，启动电流很大，为防止过大的启动电流损坏电流表，电流表不能直接连接在电路中。实验时，电流表要通过电流插孔接入电路；待荧光灯亮后，再接入电压表与电流表进行测量。

4）测功率时分清功率表的电压线圈和电流线圈。电压线圈要并联在被测电路两端，而电流线圈要串接在电路里。功率表的具体使用方法见前面所述。

5）如果所用灯架是金属材料的，应注意绝缘，以免短路或漏电，发生危险。

4.5　三相交流电路

在电力系统中，电能的生产、传输和分配几乎都采用了三相制。所谓三相制，就是由三个频率相同、电压有效值相等和电压相位彼此相差 120° 的单相正弦电压源组合而成的电源供电体系。三相制系统之所以得到广泛应用，是因为三相制系统有许多优点，三相输电线在输电距离、输送功率、功率因数、电压损失和功率损失方面，比单相输电经济得多，可以节省输电线的用铜量；同时，工农业上广泛使用的三相交流电动机的性能也比单相电动机的性能好，并且结构简单、价格低廉。

4.5.1　三相交流发电机及三相交流电的产生

三相交流电是由三相发电机产生的。图 4-32a 所示是三相交流发电机的原理图，它主要由定子和转子两部分组成。发电机的定子是固定的，它是由硅钢片叠加制成的圆筒，圆筒内圆周边有均匀分布的六个槽，固定有三组结构（几何形状和匝数）完全相同的绕组，它们的空间位置相差 120°。其中 U_1、V_1、W_1 为这三个绕组的始端，U_2、V_2、W_2 为三个绕组的末端，其转子是绕中心轴旋转的一对磁极（转子绕组中通入直流电流产生磁场），由于磁极面的特殊形状，使定子与转子间的空气隙中的磁场按正弦规律分布。

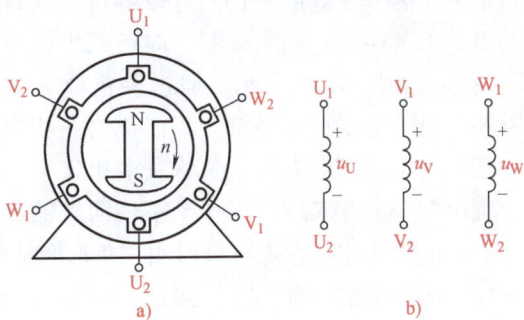

图 4-32　三相交流发电机的原理

当原动机带动发电机的转子以角速度 ω 按顺时针旋转时，在三个绕组的两端分别产生幅值相同、频率相同、相位依次相差 120° 的正弦交流电压（或电动势）。每个绕组电压（电动势）的参考方向通常规定为由绕组的始端（末端）指向绕组的末端（始端），这一组正弦交流电压称为对称三相正弦交流电压，它们的波形图和相量图分别如图 4-33 和图 4-34 所示。

若以 u_U 为参考正弦量（即初相为零），则三个正弦电压的解析式分别为

$$u_U = U_m \sin\omega t$$

$$u_V = U_m \sin(\omega t - 120°)$$

$$u_W = U_m \sin(\omega t - 240°) = U_m \sin(\omega t + 120°) \tag{4-42}$$

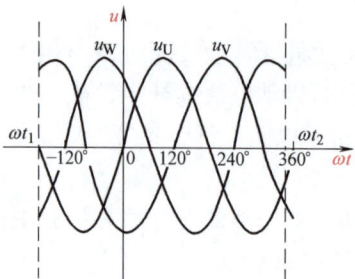

图 4-33　对称三相正弦量的波形

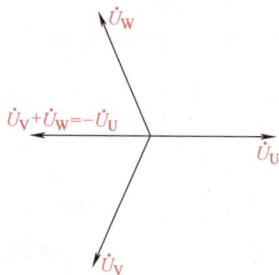

图 4-34　对称三相正弦量的相量图

从波形图中可看出，任意时刻三个正弦电压的瞬时值之和恒等于零，即

$$u_U + u_V + u_W = 0 \tag{4-43}$$

我们把能供出三相对称电压的电源就称为对称三相电源。发电厂提供的电源都是对称的。通常所说的三相电源都是指对称三相电源。

同理，有对称三相电流和电动势。我们将对称三相电压、电流、电动势统称为对称三相正弦量。

对称三相正弦量达到最大值（或零值）的先后顺序称为相序，上述 U 相超前于 V 相，V 相超前于 W 相的顺序称为正相序，简称为正序，即相序为 U—V—W，一般的三相电源都是正序对称的。工程上以黄、绿、红三种颜色分别作为 U、V、W 三相的标志。

4.5.2　三相正弦交流电源

三相交流发电机的每一相绕组都可以看作是一个独立的单相电源，它们可以各自接到自己的负载上，构成三相六线制，向负载提供单相交流电，如图 4-35 所示。但这种供电方式共需要六根输电线很不经济，不能称为三相电源。三相电源的供电方式，是将发电机定子的三个绕组按一定方式连接成一个整体向外输电的。三相电源的连接方式有星形和三角形两种。

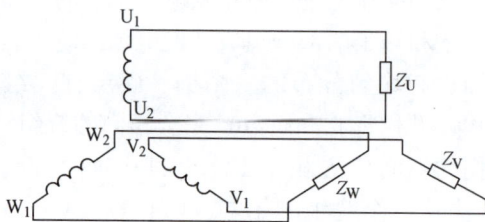

图 4-35　三相六线制

1. 三相电源的星形（Y）联结

将三个绕组的末端 U₂、V₂、W₂ 连接在一起组成 N 点，而从绕组的三个始端 U₁、V₁、W₁ 引出三根导线与外电路相连的三相电路称为三相电源的星形（Y）联结，如图 4-36a 所示。从始端引出的导线称为相线（俗称火线），分别用黄、绿、红三色标示。连接三个末端的节点 N 称为中（性）点。从中（性）点引出的导线称为中（性）线（或称零线），用黑色或白色标示，中（性）线往往是接地的，这时也可以称为地线。若三相电源中有中（性）线，则称为三相四线制供电方式，多用于工厂低压配电线路和照明电路；若无中线，则称为三相三线制供电方式。图 4-36b 所示为三相电源的星形联结的简易画法。

在星形联结中，相线与中性线间的电压称为相电压，用 u_U、u_V、u_W 表示。两相线间的电压称为线电压，用 u_{UV}、u_{VW}、u_{WU} 表示，如图 4-36a 所示，因此，在三相四线制供电中，

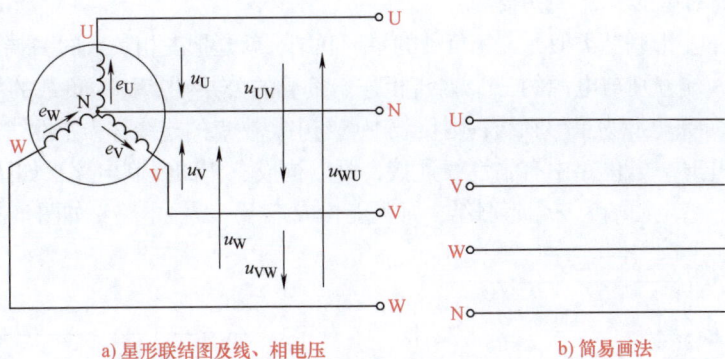

a) 星形联结图及线、相电压　　　b) 简易画法

图 4-36　三相电源的星形联结

可以提供两组不同的对称三相电压；而三相三线制只能提供一组对称的线电压。

在三相对称电源中，各相电压对称，其有效值相等，可用 U_P 表示；各线电压也对称，其有效值可用 U_L 表示。可以证明，线电压与相电压的有效值关系为

$$U_L = \sqrt{3}\, U_P \tag{4-44}$$

即线电压的大小是相电压大小的 $\sqrt{3}$ 倍，即当相电压对称时，线电压也是对称的。

则
$$u_{UV} = U_{Lm}\sin\omega t$$
$$u_{VW} = U_{Lm}\sin(\omega t - 120°)$$
$$u_{WU} = U_{Lm}\sin(\omega t + 120°) \tag{4-45}$$

通常采用的 380V 三相四线制电源，是指线电压为 380V、相电压为 220V 的三相电源。

2. 三相电源的三角形（△）联结

如果将三相发电机的三个绕组依次首（始端）尾（末端）相连，接成一个闭合回路，则可构成三角形联结，如图 4-37 所示。从三个连接点引出的三根导线即为三根端线。

当三相电源作三角形联结时，只能是三相三线制，而且线电压就等于相电压。它们分别表示为

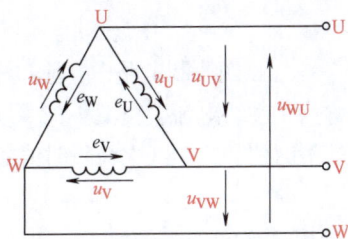

图 4-37　三相电源的三角形联结

$$u_{UV}=u_U,\ u_{VW}=u_V,\ u_{WU}=u_W \tag{4-46}$$

值得注意的是，由对称的概念可知，在任何时刻，三相电压之和等于零。因此，即便是三个绕组接成闭合回路，只要连接正确，在电源内部并没有回路电流。但是，如果某一相的始端与末端接反，则会在回路中引起很大的电流，使发电机绕组过热而损坏。

*4.5.3　三相负载的连接

三相负载即由互相连接的三组负载组成，其中每组负载称为一相负载。在三相电路中，负载有两种情况：一种是负载是单相的，例如电灯、荧光灯等照明负载，还有电炉、电视机、电冰箱等家用电器，单相负载通过适当的组合连接，可以组成三相负载。另一种负载是三相负载设备，如三相电动机等，其中三相绕组中的每一相绕组也是单相负载，所以也存在如何将这三个单相绕组连接起来接入电网的问题。

三相负载的连接方法也有两种，即星形联结和三角形联结。

1. 三相负载的星形（Y）联结

与电源绕组的星形联结类似，三相负载的星形联结，就是把三相负载的一端连接到一个公共端点，负载的另一端分别与电源的三个端线相连。负载的公共端点称为负载的中性点，简称中点，用 N′表示。如果电源为星形联结，则负载中点与电源中点的连线称为中性线，两中点间的电压 $U_{N'N}$ 称为中点电压。若电路中有中性线连接，可以构成三相四线制电路，如图4-38所示；若没有中性线连接，或电源端为三角形联结，则只能构成三相三线制电路，如图4-39所示。

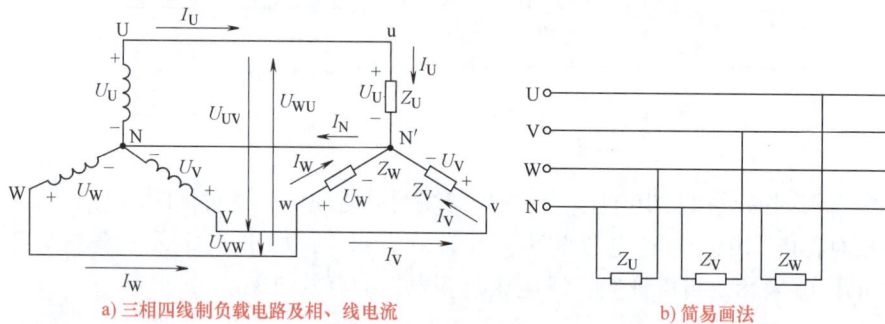

a) 三相四线制负载电路及相、线电流　　　　　　b) 简易画法

图4-38　三相四线制电路

在三相电路中，通过端线的电流称为线电流，通过每相负载的电流称为相电流。从图4-39中可以看出，星形联结的负载，其线电流等于相电流（图中：$I_U = I_u$，$I_V = I_v$，$I_W = I_w$），即

$$I_L = I_P \tag{4-47}$$

在三相四线制电路中，流过中性线上的电流称为中性线电流，由图4-38可知，中性线电流的瞬时值和三个线电流瞬时值的关系为

$$i_N = i_U + i_V + i_W$$

相量之间关系为

图4-39　三相三线制电路

$$\dot{I}_N = \dot{I}_U + \dot{I}_V + \dot{I}_W \tag{4-48}$$

但由于交流电路存在相位关系，故有效值之间 $I_N \neq I_U + I_V + I_W$。

2. 三相负载的三角形（△）联结

三相负载的三角形（△）联结，是依次把每相负载的始末端相连，组成一个封闭的三角形，再分别由三角形的三个顶点引出三根端线接在三相电源的三根相线上，如图4-40所示。

负载作三角形联结时的相电流与线电流是不同的，在图4-40中，分别规定了相电流和线电流的参考方向，即规定相电流 I_{UV} 从 U 流向 V，I_{VW} 从 V 流向 W，I_{WU} 从 W 流向 U；规定线电流 I_U、I_V、I_W 的参考方向是从电源流向负载。

可以证明，当三角形联结的负载对称时，线电

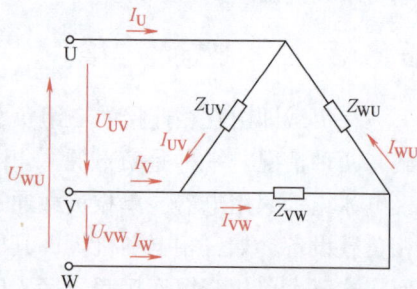

图4-40　负载的三角形联结

流的有效值等于相电流的$\sqrt{3}$倍，即

$$I_\text{L} = \sqrt{3}\,I_\text{P} \tag{4-49}$$

当每相负载的额定电压等于电源线电压时，三相负载应作三角形（△）联结。

*4.5.4　三相电路的计算

1. 三相星形（Y）电路的计算

三相负载星形（Y）联结的计算可分为电路对称和不对称两种情况。

（1）对称星形电路　对称三相电路是指三相电源对称、三相负载对称（忽略三根输电线的阻抗）的三相电路。而三相电源总是对称的（我们只讨论电源对称情况），因此，只要三相负载对称，电路就是对称的。三相电路中的负载，可能相同也可能不同，通常把各相负载相同（即各相负载的阻抗值相等、性质相同），即 $R_\text{U} = R_\text{V} = R_\text{W} = R_\text{P}$，$X_\text{U} = X_\text{V} = X_\text{W} = X_\text{P}$，$Z_\text{U} = Z_\text{V} = Z_\text{W} = Z_\text{P}$ 的三相负载叫作对称三相负载，如三相电动机、三相电炉等；否则就叫作三相不对称负载，三相照明电路中的负载大多为不对称的。

图 4-38 所示的三相四线制电路中，若忽略中性线和线路阻抗时，由于两中点间的电压 $U_{\text{N'N}} = 0$，根据 KVL 可得，各相负载的电压就等于该相电源的相电压。

若已知各对称相电压 U_P、线电压 U_L 与各相对称负载即 $R_\text{U} = R_\text{V} = R_\text{W} = R_\text{P}$，$X_\text{U} = X_\text{V} = X_\text{W} = X_\text{P}$，$Z_\text{U} = Z_\text{V} = Z_\text{W} = Z_\text{P}$。

则各负载阻抗应用阻抗三角形求得

$$Z_\text{P} = Z_\text{U} = Z_\text{V} = Z_\text{W} = \sqrt{R_\text{P}^2 + X_\text{P}^2} \tag{4-50}$$

各相电流及线电流有效值应用欧姆定律求得

$$I_\text{L} = I_\text{P} = I_\text{U} = I_\text{V} = I_\text{W} = \frac{U_\text{P}}{|Z_\text{P}|} = \frac{U_\text{L}}{\sqrt{3}\,|Z_\text{P}|} \tag{4-51}$$

由于三相电路的对称性，计算时可先计算一相，其他两相根据对称条件得到。

由于电路对称，可证明，这时中性线电流等于零。既然中性线电流为零，就可以去掉中性线，三相对称负载作星形联结时，可采用三相三线制供电，如图 4-39 所示。常用的三相电动机就只需三根相线供电，因为三相电动机是对称的三相负载。

例 4-10　一组星形联结的对称三相负载，每相电阻 $R = 16\Omega$，感抗 $X = 12\Omega$。接于线电压为 380V 的三相电源上，求相电压、相电流和线电流。

解：1）每相负载两端的电压等于电源的相电压，即

$$U_\text{P} = \frac{U_\text{L}}{\sqrt{3}} = \frac{380}{\sqrt{3}}\text{V} = 220\text{V}$$

2）通过负载的相电流为

$$I_\text{P} = \frac{U_\text{P}}{Z_\text{P}} = \frac{U_\text{P}}{\sqrt{R^2 + X^2}} = \frac{220}{\sqrt{16^2 + 12^2}}\text{A} = \frac{220}{20}\text{A} = 11\text{A}$$

3）星形联结时线电流等于相电流，即

$$I_\text{L} = I_\text{P} = 11\text{A}$$

（2）不对称星形电路　如图 4-38 所示的三相四线制电路中，若三相负载不对称，即

$Z_U \neq Z_V \neq Z_W$时，各负载阻抗应用阻抗三角形求得

$$Z_U = \sqrt{R_U^2 + X_U^2}$$

$$Z_V = \sqrt{R_V^2 + X_V^2}$$

$$Z_W = \sqrt{R_W^2 + X_W^2} \tag{4-52}$$

分两种情况讨论：

1）当有中性线时，由于三相电压对称，各相负载上的电压仍是对称的（照明电路即是如此），各相负载仍能正常工作。负载各相电流（即线电流）有效值的计算要分别逐相进行。计算公式为

$$I_U = \frac{U_U}{Z_U}, \; I_V = \frac{U_V}{Z_V}, \; I_W = \frac{U_W}{Z_W} \tag{4-53}$$

此时，中性线上有电流通过，即 $I_N \neq 0$。

2）当中性线断开时，负载端相电压不再对称，导致有的相电压太低，以致负载不能正常工作，有的相电压却又高出负载额定电压许多，同样造成负载不能正常工作，严重时烧毁负载。

由此可见，三相四线制供电时，若三相负载不对称，必须有中性线，中性线一旦发生断路，就可能发生严重的事故。因此，中性线的作用是至关重要的，必须保证中性线的可靠连接，不允许断开。为防止意外，由供电电源（交流发电机或供电变压器）中性点引出的中性线上绝对不允许安装开关或者熔断器。

由于照明电路很难做到三相负载对称，因此，绝大多数照明电路采用三相四线制供电电路。

2．三相三角形（△）电路的计算

三相三角形（△）电路的计算也分为对称与不对称两种情况。下面只讨论对称情况。

如图 4-40 所示，三角形电路的特点是负载的相电压等于电源线电压。

当负载对称（即 $Z_{UV} = Z_{VW} = Z_{WU} = Z_P$ 时），由于三相电路的对称性，计算时也可只先计算一相，其他两相根据对称条件求得，即

$$I_P = I_{UV} = I_{VW} = I_{WU} = \frac{U_L}{Z_P} \tag{4-54}$$

当负载对称时，算出各相电流后，可根据相、线电流的关系式 $I_L = \sqrt{3}I_P$，求出各线电流。

*4.5.5 三相电路的功率

三相电路中每一相负载有功功率的计算方法与单相电路完全一样。不论采用哪种接法，三相电路的总有功功率都等于各相负载的有功功率之和，即

$$P = P_U + P_V + P_W = U_U I_U \cos\varphi_U + U_V I_V \cos\varphi_V + U_W I_W \cos\varphi_W \tag{4-55}$$

当三相负载对称时，其总有功功率为

$$P = 3U_P I_P \cos\varphi_P \tag{4-56}$$

式中 P——三相负载的总有功功率，简称三相功率，单位为 W；

U_P——负载的相电压，单位为 V；

I_P——负载的相电流，单位为 A；

$\cos\varphi_P$——每相负载的功率因数。

在实际工作中，线电压和线电流比相电压和相电流更容易测得，通常都采用以线电压和线电流表示的功率计算公式。

因此，由对称三相电路的特点，可推得对称负载不论是星形联结还是三角形联结，其总有功功率的计算公式均为

$$P = \sqrt{3}\, U_L I_L \cos\varphi_P \tag{4-57}$$

式中，U_L 为线电压，I_L 为线电流，φ_P 仍是相电压与相电流的相位差，实际应用时电压和电流及相位角的下标 "L" 及 "P" 均可不标。这样公式为

$$P = \sqrt{3}\, UI \cos\varphi \tag{4-58}$$

同理，可得到对称三相负载的无功功率和视在功率的计算公式

$$Q = \sqrt{3}\, UI \sin\varphi \tag{4-59}$$

$$S = \sqrt{3}\, UI \tag{4-60}$$

例 4-11　已知某三相对称负载接在电源电压为 380V 的三相交流电源中，其中每相负载的 $R_P = 6\Omega$、$X_P = 8\Omega$。试分别计算该负载作星形联结和三角形联结时的相电流、线电流以及有功功率，并作比较。

解：（1）负载作星形联结时

$$Z_P = \sqrt{R_P^2 + X_P^2} = \sqrt{6^2 + 8^2}\,\Omega = 10\Omega$$

$$U_{P\mathrm{Y}} = \frac{U_L}{\sqrt{3}} = 220\mathrm{V}$$

则

$$I_{L\mathrm{Y}} = I_{P\mathrm{Y}} = \frac{U_{P\mathrm{Y}}}{Z_P} = \frac{220}{10}\mathrm{A} = 22\mathrm{A}$$

又

$$\cos\varphi = \frac{R_P}{Z_P} = \frac{6}{10} = 0.6$$

所以　　　　$P_{\mathrm{Y}} = 3 U_{P\mathrm{Y}} I_{P\mathrm{Y}} \cos\varphi = 3 \times 220 \times 22 \times 0.6\mathrm{W} \approx 8.7\mathrm{kW}$

或　　　　$P_{\mathrm{Y}} = \sqrt{3}\, U_L I_L \cos\varphi = \sqrt{3} \times 380 \times 22 \times 0.6\mathrm{W} \approx 8.7\mathrm{kW}$

（2）负载作三角形联结时

$$U_{P\triangle} = U_L = 380\mathrm{V}$$

则

$$I_{P\triangle} = \frac{U_{P\triangle}}{Z_P} = \frac{380}{10}\mathrm{A} = 38\mathrm{A}$$

$$I_{L\triangle} = \sqrt{3}\, I_{P\triangle} = \sqrt{3} \times 38\mathrm{A} \approx 66\mathrm{A}$$

$$P_{\triangle} = 3 U_{P\triangle} I_{P\triangle} \cos\varphi = 3 \times 380 \times 38 \times 0.6\mathrm{W} \approx 26\mathrm{kW}$$

或　　　　$P_{\triangle} = \sqrt{3}\, U_L I_L \cos\varphi = \sqrt{3} \times 380 \times 66 \times 0.6\mathrm{W} \approx 26\mathrm{W}$

（3）两种方法比较

$$\frac{I_{P\triangle}}{I_{P\mathrm{Y}}} = \frac{38}{22} \approx \sqrt{3}$$

$$\frac{I_{L\triangle}}{I_{L\mathrm{Y}}} = \frac{66}{22} = 3$$

$$\frac{P_\triangle}{P_\curlyvee} = \frac{26}{8.7} = 3$$

由计算可知，同一负载作三角形联结的相电流是星形联结时的$\sqrt{3}$倍，而三角形联结时的线电流和功率均是星形联结时的 3 倍。

想一想、做一做

   1. 观察你所在学校、小区等用电区供电线路进线段处四条线中哪一根是中性线，哪三根是相线？从外形上能看出吗？

   2. 根据以上观察，画一张供电线路简图。

   3. 根据你平时的积累，可以列举出哪些三相电器负载实例？

* 实训指导　三相调压器及使用

1. 熟悉实物外形与电路组成

三相调压器外形如图 4-41 所示，电路组成如图 4-42 所示。三相调压器可看成是三个单相调压器按照一定方式连接的组合。由于是自耦变压的形式，一次、二次绕组是同一线圈，绕组可接成星形联结（图 4-42）也可接成三角形联结。

图 4-41　三相调压器外形

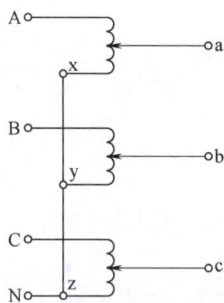

图 4-42　三相调压器的电路组成

2. 三相调压器的使用

三相调压器输入端有四个接线柱，分别是 A、B、C、N，接三相电源，分别接三个相线和一个中性线。输出端 a、b、c，输出变换后的电压，接三相负载。通过上部的手轮与数字指示盘进行输出电压的调节。输出电压的范围可以比输入线电压小（降压），也可比其大（升压）。

* 实训 4.3　三相星形联结负载电路的测试

1. 实训目的

1）练习负载的星形联结接线方法。

2）验证星形对称和不对称电路中相电压与线电压及线电流之间关系。

3）研究中性线的作用。

2. 所用仪器设备

1）交流电流表 1 个。

2）交流电压表 1 个。

3）三相调压器 1 个。

4）万用表（MFIO）1 个。

5）开关、插座等 1 套。

6）灯箱 1 个。

3. 测量电路

图 4-43 所示为三相星形负载测试电路。

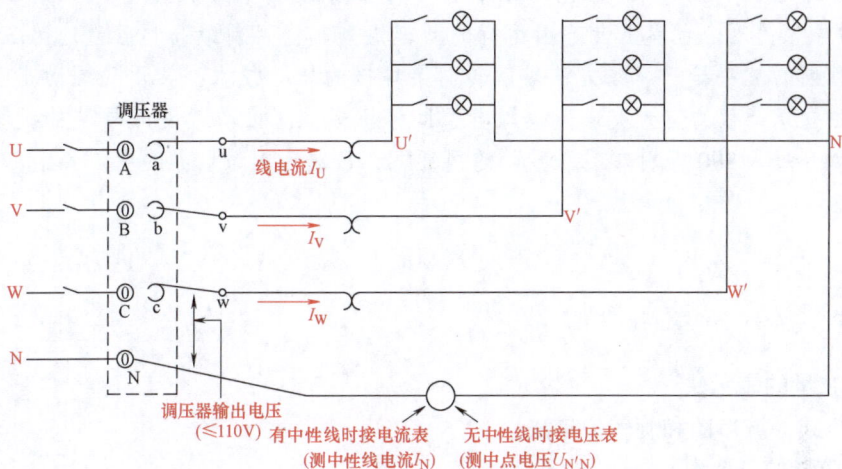

图 4-43　三相星形负载测试电路

4. 操作内容及步骤

1）按图 4-43 所示电路接线。

2）调整电路为对称时（各相分别接三个灯），观察灯在有中性线和无中性线时的亮度情况，有无变化？测量对应情况的各线电压、相电压及线电流和中性线电流、中点电压，记录在表 4-2 中。

3）调整电路为不对称时（各相分别接灯 1 个、2 个、3 个），观察灯在有中性线和无中性线时亮度情况，有无变化？测量对应情况的各线电压、相电压及线电流和中性线电流、中点电压，记录在表 4-2 中。

4）比较测量结果和所观察的结果。

表 4-2　测量数据表

测量内容		U_{UV}	U_{VW}	U_{WU}	U_{UN}	U_{VN}	U_{WN}	$U_{N'N}$	I_U	I_V	I_W	I_N	灯亮度
对称	有中性线												
	无中性线												

（续）

测量内容		U_{UV}	U_{VW}	U_{WU}	U_{UN}	U_{VN}	U_{WN}	$U_{N'N}$	I_U	I_V	I_W	I_N	灯亮度
不对称	有中性线												
	无中性线												

5. 注意事项

1）本实训有 380V 高压，在接通电源前要仔细检查电路无误，方可通电。

2）实验中测试者要始终站在橡胶垫上，且做到单手操作。

3）为了实训安全，调压器输出电压可调至较低，一般可取≤110V。

4）测量不对称负载无中性线内容时，动作尽量要迅速，以免时间过长，损坏灯泡。

大国工匠英雄谱之四

以独创的"一枪三焊"方法破解转向架焊接的核心技术的人——李万君

"复兴号"是现今世界上大范围运行的动车组列车，目前最高运营时速为 350 千米。李万君以独创的"一枪三焊"方法破解转向架焊接的核心技术，实现我国动车组列车研制完全自主知识产权的重大突破，也焊出了世界新标准，推动"复兴号"的批量生产成为现实。如今每天 290 多对"复兴号"追风逐电，已成为闪耀世界的中国名片。

本章小结

1. 正弦量的表示法

有解析式，波形图和旋转矢量法。

2. 正弦量的三要素

（1）有效值或最大值的关系为 $I = \dfrac{I_m}{\sqrt{2}}$；（2）角频率、周期和频率三者关系为 $\omega = 2\pi f = \dfrac{2\pi}{T}$；（3）初相为 ψ。

3. 单一参数交流电路

各元件的电路特性见表 4-3。

表 4-3 RLC 三种元件的电路特性

性质	电压、电流有效值的关系	电压、电流相位关系	功率计算
R	$U = IR$	电压、电流同相	$P = UI$
L	$U = X_L I$ $X_L = 2\pi f L$	电流滞后电压90°	$P = 0$ $Q = UI$
C	$U = X_C I$ $X_C = \dfrac{1}{2\pi f C}$	电流超前电压90°	$P = 0$ $Q = UI$

4. RL 串联电路

电压电流关系为 $U = ZI$，阻抗 $Z = \sqrt{R^2 + X_L^2}$，电压关系（电压三角形）$U = \sqrt{U_R^2 + U_L^2}$，

有功功率 $P = U_R I = UI\cos\varphi$，无功功率 $Q_L = U_L I = UI\sin\varphi$，视在功率 $S = UI$，三功率关系 $S = \sqrt{P^2 + Q_L^2}$，功率因数 $\cos\varphi = \dfrac{P}{S} = \dfrac{R}{Z} = \dfrac{U_R}{U}$。

5. 功率因数

提高的意义：①提高了电源设备的利用率；②减小了供电线路上的能量损耗。提高方法：在电感性负载的两端并联电容器。

6. 三相电源的星形（丫）联结和三角形（△）联结

星形（丫）联结：提供线电压和相电压两种电压。线电压有效值为相电压的 $\sqrt{3}$ 倍，有三相四线制（有中性线）和三相三线制（无中性线）两种供电方式。

三角形（△）联结：只能提供一种电压。只有三相三线制供电，线电压等于相电压。

7. 三相负载联结

有星形（丫）联结和三角形（△）联结。

8. 对称三相电路的计算

单相法计算，即取出一相电路，单独求解。由对称性求出其余两相的电流和电压。

9. 三相电路的功率

对称三相电路中，无论负载接成星形还是三角形，负载总有功功率 $P = \sqrt{3}\,U_L I_L \cos\varphi_P$，总无功功率 $Q = \sqrt{3}\,U_L I_L \sin\varphi_P$，视在功率 $S = \sqrt{3}\,U_L I_L = \sqrt{P^2 + Q^2}$。

第2篇

▶▶▶ 电工技术

第5章 用电技术

▶ 本章导读

知识目标

1. 了解发电、输电和配电过程，了解电力供电的主要方式和特点，了解供配电系统的基本组成，了解节约用电的方式方法，树立节约能源意识。

2. 了解保护接地的方法和剩余电流断路器的使用及其应用；会保护人身与设备安全，防止发生触电事故。

技能目标

1. 能正确使用保护接地。

2. 会使用剩余电流断路器。

思政目标

培养学生具有深厚的爱国情感和中华民族自豪感；遵纪守法、崇德向善；具有安全意识，爱岗敬业，具有高度的责任心；工作规范、认真执行安全操作规程，文明生产；有较强的集体意识和团队合作精神。

5.1 电力供应与节约用电

电能由发电厂产生，再通过输电线做远距离或近距离的输送，最后分配给各工农业生产单位及其他用户，这样就构成了发电、输电和配电的完整系统。

5.1.1 发电

发电方式按能源的不同，主要分为以下几种方式。

1. 火力发电

火力发电是利用石油、煤炭和天然气等燃料燃烧时产生的热能来加热水，使水变成高温、高压水蒸气，然后再由水蒸气推动发电机来发电。这一类发电厂统称为火电厂。

2. 水力发电

水力发电是利用水位落差的位能转为水轮的机械能，再以机械能推动发电机进行发电。

3. 核能发电

核能发电是利用核反应堆中核裂变所释放出的热能来加热水，再产生高温高压的蒸汽推动汽轮机，从而带动发电机进行发电。

4．风力发电

风力发电是利用自然界的风力带动发电机旋转发电。

5．太阳能发电

太阳能发电是利用汇聚的太阳光，直接将其转换为电能或把水烧至沸腾变为水蒸气，然后再用来发电。

6．潮汐发电

潮汐发电是通过水库，在涨潮时将海水储存在水库内，以势能的形式保存，然后在落潮时放出海水，利用高、低潮位之间的落差，推动水轮机旋转，带动发电机发电。

此外还可利用天然气、地热等来发电。各种发电方式如图 5-1 所示。

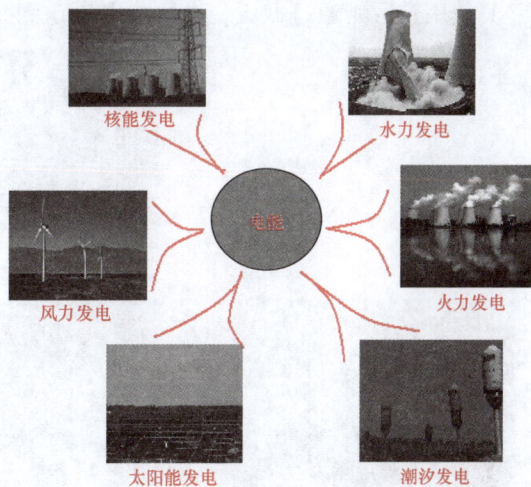

图 5-1　各种发电方式

5.1.2　输电

发电厂发出的电，要经过升压变压器将电压升压后，再经断路器等控制设备接入输电线路，通过高压输电的方式输送到很远的用电区以供使用，如图 5-2 所示。采用高压输电，可在输送功率一定时，大大减少输电线路上的电功率损耗并节省输电导线所用材料。

a) 升压变压器　　　　　　　　　　b) 远距离输电线路

图 5-2　高压输电

根据输送电能距离的远近，采用不同的高电压。从我国现在的电力情况来看，送电距离在 200～300km 时采用 220kV 的电压输电；在 100km 左右时采用 110kV 的电压输电；50km 左右采用 35kV；在 15～20km 时采用 10kV，有的则用 6600V。输电电压在 110kV 以上的线路，称为超高压输电线路。在远距离送电时，我国还有 500kV 的超高压输电线路。实际中，常把同一地区内的各发电厂连成电力系统，以便充分利用各发电厂的设备，相互调剂，保证经济可靠地运行。

5.1.3　变、配电

高压输电过程中，要经历多个高压变电所（一般为一升四降）不断地变电，最后进入用电区，并分为两部分，一部分到工厂，一部分到其他用户区。

工厂车间为主要配电的对象之一。只装有小容量电动机的车间由地方变电所或本厂变电所直接配给 380/220V 的低压电。装有 100kW 以上的大容量电动机的车间则需先用高压配电，然后再由车间变电所降为所需的电压，供给各负载设备使用。在车间中，通常采用分别配电的方式，把各动力配电线路以及照明配电线路一一分开，这样可避免因局部事故而影响整个车间的正常工作。

其他用户区则通过低压变电所将电压送到。图 5-3 所示为变配电过程。

a) 高压变电所   b) 工厂

d) 其他用户   c) 低压变电所

图 5-3 变配电过程

图 5-4 所示为发电、输电、配电系统简图，图中输电线均用单线表示。

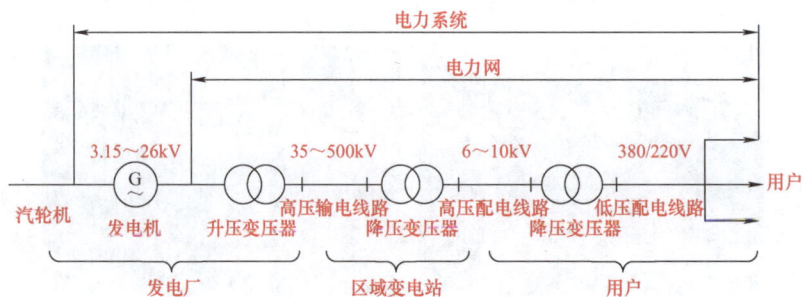

图 5-4 发电、输电、配电系统简图

5.1.4 节约用电

1. 节约用电的意义

节约用电是节约能源的重要内容，对发展我国国民经济有重要意义，主要在于：

1）可节约发电所需的一次能源（电能是极宝贵的由一次能源转换而成的二次能源），从而使全国的能源得到节约，从而减轻能源和交通运输的紧张程度。

2）在依靠科学与技术进步，不断采用新技术、新材料、新工艺、新设备的情况下，节电同时必定会促进工农业生产水平的发展与提高。

3）通过加强用电的科学管理，从而改善经营管理工作，提高企业的管理水平。

4）能够减少不必要的电能损失，从而为企业减少电费支出，降低成本，提高经济效益，使有限的电力发挥更大的社会经济效益。

2. 节约用电的措施

响应国家节电精神，具体措施为：

1）使用绿色照明技术、产品和节能型家用电器。

2）降低发电厂用电和线损率，消除不明损耗。

3）应用余热、余压和新能源发电，采用清洁、高效的热电联产、热电冷联产和综合利用。

4）加强用电设备经济运行方式。

5）更新改造低效风机、水泵、电动机、变压器，提高系统运行效率。

6）应用高频可控硅调压装置和节能型变压器，应用交流电动机变频调速节电技术。

7）进行热处理、电镀、铸锻、制氧等工艺的专业化生产。

8）应用热泵、燃气-蒸汽联合循环发电技术。

9）应用远红外、微波加热技术以及蓄冷、蓄热技术。

想一想、做一做

1. 想一想，你知道哪些日常生活节电的方法？
2. 参观学校配电室，了解实际中的配电常识。

5.2 用电保护

在电气系统运行中，因电气设备漏电伤人是常见的触电事故，故在正常情况下，电气设备的金属外壳是不带电的。倘若绝缘损坏或带电的导体碰壳，则外壳带电，此时若有人触及该设备的金属外壳，就可能发生触电事故。为了防止触电，必须采取相应的保护措施。

5.2.1 保护接地

保护接地是指将正常情况下不带电，而在绝缘材料损坏后或其他情况下可能带电的电器金属部分（即与带电部分相绝缘的金属结构部分）用导线与接地体可靠连接起来的一种保护接线方式。依据 GB 14050—2008《系统接地的型式及安全技术要求》，低压配电系统按接地方式的不同可分为 TT 系统、TN 系统、IT 系统。其中 TN 系统又分为 TN－C、TN－S、TN－C－S 系统。下面仅对常用的 TN－C、TN－S 系统做一简单介绍。

1. TN－C 系统

TN－C 系统为电源端（发电机或变压器供电侧）中性点接地，整个系统中性线与保护接地线合二为一，称为保护中性线，用 PEN 表示。该系统分别引出 L_1、L_2、L_3、PEN 四根线，构成三相四线制供电。在 TN－C 系统中，所有电气设备（电动机、变压器等）的外露可导电部分均接到 PEN 线上，如图 5-5 为 TN－C 系统电气设备接线示意图。

当发生相线与外壳短路故障时，这种系统中形成一个单相短路回路，短路电流很大，使电气设备的断路器或熔断器动作，迅速切断电源。在此系统中，中性线上不允许装设开关和熔断器。

如图 5-6 所示，当某相绕组因绝缘损坏碰壳而导致电气设备外露可导电部分带电时，相线和 PEN 线短路，单相短路电流很大，足以使电路上的保护装置（如熔断器）动作，从而将事故点与电源断开，免除触电危险。

2. TN－S 系统

如图 5-7 所示，TN－S 系统是在 TN－C 系统的基础上做了改进，为了可靠起见专门加设

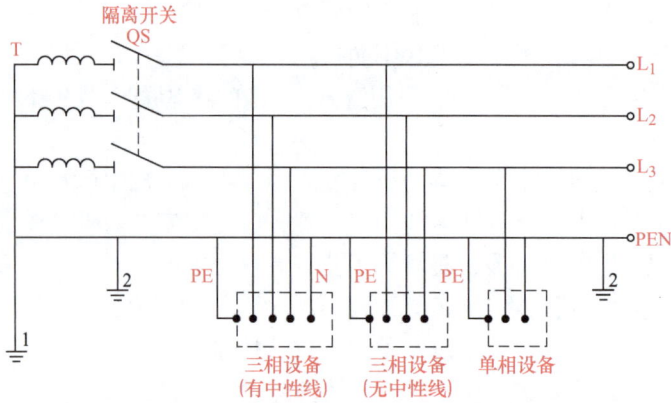

图 5-5 TN - C 系统电气设备接线示意图

了一根保护接地线（PE 线），即为三相五线制系统。PE 线引自电源，它既与电源中心点 N 连接，又在电源处接地。

三相电气设备接于电网的 L_1、L_2、L_3 三根相线，外壳接 PE 线，单相电气设备接于相线与中性线，外壳接 PE 线。

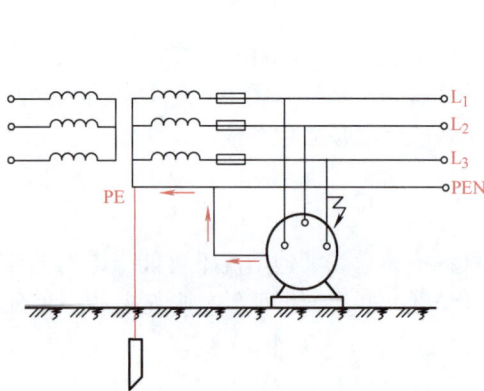

图 5-6 TN - C 接地保护系统
电动机一相碰壳情况

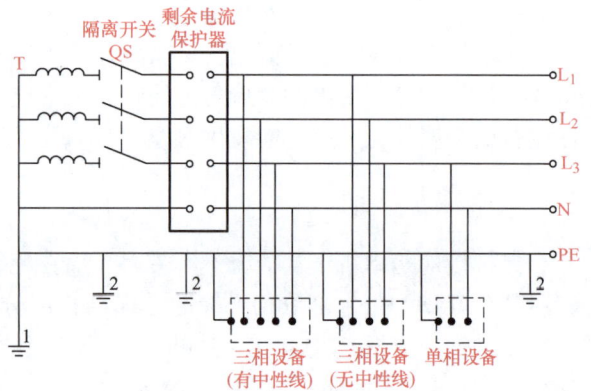

图 5-7 TN - S 系统电气设备接线示意图

TN - S 供电系统的特点如下：

1）中性线 N 和保护接地线（PE 线）严格分开。

2）系统正常运行时，保护接地线上没有电流，只是中性线上有不平衡电流。PE 线对地没有电压，所以电气设备金属外壳的保护接地是接在保护接地线上，安全可靠。

3）中性线只用于单相照明负载回路。

4）保护接地线不许断线，也不许进入剩余电流断路器。

5）干线上使用剩余电流保护器，中性线不得重复接地，而 PE 线有重复接地，但是不经过剩余电流保护器，所以 TN - S 系统供电干线上也可以安装剩余电流保护器。

5.2.2 安装剩余电流断路器

剩余电流断路器（又称漏电保护开关）是用来防止因设备漏电而导致人身触电的一种

安全保护电器。剩余电流断路器的外形如图 5-8 所示。

剩余电流断路器在使用中应注意以下事项：

1）剩余电流断路器安装完毕后，首先应认真检查接线是否有误，确认正确后方可通电。

2）发现剩余电流断路器动作后，应查明原因并采取相应措施处理后方能恢复通电。严禁强行通电，更不能将其退出运行，以确保用电安全。

3）剩余电流断路器要定期试验，发现问题要及时处理。

4）使用时，应根据电路的动作电流正确选择剩余电流断路器，或应根据实际情况进行调整。

图 5-8 剩余电流断路器外形

在低压配电系统中设剩余电流断路器是防止人身触电事故的有效措施之一，也是防止因剩余电流引起电气火灾和电气设备损坏事故的技术措施。但安装剩余电流断路器后并不等于绝对安全，运行中仍应以预防为主，并应同时采取其他防止触电和电气设备损坏事故的技术措施。

想一想、做一做

1. 看一看，你家里哪些家电没有接地线？是否应该接呢？
2. 查一查，你所处的场所有没有用电的安全隐患？

大国工匠英雄谱之五

技艺吹影镂尘，组装妙至毫巅的钳工大师——夏立

钳工是普通的工种，但是能将手工装配精度做到 0.002mm 绝不简单，这相当于头发丝直径的 1/40。夏立亲手装配的天线指过北斗、送过神舟、护过战舰、亮过天眼，他从学徒工成长为身怀绝技的大国工匠，在人类纵目宇宙的背后是一份极致的磨砺。

本章小结

1. 发电、输电、变电、配电、用电一起构成电力系统的整体功能。

2. 发电的类型包括火力发电、水力发电、核能发电、风力发电、太阳能发电、潮汐发电。此外还有利用天然气、地热等来发电的。

3. 保护接地是把电气设备的金属外壳用导线与接地体可靠连接起来的一种接线方式。按接地方式的不同可分为 TT 系统、TN 系统、IT 系统。其中 TN 系统分为 TN－C、TN－S 和 TN－S－C 三种。

4. TN－C 系统为电源端中性点接地，整个系统中性线与保护接地线合二为一，称为保护中性线，用 PEN 表示。

5. TN－S 是将中性线 N 与保护接地线 PE 分开的系统，即为三相五线制系统。

6. 剩余电流断路器是一种在线路上有剩余电流时能快速切断电源的自动开关，能有效地防止触电事故的发生。

第6章 常用电器

▶ **本章导读**

知识目标

1. 认识常见照明灯具，了解新型节能电光源及其应用，会根据照明需要合理选用灯具。

2. 结合实物，了解单相变压器的基本结构、额定值及用途；理解变压器的工作原理及电压比、电流比的概念；了解变压器的外特性、损耗及效率。

*3. 了解三相变压器的基本结构和原理，了解电流互感器、电压互感器的基本构造、工作原理和用途，了解自耦变压器的基本构造、工作原理和用途。

4. 结合实物，了解三相笼型交流异步电动机的基本结构、工作原理和铭牌参数；通过多媒体演示等方式了解旋转磁场的产生与转子转动的原理。

5. 了解常用低压电器的分类、符号；结合实物，了解熔断器、电源开关、交流接触器、主令电器、继电器等常用低压电器的结构、工作原理及应用场合，会根据工作场所合理选用。

技能目标

*1. 会判断三相异步电动机定子绕组的首、末端。

*2. 会使用绝缘电阻表测试电缆和异步电动机的绝缘电阻。

思政目标

培养学生爱党、爱国、遵纪守法；具有环保意识、安全意识；培养学生精益求精的大国工匠精神。

6.1 常见照明灯具

常用照明灯具一般分为三类：热致发光类灯具（如白炽灯、卤钨灯等）；气体放电类灯具（如荧光灯、汞灯、钠灯、金属卤化物灯等）；固体发光类灯具（如 LED 和场致发光器件等）。

6.1.1 白炽灯

1879 年，英国工程师斯旺用一条条的碳化纸做灯丝，制造出寿命很短的白炽灯；同年，爱迪生也开始投入对电灯的研究，他先后试用了 1600 多种耐热材料，于 1879 年 10 月获得了碳化棉丝白炽灯的专利，以后又经过对灯丝材料、结构及充填气体的不断改进，白炽灯的发光效率和使用寿命显著提高。

现代白炽灯是以钨丝作为热辐射体，通电后使之达到白炽温度，产生热辐射而发光。白炽灯外形如图 6-1 所示。它的光色和集光性能好、结构简单、价格低廉并可连续调光，但发光效率较低。为了节约能源、保护环境和提高照明质量，我国倡导绿色照明，白炽灯逐步被发光效率更高的节能灯所取代。

6.1.2　卤钨灯

卤钨灯的外壳一般采用耐高温、高强度的石英玻璃或硬质玻璃制造，灯内充有 2 ~ 8 个大气压的惰性气体及少量的卤素气体，从而可以进一步提高灯丝的工作温度。现在常用的卤钨灯有碘钨灯和溴钨灯。这类灯的体积小、光通量维持率高（可达 95% 以上）、发光效率和使用寿命明显优于白炽灯，主要用于强光照明，如用于公共建筑、交通、拍摄电影和电视节目制作等场合的照明。常见的卤钨灯外形如图 6-2 所示。

图 6-1　白炽灯外形　　图 6-2　卤钨灯外形

6.1.3　荧光灯

荧光灯发光均匀、亮度适中、光色柔和、发光效率高、使用寿命长，是应用范围十分广泛的节能型照明电光源。紧凑型荧光灯经过十多年的改进和提高，已向系列化、电子一体化方向发展，结构更接近白炽灯，与同功率白炽灯相比，荧光灯可节电 75%，寿命可达10000h。常见的荧光灯外形如图 6-3 所示。

图 6-3　荧光灯

6.1.4　高压气体放电灯

高压气体放电灯以高压汞灯、高压钠灯和金属卤化物灯为代表。高压汞灯抗振、耐热、效率高，但是它启动时间长、工作不稳定、易自熄，常用于工厂、车间和路灯等。高压钠灯的发光效率是白炽灯的 8 ~ 10 倍、寿命长、特性稳定、光通量维持率高，适用于显色性要求不高的道路、广场、码头和室内高大的厂房、仓库等场所。金属卤化物灯寿命长、发光效率高、显色性好、功率大，主要用于体育馆、剧院、总装车间等大面积照明场所。此类灯的外形如图 6-4 所示。

6.1.5 固体发光灯具

在电场作用下，将电能直接转变为光能，使固体物质发光的光源称为固体发光灯具。包括场致发光光源和发光二极管——LED 灯两种，主要应用于汽车制动灯、交通红绿灯、标志性景观、室内外照明和夜景照明等。这类灯具具有发光效率高、使用寿命长、亮度高、功耗低和响应快等优点。LED 发光灯具外形示例如图 6-5 所示。

a) 高压汞灯　　　　b) 高压钠灯　　　　c) 金属卤化物灯

图 6-4　高压气体放电灯

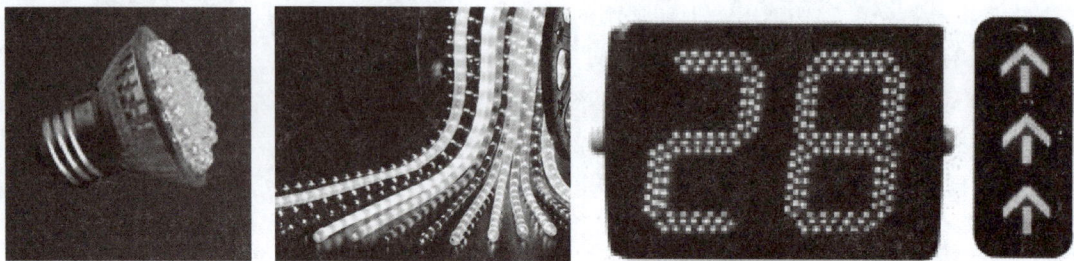

图 6-5　LED 发光灯具示例

想一想、做一做

1. 想一想，结合生活实际说明日常生活中应如何节约用电。
2. 做一做，用万用表测量教室墙上插座的电压是否正常。
3. 想一想，声光控的楼道灯往往采用白炽灯，为什么不用荧光灯？

6.2 单相变压器

变压器是一种静止的电气设备。它利用电磁感应原理，把输入的交流电压升高或降低为同频率的交流输出电压，以满足高压送电、低压配电及其他用途的需要。变压器具有变换电压、变换电流和变换阻抗的作用，还具有隔离高电压或电流的作用。因此在电力传输、自动控制和电子设备中得到广泛的使用。

6.2.1 单相变压器的分类和结构

1. 分类

单相变压器按用途不同分为电源变压器、选频变压器、耦合变压器和隔离变压器；按绕组结构不同分为双绕组、三绕组、多绕组变压器和自耦变压器；按铁心结构不同分为心式变压器和壳式变压器；按相数不同分为单相、三相、多相（如整流用的六相）变压器；按调压方式不同分为无励磁调压变压器、有载调压变压器。常用小型单相变压器的外形如图 6-6 所示。

2. 结构

变压器主要由铁心、绕组等组成。单相变压器结构示意图及符号如图6-7 所示。

图 6-6　小型变压器外形

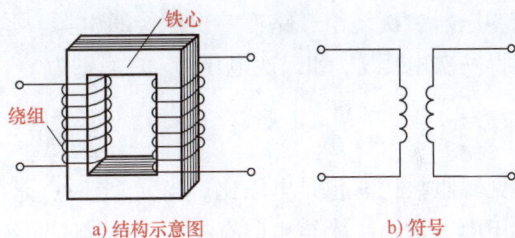

a) 结构示意图　　　b) 符号

图 6-7　单相变压器结构及符号

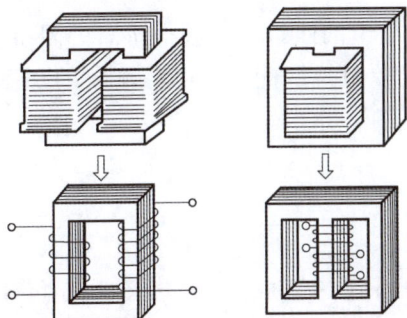

小型变压器
结构

（1）铁心　铁心是变压器的磁路部分，并作为变压器的机械骨架。为了减小涡流损耗和磁滞损耗，铁心一般由 0.35mm 或 0.5mm 冷轧或热轧硅钢片叠装而成。铁心有 EI 形、F 形、Ⅱ 形和 C 形等多种，如图 6-8 所示。

（2）绕组　绕组是变压器的电路部分，一般用绝缘铜线在绕线模上绕制而成。与电源连接的绕组称为一次绕组（也称原边绕组）；与负载连接的绕组称为二次绕组（也称副边绕组）。根据不同的需要，一个变压器可以有多个二次绕组，以输出不同的电压，如图 6-9 所示。

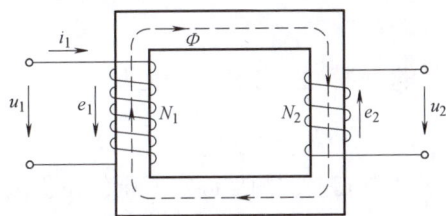

图 6-8　变压器的铁心

（3）附件　小型变压器所用附件主要有绝缘材料、屏蔽罩和绕组骨架等。

6.2.2　单相变压器的工作原理

当变压器一次绕组通以交流电流时，在铁心中产生交变磁通，根据电磁感应原理，一次、二次绕组都产生感应电动势，二次绕组的感应电动势相当于新的电源，这就是变压器的基本工作原理，如图 6-10 所示。

图 6-9　变压器缠绕在铁心上的绕组

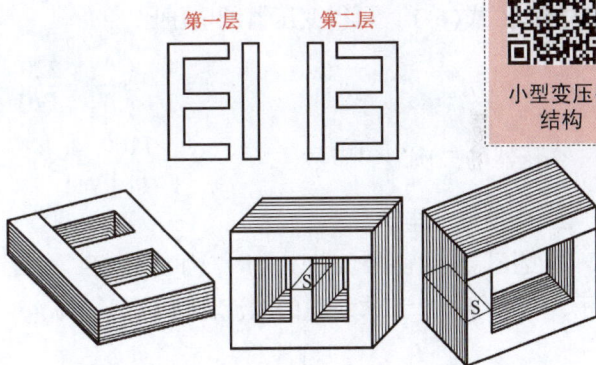

图 6-10　变压器的工作原理

小型变压器
原理

1. 变换交流电压

若变压器一次绕组匝数为 N_1，二次绕组匝数为 N_2，一次、二次绕组的匝数比用 n 表示，当变压器二次绕组开路，一次侧接通电源，这时变压器空载运行，如图 6-10 所示。经推导可得一次电压 U_1 和二次电压 U_2 的关系为

$$\frac{U_1}{U_2} = \frac{N_1}{N_2} = n \tag{6-1}$$

可见，匝数比 n 也是电压比。当 $n > 1$ 时，是降压变压器，当 $n < 1$ 时，是升压变压器。实际应用中，常在二次绕组留有抽头，换接不同的抽头，可获得不同数值的输出电压。

例 已知某小型电源变压器的一次电压为 220V，二次电压为 36V，一次绕组匝数为 1100 匝，试求其电压比和二次绕组的匝数。

解： 由式(6-1) 可得变压器的电压比

$$n = \frac{U_1}{U_2} = \frac{N_1}{N_2} = \frac{220}{36} \approx 6.1$$

变压器的二次绕组匝数 $\qquad N_2 = \frac{1100}{6.1} \approx 180$（匝）

2. 变换交流电流

当变压器二次侧带负载工作时，如图 6-11 所示，一次绕组、二次绕组的电流比为

$$\frac{I_1}{I_2} = \frac{N_2}{N_1} = \frac{1}{n} \tag{6-2}$$

电流比等于一次、二次绕组匝数的反比。变压器在变换电压的同时也变换了电流。

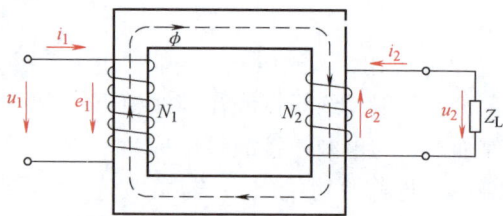

图 6-11 变压器带负载工作

3. 变换阻抗

变压器二次侧带负载工作时，负载阻抗 $|Z_L|$ 决定二次电流 I_2 的大小，I_2 的大小又决定一次电流 I_1 的大小。若一次侧等效阻抗为 $|Z'|$，经推导可得

$$\frac{|Z'|}{|Z_L|} = \left(\frac{N_1}{N_2}\right)^2 = n^2$$

或 $\qquad |Z'| = n^2 |Z_L| = \left(\frac{N_1}{N_2}\right)^2 |Z_L| \tag{6-3}$

当变压器的负载阻抗 $|Z_L|$ 一定时，改变一次、二次绕组的匝数，可获得所需的阻抗。阻抗匹配是变压器一个很重要的应用。当负载阻抗与电源阻抗匹配时，电源输出的功率最大。

6.2.3 变压器的外特性、损耗及效率

1. 外特性

变压器的外特性是指一次侧加额定电压，在负载功率因数一定时，二次电压 U_2 随负载电流 I_2 变化的关系，即 $U_2 = f(I_2)$，如图6-12所示。

由图 6-12 可见，变压器在纯电阻和感性负载时，二次电压 U_2 随负载增加而降低；容性负载时，二次电压随负载增加而升高。U_{20} 是变压器二次端开路电压。

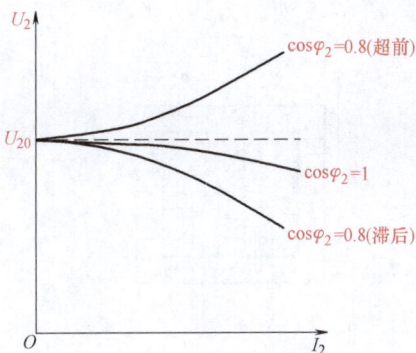

图 6-12 变压器的外特性

2. 变压器的损耗

变压器运行时将产生损耗，分为铜损耗（P_{Cu}）、铁损耗 P_{Fe} 和杂散损耗（P_s）。

（1）铜损耗（P_{Cu}） 变压器中一次、二次绕组都有一定的电阻，当电流流过绕组时，就要发热产生损耗，这种损耗就是铜损耗。

（2）铁损耗（P_{Fe}） 当铁心中的磁通交变时，在铁心中要产生磁滞损耗和涡流损耗，这两项统称为铁损耗。

铁损耗基本上不随负载大小变化而变化，因此常称其为不变损耗；铜损耗随负载大小变化而变化，故称为可变损耗。

3. 变压器的效率

变压器的输入功率为 $P_1 = U_1 I_1 \cos\varphi_1$，输出功率为 $P_2 = U_2 I_2 \cos\varphi_2$，两者关系为

$$P_1 - P_2 = P_{Cu} + P_{Fe} + P_s \quad \text{或} \quad P_1 = P_2 + P_{Cu} + P_{Fe} + P_s$$

变压器的效率为

$$\eta = \frac{P_2}{P_1} \times 100\% = \frac{P_2}{P_2 + P_{Cu} + P_{Fe} + P_s} \times 100\% \tag{6-4}$$

想一想、做一做

1. 找一找，生活中哪些地方用到了单相变压器？

2. 做一做，通过测量小型变压器的直流电阻值，确定其一次绕组和二次绕组。

3. 想一想，小明用完复读机后，没拔掉电源插头就去上学了，回家后发现电源适配器烫手，为什么？

*6.3 三相变压器

电力系统中大多采用三相制供电，因此三相变压器是电力工业常用的变压器。

6.3.1 三相变压器的结构和原理

三相变压器可以由三个相同容量的单相变压器一次侧、二次侧分别相连组成（图6-13），或用一台三相变压器来实现，它有三个铁心柱，每个铁心柱都绕着同一相的两个绕组，一个是一次绕组，另一个是二次绕组，如图 6-14 所

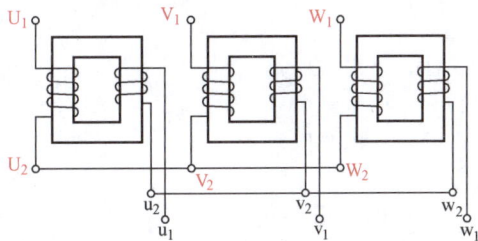

图 6-13 由三台单相变压器接成的星形联结的三相变压器组

示。图 6-15 所示为其外形图。

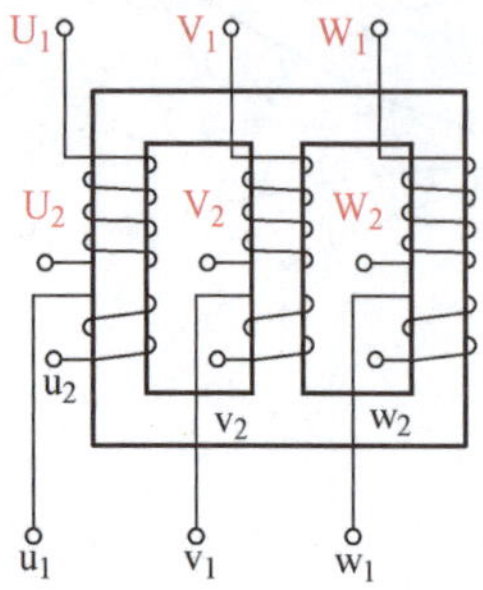

图 6-14　三相变压器

图 6-15　三相变压器的外形

三相变压器的一次绕组可根据电网线电压和变压器各绕组额定电压的大小，接成星形（Y）或三角形（D）。二次绕组也可根据供电需要接成上述两种形式。各一次绕组的始端和末端分别用 U_1、V_1、W_1 和 U_2、V_2、W_2 表示。二次绕组的始端和末端分别用 u_1、v_1、w_1 和 u_2、v_2、w_2 表示。通过改变高、低压绕组的匝数比，便可达到升高或降低三相电压的目的。

6.3.2　三相变压器的型号和额定值

1. 型号

型号表示的含义是一台变压器的结构（相数）、设计序号、额定容量、电压等级、冷却方式等内容。

例如：型号 S11-10000/60-10 中，S 为三相（相数，D 表示单相）；11 为设计序号；10000 为额定容量（kV·A）；60 为高压侧额定电压等级（kV）；10 为低压侧额定电压等级（kV）。

2. 额定值

额定值是正确使用变压器的依据，在额定状态下运行，可保证变压器长期安全有效地工作。

（1）额定容量 S_N　指变压器的视在功率。对三相变压器而言指三相容量之和，单位为伏安（V·A），常用的还有千伏安（kV·A）。

（2）额定电压 U_N　指线电压。U_{1N} 指电源加到一次绕组上的电压，U_{2N} 是二次侧开路即空载运行时二次绕组的端电压。

（3）额定电流 I_N　由 S_N 和 U_N 计算出来的电流。

对于单相变压器：
$$I_{1N} = \frac{S_N}{U_{1N}} \quad I_{2N} = \frac{S_N}{U_{2N}}$$

对于三相变压器：
$$I_{1N} = \frac{S_N}{\sqrt{3}\,U_{1N}} \quad I_{2N} = \frac{S_N}{\sqrt{3}\,U_{2N}}$$

（4）额定频率 f_N　我国规定标准工业用电频率为 50Hz，有些国家采用 60Hz。

此外，额定工作状态下变压器的效率、温升等数据均属于额定值。

想一想、做一做

1. 找一找，生活中哪些电器用到了降压变压器（或者电源适配器）？

2. 做一做，通过观察或上网搜索，认识电力变压器的外形、各组成部分的名称及其作用等。

3. 想一想，选购三相变压器时主要考虑哪些因素来确定型号。

*6.4 特殊变压器

常用的特殊变压器有仪用互感器（电流互感器、电压互感器）、自耦变压器、电焊机等。其中，电压互感器和电流互感器的主要作用：将一次侧系统的电压、电流信息准确地传递到二次侧相关设备；将一次侧系统的高电压、大电流变换为二次侧的低电压（标准值）、小电流（标准值），使测量、计量仪表和继电器等装置标准化、小型化，并降低了对二次侧设备的绝缘要求；将二次侧设备以及二次侧系统与一次侧系统高压设备在电气方面很好地隔离，从而保证了二次侧设备和人身的安全。

6.4.1 电流互感器

1. 外形

电流互感器的外形如图 6-16 所示。

图 6-16　电流互感器外形

2. 工作原理及使用注意事项

电流互感器主要用于大电流的测量。电流互感器的一次绕组匝数较少，只有一匝或几匝，用粗导线绕制，与被测大电流电路串联；二次绕组匝数较多，用细导线绕制，与电流表串联，接线示意图如图 6-17 所示。

电流互感器在使用时应注意如下问题：

1）电流互感器的二次绕组绝不允许开路，以免二次绕组感应出很高的电压，使绝缘击穿、设备烧毁，危及操作人员，因而二次绕组中不允许安装熔断器。

2）应将铁心和二次绕组的一端接地，以防一次绕组的高电压传

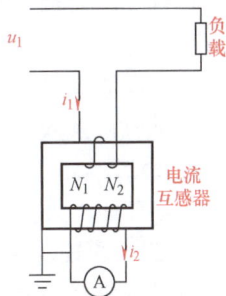

图 6-17　电流互感器接线示意图

到二次绕组。

3）二次绕组回路串入的阻抗不能超过允许的额定值，否则将导致测量误差增大。

6.4.2 电压互感器

1. 外形

电压互感器外形如图 6-18 所示。

2. 工作原理及使用注意事项

电压互感器主要用于高电压的测量。使用时，把匝数较多的高压绕组跨接在需要测量电压的供电线上，而匝数较少的低压绕组与电压表相连，接线示意图如图 6-19 所示。

图 6-18 电压互感器外形

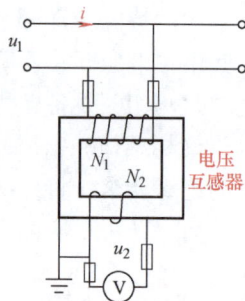

图 6-19 电压互感器接线示意图

电压互感器在使用时注意如下问题：

1）电压互感器的二次绕组绝不允许短路，否则可能产生很大的短路电流而烧坏二次绕组，应在一次、二次绕组中都接入熔断器，还可加设保护电阻，用以减小短路电流。

2）应将铁心和二次绕组的一端接地，以防绝缘损坏后，一次绕组的高电压传到二次绕组。

3）二次绕组回路不宜接过多的仪表，以免电流过大引起较大的漏阻抗压降，影响互感器的准确度。

6.4.3 自耦变压器

自耦变压器是一次、二次绕组共用一部分绕组，一次、二次绕组之间不仅有电的联系，还有磁的耦合。自耦变压器在不需要一次、二次隔离的场合都有应用，它具有体积小、耗材少、效率高的优点。常见的交流（手动旋转）调压器、家用小型交流稳压器内的变压器、三相电动机自耦减压起动箱内的变压器等，都是自耦变压器的应用范例。

1. 外形

自耦变压器外形如图 6-20 所示。

2. 工作原理及使用

自耦变压器是输出和输入共用一部分绕组的特殊变压器。升压和降压用不同的抽头来实现，比共用绕组少的部分抽头电压就降低，比共用绕组多的部分抽头电压就升高。

自耦变压器接线示意图如图 6-21 所示。

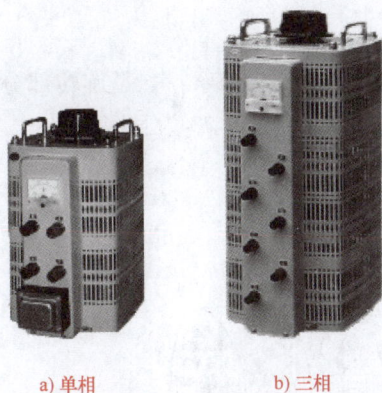

a) 单相	b) 三相

图 6-20　自耦变压器外形

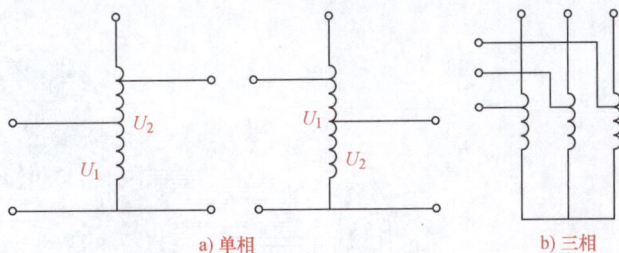

a) 单相	b) 三相

图 6-21　自耦变压器接线示意图

　　自耦变压器常用来做电动机减压起动使用。减压起动是指利用自耦变压器来降低加在电动机三相定子绕组上的电压，达到限制起动电流的目的。电动机起动时，定子绕组得到的电压是自耦变压器的二次电压，一旦起动完毕，自耦变压器便被从线路中切除，电动机全压正常运行。

想一想、做一做

　　1. 看一看，在网上查询并识读电压和电流互感器的铭牌，说明如何选择合适的电压和电流互感器。

　　2. 想一想，电压互感器和电流互感器在使用中有何不同？

小知识│钳形电流表

　　钳形电流表是一种不需要将电路切断停机就能进行电流测量的仪表，常用来测量正常运行的电动机导线中的电流。

　　钳形电流表是由电流互感器和电流表组合而成的。电流互感器的铁心在捏紧扳手时可以张开；被测电流所通过的导线不必切断就可穿过铁心张开的缺口，当放开扳手后铁心闭合。穿过铁心的被测电路导线就成为电流互感器的一次绕组，其中通过电流便在二次绕组中感应出电流，从而使二次绕组相连接的电流表有指示——测出被测电路的电流。

6.5　三相异步电动机

　　电动机是将电能转换成机械能的电气设备，根据电动机使用的电能种类，可分为直流电动机和交流电动机两大类。在交流电动机中又有异步电动机和同步电动机之分。由于异步电动机具有构造简单、价格便宜、工作可靠等优点，因此应用最广。大部分生产机械采用三相异步电动机来拖动。

6.5.1　三相异步电动机的结构

　　三相异步电动机由两个基本部分组成：一是固定不动的部分，称为定子；二是旋转部分，称为转子。图 6-22 所示是一台三相异步电动机的外形和内部结构图。图 6-23 为其实物图。

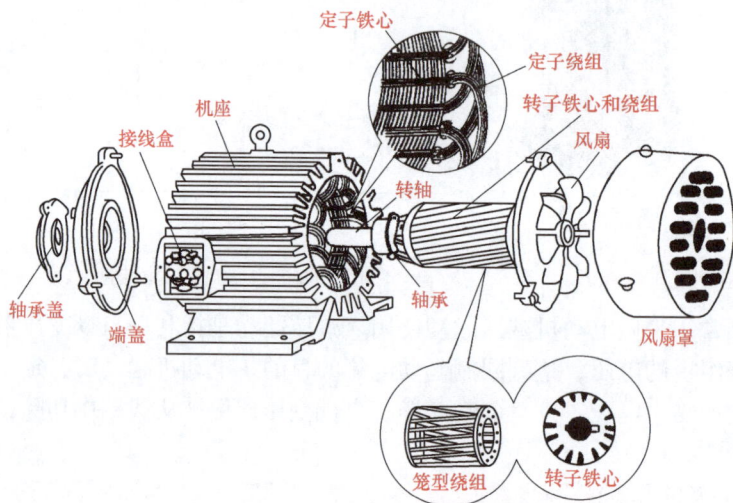

图 6-22　三相异步电动机外形和内部结构

a) 笼型　　　　　　　　　　　　　　　　　b) 绕线型

图 6-23　三相异步电动机实物图

1. 定子

　　三相异步电动机的定子主要由机座、定子铁心和定子绕组等组成。机座通常用铸、铸钢或铸（或挤压）合金铝制成，定子铁心由 0.5mm 厚的硅钢片叠制而成，如图 6-24a 所示。定子铁心固定在机座内，如图 6-24b 所示。

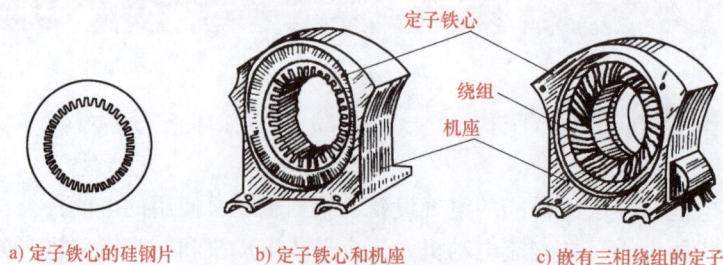

a) 定子铁心的硅钢片　　　b) 定子铁心和机座　　　c) 嵌有三相绕组的定子

图 6-24　三相异步电动机的定子

三相定子绕组嵌放在定子铁心槽内，如图 6-24c 所示。定子绕组的三个首端为 U_1、V_1、W_1，末端为 U_2、V_2、W_2，都从机座上的接线盒中引出，如图 6-25a 所示。

根据三相定子绕组的额定电压及电源的线电压的关系，三相定子绕组可接成星形或三角形。当电源的线电压为 380V，而电动机三相绕组的额定电压为 220V 时，定子绕组必须作星形联结，如图 6-25b 所示。若电动机定子绕组的额定电压也为 380V，则应作三角形联结，如图 6-25c 所示。实际中，三相异步电动机的接法，在它的铭牌上会注明。

a) 接线盒的内部连接　　b) Y 接法　　c) △接法

图 6-25　三相定子绕组的接法

2. 转子

三相异步电动机的转子可分为笼式和绕线式两种。

笼式转子的结构如图 6-26 所示，其铁心由硅钢片叠成，并固定在转轴上。转子导体（通常用铜条）绕组为鼠笼状，通常用铝在转子铁心的槽内浇铸而成。转子两端的风叶为冷却电动机用。

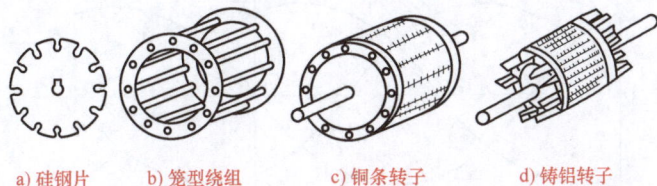

a) 硅钢片　　b) 笼型绕组　　c) 铜条转子　　d) 铸铝转子

图 6-26　笼式转子

绕线式转子由转轴、三相转子绕组、转子铁心、集电环、转子绕组出线头、电刷、刷架、电刷外接线等组成，其结构如图 6-27 所示。

异步电动机的定子绕组接到电源上，而转子绕组是自行闭合的。二者在电路上是彼此分开的，但却处在同一磁路上。

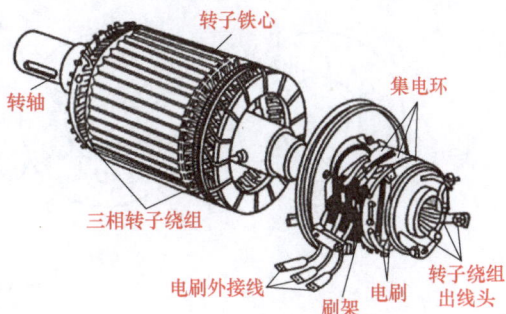

转子铁心　集电环　转轴　三相转子绕组　电刷外接线　刷架　电刷　转子绕组出线头

图 6-27　绕线式转子的结构

6.5.2　三相异步电动机的工作原理

1. 旋转磁场

（1）简单实验中的旋转磁场　如图 6-28 所示，一个装有手柄的马蹄形磁铁，在 N、S 两个磁极的中间放置一个可以自由转动的、由铜条构成的转子，铜条两端均用铜环短接。磁极与转子之间没有机械联系。当我们摇动手柄使磁极转动时，发现转子也跟着磁极一起转动，并且，随着手柄摇动的快慢和方向改变而快慢变化和改变转向。由此可见，闭合的导体在旋转磁场内将受力而转动。

同理，三相异步电动机转子的转动，是受到了其定子绕组中的三相电流所产生的旋转磁场的作用。三相异步电动机内的旋转磁场是如何产生的呢?

(2) 三相电流的旋转磁场 三相异步电动机的定子绕组如图6-29a所示,它是由在空间彼此相隔120°的三组相同的线圈(即三相对称绕组)组成,每组线圈为一相绕组。各相绕组的首端分别由 U_1、V_1、W_1 表示,尾端分别以 U_2、V_2、W_2 表示。定子绕组可以连接成星形(Y),也可连接成三角形(△)。图6-29b所示为Y形联结,当把异步电动机三相定子绕组按规定接法同三相电源接通后,定子绕组中便有三相对称的电流通过,三相电流的波形如图6-30a所示。

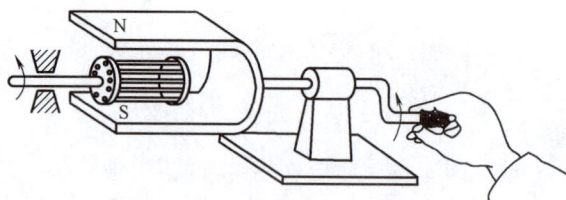

图 6-28 异步电动机转动原理实验

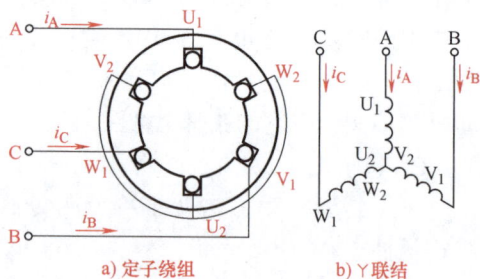

a) 定子绕组 b) Y联结

图 6-29 简化三相定子绕组接线图

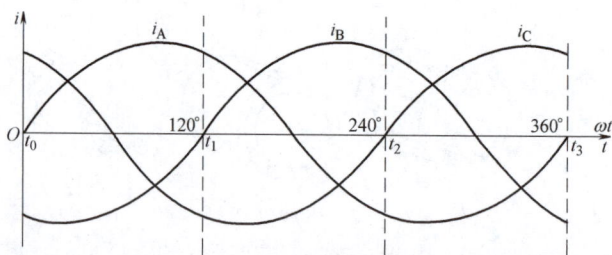

a) 三相电流波形

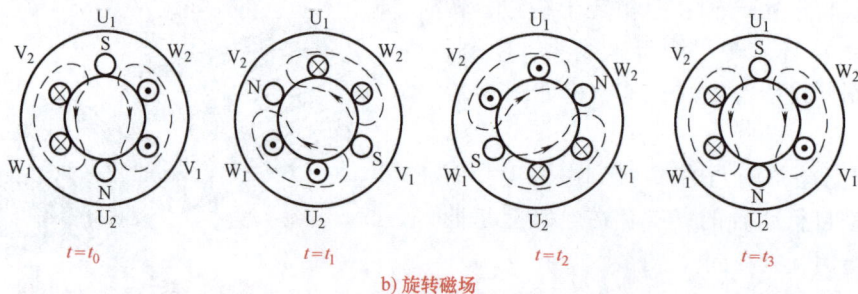

$t=t_0$ $t=t_1$ $t=t_2$ $t=t_3$

b) 旋转磁场

图 6-30 三相对称正弦电流波形与转子空间的旋转磁场

可分析证明,当定子三相绕组通入三相交流电流时,它们在转子空间的合成磁场将随电流的变化而在空间不断地旋转,如图6-30b所示,这就是旋转磁场。旋转磁场每分钟的转速 n_1 与交流电源的频率 f_1 有关,同时也与电动机定子绕组的磁极对数 p 有关。它们之间的关系为

$$n_1 = \frac{60f_1}{p}$$

(6-5)

旋转磁场的转速 n_1 又称为同步转速。

旋转磁场的转向与通入各相绕组的电流相序有关。如欲使旋转磁场反转，只需改变通入各相绕组的电流相序，也就是将电动机接电源的三相定子绕组中的任意两相调换接线即可。具体方法如图 6-31 所示。

2. 三相异步电动机的转动原理

静止的、自行闭合的转子在空间受到旋转磁场的作用，由于之间的相对运动，转子导体内产生感应电动势和感应电流而成为载流导体。在旋转磁场中，受电磁力的作用而对转轴产生作用方向与旋转磁场方向一致的电磁转矩，因此转子就顺着旋转磁场的旋转方向转动起来，如图 6-32 所示。

由异步电动机的转动原理可知，转子与旋转磁场之间必须存在相对运动。否则其感应电动势、电流、电磁转矩均为零。可见，转子的转速 n_2 总是小于旋转磁场的转速 n_1（即同步转速）。转子总是紧跟着旋转磁场以 $n_2 < n_1$ 的转速旋转。异步电动机的"异步"之意也在于此。又因为这种电动机的转动是基于电磁感应原理的，所以又可称为感应电动机。

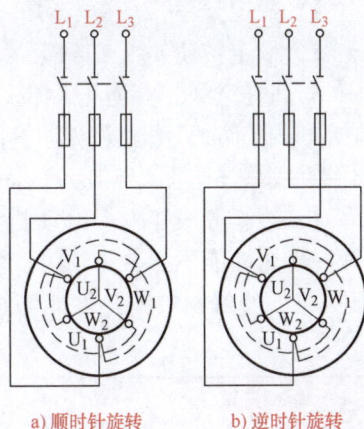

a) 顺时针旋转　　　　b) 逆时针旋转

图 6-31　把 L_2、L_3 两根电源线对调，使旋转磁场反转

6.5.3　三相异步电动机的铭牌

每台电动机出厂时，在它的外壳上都有一块铭牌，如图 6-33 所示，上面标有电动机的型号规格和有关技术数据，以便用户正确地选择和使用电动机。

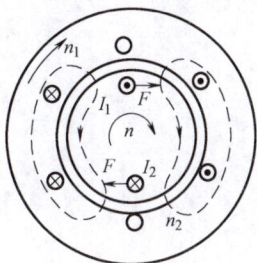

图 6-32　三相异步电动机的转动原理

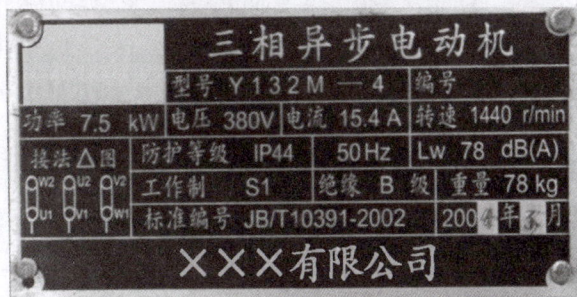

图 6-33　电动机铭牌

1. 型号

三相异步电动机的型号含义如下：

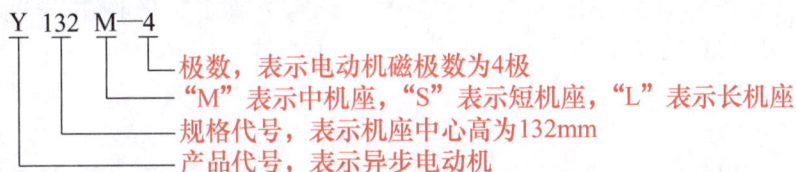

2. 电动机技术数据

（1）额定电压 U_N　指电动机在额定运行时，加在定子绕组出线端的线电压。

（2）额定电流 I_N　指电动机在额定运行时，流入电动机定子绕组中的线电流。

（3）额定功率 P_N　指电动机在额定状态下运行时，转子轴上输出的机械功率。

（4）额定频率 f_N　指电动机在额定状态下运行时，电动机定子侧电压的频率。

（5）额定转速 n_N　在额定状态下运行时的转速。

（6）防护等级　指防止人体接触电动机转动部分、电动机内带电体和防止固体异物液体进入电动机内的防护等级。例如防护标志 IP44 含义：IP 是特征字母，为"国际防护"的缩写；44 是 4 级防固体（防止大于1mm 的固体进入电动机）和 4 级防水（任何方向溅水应无有害影响）。

（7）绝缘等级　表示电动机各绕组及其他绝缘部件所用绝缘材料的耐热等级。绝缘材料按耐热性能不同分为 90（Y）、105（A）、120（E）、130（B）、155（F）、180（H）、N 共 7 个等级。绝缘材料耐热性能等级见表 6-1。

表 6-1　绝缘材料耐热性能等级

绝缘等级	Y	A	E	B	F	H	N
最高允许温度/℃	90	105	120	130	155	180	200

温升是指电气设备（包括电动机）高出冷却介质的温度。电动机的额定温升，是指在设计规定的环境温度（40℃）下，电动机绕组的最高温度与冷却介质温度的差值，它取决于绕组的绝缘等级。

（8）工作制　电动机的运行方式。S1 表示连续运行，S2 表示短时运行，S3 表示断续周期运行。

此外，铭牌上还会标明绕组的连接方法等。

想一想、做一做

1. 看一看，拆开一台旧的三相异步电动机或试图找到电动机拆装视频资料，观察三相异步电动机的结构。

2. 做一做，按图 6-25 所示接线图将电动机定子绕组分别接成星形联结和三角形联结。

3. 想一想，三相异步电动机是怎样转起来的？转子绕组中的电流是怎样产生的？

>> 小知识｜世界上第一台电动机

1821 年英国科学家法拉第首先证明可以把电力转变为旋转运动。

德国的雅可比于 1834 年前后制成了一种简单的装置：在两个 U 形电磁铁中间，装一六臂轮，每臂带两根棒形磁铁。通电后，棒形磁铁与 U 形磁铁之间产生相互吸引和排斥的作用，带动轮轴转动，这就是最早的电动机。

1888 年美国发明家特斯拉发明了交流电动机。它是根据电磁感应原理制成，又称感应电动机，这种电动机结构简单、使用交流电、无须整流、无火花，因此被广泛应用于工业和家庭电器中，交流电动机通常用三相交流电供电。

*实训6.1　三相异步电动机首、尾端检测

1. 实训目的

1）熟悉三相异步电动机定子绕组结构。

2）会判断三相异步电动机定子绕组的首、末端。

2. 所用仪器设备

1）万用表1个。

2）三相异步电动机1台。

3）干电池2节（串联）。

4）白炽灯泡1个。

5）灯座1个。

3. 训练内容、方法及步骤

一般电动机定子绕组的首、尾端均引出到接线板上，Y系列电动机采用的是国家新标准，U_1、V_1、W_1 为电动机绕组的首端，U_2、V_2、W_2 为电动机绕组的尾端。定子绕组的6个线头可以按其铭牌上的规定接成"丫"或"△"。在实际工作中，常会遇到电动机三组定子绕组引出线的标记遗失或首、尾端不明的情况，此时可采用以下几种方法判断。

（1）剩磁法

1）用万用表电阻档判别出同一相绕组，做好标记。

2）将三相绕组并联在一起，用万用表的毫安档或微安档测量，如图6-34所示。同时用手转动转子，若万用表指针不动，则说明假设的首、尾端正确。若万用表指针摆动，则说明假设的首、尾端有误，此时应一相一相地将每相绕组调一个头，观察表针情况，直到万用表指针不动为止，便可做好首、尾端标记。

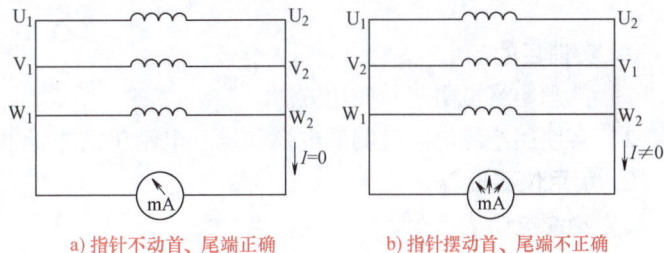

a) 指针不动首、尾端正确　　　b) 指针摆动首、尾端不正确

图6-34　剩磁法判别首、尾端

此方法是利用转子中的剩磁在定子绕组中产生感应电动势的方向关系来判别的，所以电动机转子必须是运转过的或通过电的电动机（即电动机有剩磁）。

（2）电池法

1）用万用表电阻档判别出同一相绕组，做好标记。

2）做好假设后，将任意一相绕组接万用表毫安（或微安）档，另选一相绕组，用该相绕组的两个线头分别触碰干电池的正负极，若万用表指针正偏转，则接干电池的负极引出线头和万用表的红表笔为首端（或尾端），如图6-35所示。依此方法找出第三相绕组的首（或尾）端。

(3) 白炽灯判别法

1) 用万用表电阻档判别出同一相绕组，做好标记。

2) 用36V交流电和白炽灯来判断。如图6-36所示，白炽灯亮为两相首尾相连，白炽灯不亮则是首首或尾尾相连。

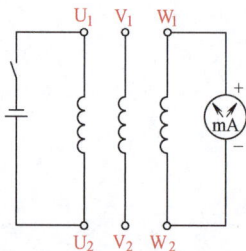

图6-35　电池法判别首、尾端

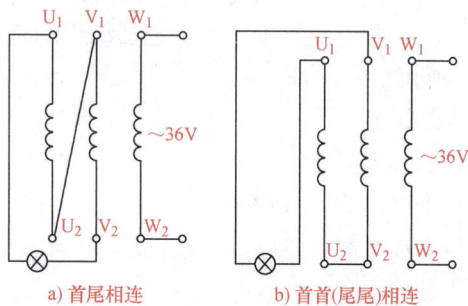

a) 首尾相连　　b) 首首(尾尾)相连

图6-36　白炽灯判别法判别首、尾端

在上述方法中，应当注意白炽灯的额定电压与电源电压要相配合，否则会因电流太小，使白炽灯该亮而没有亮，造成误判，所以，当白炽灯不亮时，最好对调引出线头的接线，再重新测试一次，以白炽灯亮为准来判别绕组的首尾端。

同时应注意，接通绕组的时间应尽量缩短，以免绕组过热，影响其绝缘。

＊实训6.2　绝缘电阻表及绝缘电阻的测量

1. 实训目的

1) 熟悉绝缘电阻表及使用方法。

2) 会使用绝缘电阻表测试电缆和异步电动机的绝缘电阻。

2. 所用仪器设备

1) 绝缘电阻表1个。

2) 异步电动机1台。

3) 电缆线1根。

4) 导线若干。

3. 相关仪器介绍

(1) 绝缘电阻表外形与用途　绝缘电阻表是专门用于测量绝缘电阻的仪表。大多采用手摇发电机供电，故又称摇表、兆欧表。绝缘电阻表主要用来检查电气设备、家用电器或电气线路对地及相间的绝缘电阻，以保证这些设备、电器和线路工作在正常状态，避免发生触电伤亡及设备损坏等事故。绝缘电阻表的外形如图6-37所示，面板上有3个接线柱：线路(L)、接地（E）和屏蔽（G）。根据不同测量对象，作相应接线。

(2) 绝缘电阻表的选择　绝缘电阻表的计量单位是MΩ。测量额定电压在500V以下的设备或线路的绝缘电阻时，可选用500V或1000V的绝缘电阻表；测量额定电压在500V及以上的设备或线路的绝缘电阻时，应选用1000~2500V的绝缘电阻表。

(3) 绝缘电阻表的检查　使用前要对绝缘电阻表进行下列检查：绝缘电阻表应水平放置，

未接线之前应先摇动绝缘电阻表，观察指针是否在"∞"处；再将 L 和 E 两接线柱短路，缓慢摇动绝缘电阻表，指针应指在"0"处（注意该项检测时间要短）。经过开、短路试验，证实绝缘电阻表完好方可进行测量。

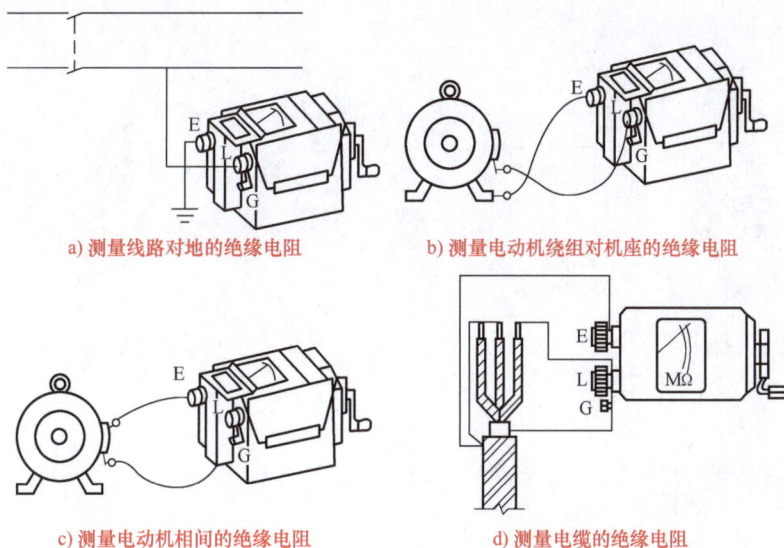

图 6-37　绝缘电阻表外形

4. 测量内容及方法

绝缘电阻表可测量以下几种情况的绝缘电阻。

（1）线路对地绝缘电阻的测量　E 接线柱接地，L 接线柱与被测线路连接，如图 6-38a 所示；按顺时针方向由慢到快摇动绝缘电阻表的发电机手柄，使转速达到 120r/min 左右，大约转动 1min 时间，待指针稳定后读数。绝缘电阻表指示的数值是被测线路的对地绝缘电阻值，单位是兆欧（MΩ）。指针指向"∞"处，表示被测线路对地绝缘电阻良好，指向"0"处，表示被测线路短路，应立即停止转动手柄。测试完毕，要先将 L 线端与被测物断开，然后再停止绝缘电阻表的摇动，以防止电容放电，损坏绝缘电阻表。

（2）电动机绕组对机座绝缘电阻的测量　E 接线柱接电动机机座，L 接线柱接电动机的绕组，如图 6-38b 所示，读数、测量方法同上。

（3）电动机相间绝缘电阻的测量　拆开电动机绕组相间的连线，接线柱 E 和 L 分别接电动机的两相绕组，如图 6-38c 所示，读数、测量方法同上。

（4）电缆绝缘电阻的测量　E 接线柱接电缆外壳，G 接线柱接电缆芯线与外壳之间的绝缘层上，L 接线柱接电缆芯线，如图 6-38d 所示，读数、测量方法同上。

a) 测量线路对地的绝缘电阻　　　　b) 测量电动机绕组对机座的绝缘电阻

c) 测量电动机相间的绝缘电阻　　　　d) 测量电缆的绝缘电阻

图 6-38　绝缘电阻表的接线与测量

5. 注意事项

1）测量设备的绝缘电阻时必须先切断设备的电源，对含有较大电容的设备（如电容器、变压器、电动机及电缆线路），必须先进行放电。

2）测量过程中，如果指针指向"0"处，表示被测设备短路，应立即停止转动手柄。

3）绝缘电阻表的引线应使用绝缘电阻表专用线。如选用两根单芯多股软线，两根导线切忌绞在一起，以免影响测量准确度。

4）被测物表面应擦拭干净，不得有污物（如漆、锈等），以免影响测量准确度。

5）在绝缘电阻表的手柄未停止转动和补测物体未放电前，不可用手去触及被测物体的测量部位或进行拆线，以防触电。

6.6 常用低压电器

电器的种类很多，按照它们的工作职能，可以分为控制电器和保护电器两大类。控制电器主要用来控制电路的接通、分断以及电动机的各种运行状态，常用的控制电器有各种开关、按钮、接触器等。保护电器主要用来保护电源和用电设备，防止电源短路和设备过载运行，常用的保护电器有熔断器、热继电器和断路器等。还有一些电器同时具有两种功能，如各种限位开关和继电器等。

6.6.1 熔断器

熔断器是一种短路保护电器。其主体是低熔点的金属丝或金属薄片制成的熔体（常见的有铅锡合金、铅锑合金、铜等材料）。它们串接在被保护的电路中，正常情况下相当于一段导线，当用电设备因各种原因发生短路故障时，熔断器的熔体因过热而被熔断，电源即被迅速切断，达到保护电源、防止事故进一步扩大的目的。机床电气控制线路中，常用的熔断器有管式、插入式和螺旋式等几种，它们的外形、结构、图形符号及文字符号如图 6-39 所示。

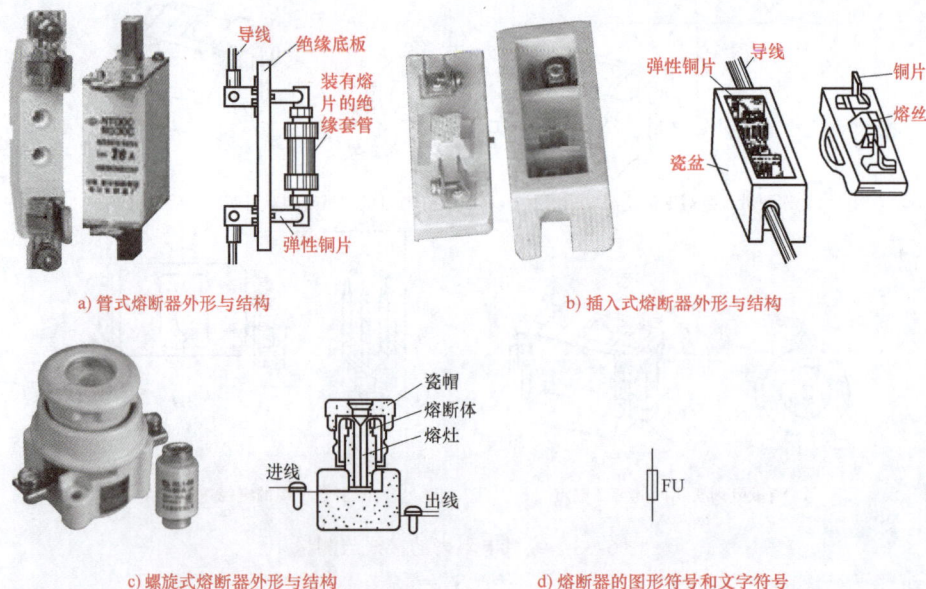

a) 管式熔断器外形与结构

b) 插入式熔断器外形与结构

c) 螺旋式熔断器外形与结构

d) 熔断器的图形符号和文字符号

图 6-39　熔断器的外形、结构、图形符号和文字符号

电路中熔断器的熔断快慢，和通过的它的电流的大小有关，流过的电流越大，单位时间产生的热量越大，熔断的时间就越短。熔断器熔体的选择与负载有关，对于没有起动电流的负载，如照明、电热器等，熔体的额定电流 I_N 可按等于或略大于负载额定电流 I_L 选择。对于起动电流较大的负载，如三相异步电动机，为避免熔体在电动机起动时熔断，熔体的额定电流必须加大。

空载下起动的电动机，熔体的额定电流 I_N 可按起动电流 I_{st} 的 $1/3 \sim 1/2.5$ 选取。

熔断器的主要功能是短路保护，一般不能依靠它来完成过载保护功能。

6.6.2　刀开关

刀开关是一种手动控制电器，它的基本结构和符号如图 6-40 所示，最主要的部件是闸刀（动触点）和刀座（静触点）。拉开或推上闸刀，就能切断或接通电路。它可以是单极，也可以制成双极或三极，每种又有单投与双投的区别。

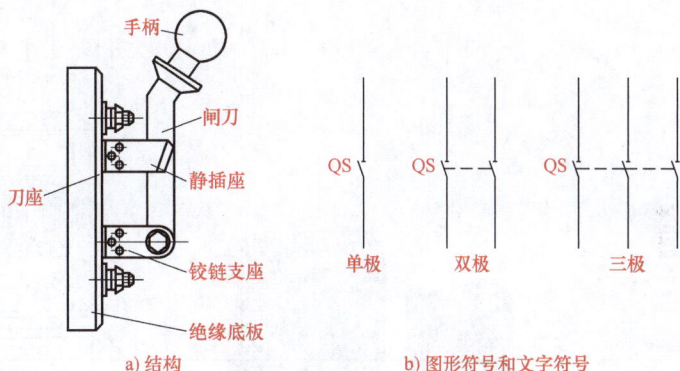

图 6-40　刀开关基本结构和符号

安装刀开关要把电源进线接在静触点上，负载线接在和可动的闸刀相连的端子上，这样，断开电源时，裸露在外面的闸刀就不带电。刀开关一般垂直安装在开关板上方。

刀开关一般不宜在带负载时切断电源，它在继电控制线路中，只做隔离电源的开关用。安装时，刀口应朝上，电路断开产生电弧时，热空气上升将电弧拉长易于熄灭，切不可倒置以致出现相反的结果。

在大电流的电路中，刀开关常常只用做隔离开关，电流较小的场合常用做负荷开关。以下是常见的两种形式。

1. 开启式负荷开关（瓷底胶盖刀开关）

开启式负荷开关的外形、结构和符号如图 6-41 所示，它常和熔体组成一体，在刀片下方置有接头，用以接熔体。要求电源进线应接在上端刀座上，熔体下端接负载，这样刀体落下后，电源断开负载处不带电，且宜于安全更换熔体。常用的系列产品如 HK2，两极式产品额定电压为 220V，三极式产品额定电压为 380V；额定电流一般有 10A、15A、30A、60A 四种。

2. 封闭式负荷开关（铁壳开关）

封闭式负荷开关的外形和结构如图 6-42 所示，常用的系列产品有 HH3、HH4 等。从图 6-42a 中可以看到，薄钢板冲压的外壳起防护作用，壳盖上的凸筋挡住开关的手柄，使壳盖打开时开关不能闭合，必须开关断开才能打开壳盖，以保证只有在盖好壳盖的情况下才能操作开关通、断电路。负荷开关适用于交流 50Hz、额定电压 500V 以下、额定电流 200A 及以下的电气装置、配电设备、照明电路等，供做不频繁的接通、分断负荷电路及短路保护之用；HH 系列负荷开关还可以做 4.5kW 及以下的三相异步电动机不频繁的直接起停控制之用。

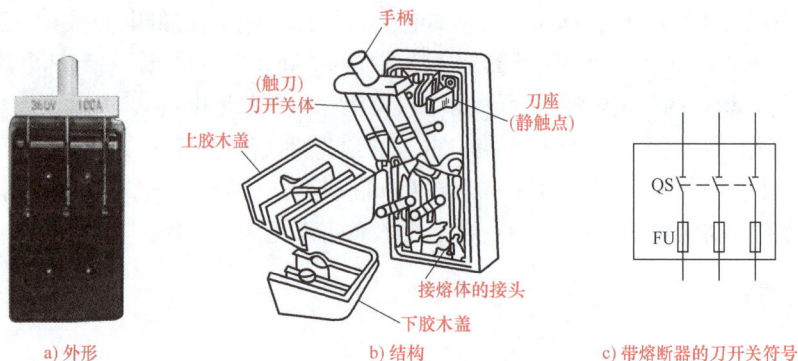

a) 外形 b) 结构 c) 带熔断器的刀开关符号

图 6-41 开启式负荷开关外形、结构和符号

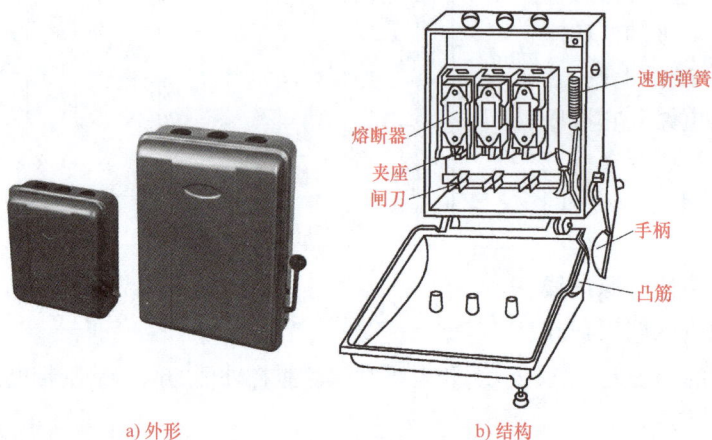

a) 外形 b) 结构

图 6-42 封闭式负荷开关的外形和结构

6.6.3 组合开关

组合开关又称盒式转换开关。组合开关的种类很多，有单极、双极、三极和四极等。常见的是 HZ10 系列组合开关。HZ10-25/3 型组合开关的外形、结构如图 6-43 所示，图形和文

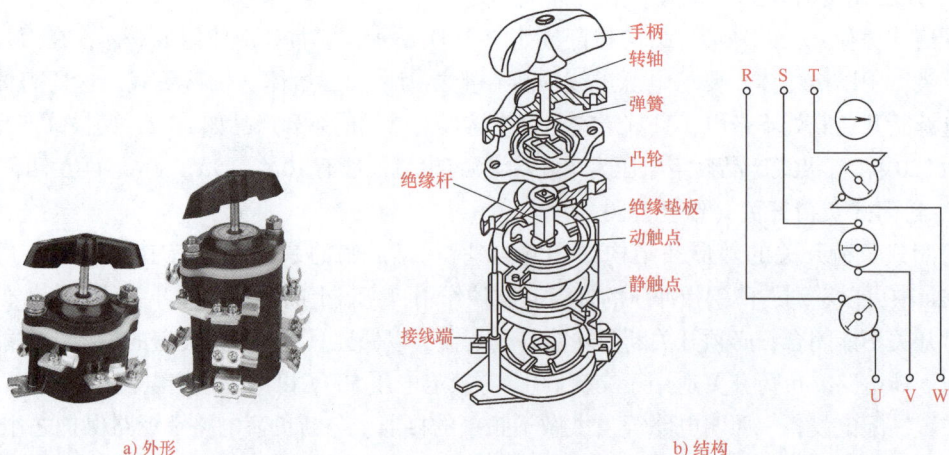

a) 外形 b) 结构

图 6-43 HZ10-25/3 型组合开关的外形和结构

字符号如图 6-44 所示。

　　三极组合开关共有三对静触点和动触点。静触点的一端固定在胶木盒内的绝缘垫板中，另一端则伸出盒外，并附有接线螺钉，以便与电源或负载连接。三个动触点装在绝缘方轴上。通过手柄可使绝缘方轴按正或反方向每次做 90° 的转动，从而使动触点与静触点保持接通或分断。

图 6-44　组合开关图形和文字符号

　　HZ10 系列组合开关的额定电压为直流 220V、交流 380V，其额定电流有 10A、25A、60A、100A 等。

　　HZ10 系列组合开关结构紧凑、安装面积小、操作方便，故广泛用于机床上，作为引入电源的开关。

　　HZ10 系列组合开关通常不能作为大负载起动的控制开关，但有时可用来接通和分断小电流的电路。

6.6.4　接触器

　　接触器是一种自动开关，是电力拖动中最主要的控制电器之一。根据使用的电源不同，可分为直流和交流接触器两种类型。CDC10 交流接触器的外形和结构如图 6-45 所示，图形和文字符号如图 6-46 所示。

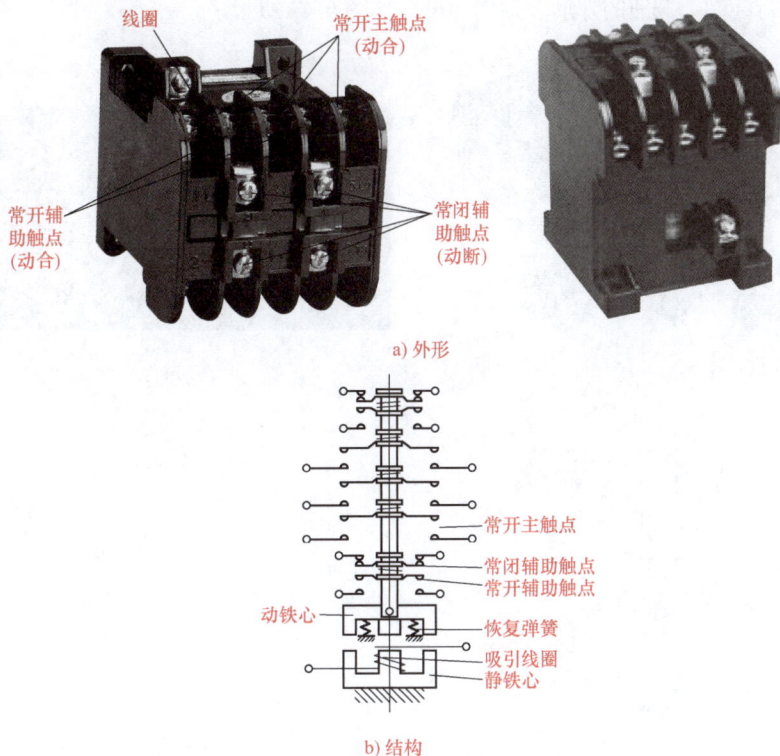

图 6-45　CDC10 交流接触器的外形和结构

　　接触器由电磁铁线圈和触点两部分组成。触点分为常开触点（又称动合触点）和常闭触点（又称动断触点）两种。常态下（指接触器的线圈未接通电源时）处于分断状态的触点称为常开触点；处于闭合状态的称为常闭触点。其中用来接通负载的触点为主触点（接于主电路中），而接通控制电路的为辅助触点（接于控制电路中）。CDC10 交流接触器带有三个常开主触点，两个常开辅助触点，两个常闭辅助触点。

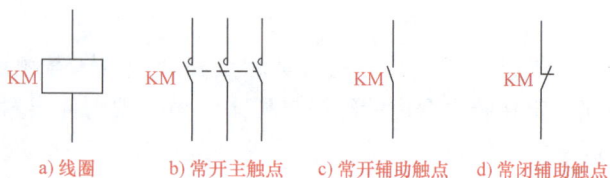

a) 线圈　　b) 常开主触点　　c) 常开辅助触点　　d) 常闭辅助触点

图 6-46　接触器的图形和文字符号

当接触器的电磁线圈接通电源时，动铁心被吸合，所有常开触点均闭合，而常闭触点都分断。当接触器的电磁线圈断电时，在复位弹簧的作用下，动铁心和所有触点都恢复到常态位置，如图 6-45b 所示。

交流接触器电磁线圈的额定电压有 36V、110V、220V 及 380V 四种，其额定电流有 5A、10A、20A、40A、60（63）A、100A 和 150A、400A 和 630A 等。

交流接触器常用来接通和分断交流电动机的控制电路，选用接触器时根据电动机的额定电压、额定电流及控制电路电压等来确定。

6.6.5　按钮

按钮是电力拖动系统中一种最简单的主令电器。将按钮和接触器的电磁线圈相结合，便可对各种用电器实行控制。按钮的外形、结构和符号如图 6-47 所示。

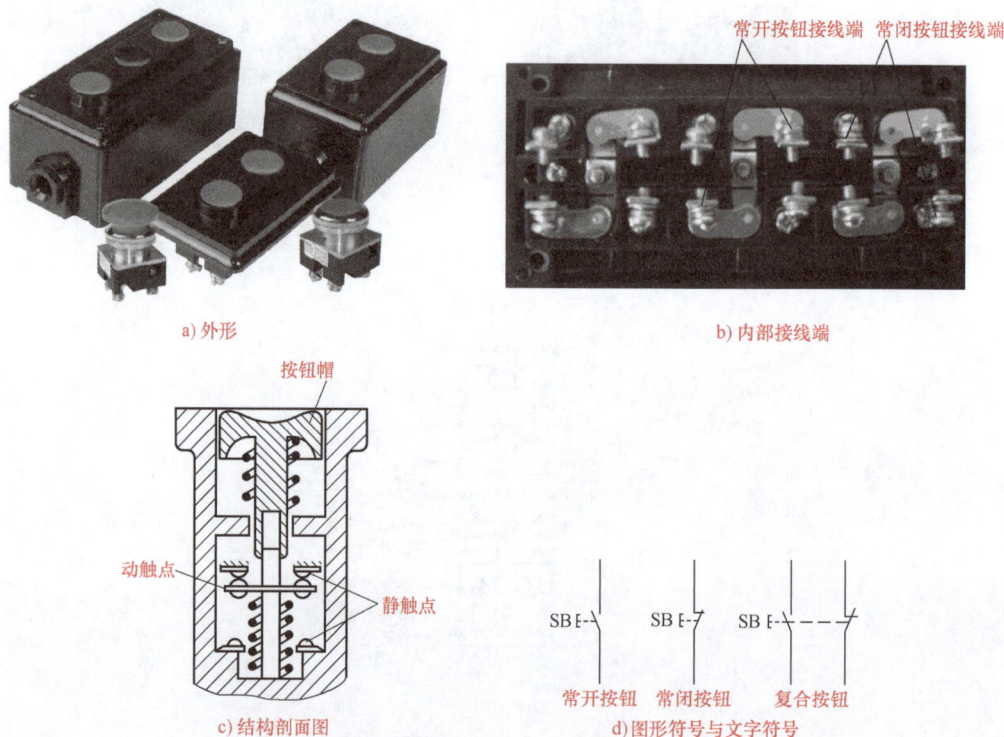

a) 外形　　　　　　　　　　b) 内部接线端

c) 结构剖面图　　　　d) 图形符号与文字符号

图 6-47　按钮的外形、结构和符号

按钮中有常开按钮、常闭按钮和复合按钮。复合按钮被按下时，常开按钮闭合、常闭按钮断开其顺序为先断后合。外力撤销后，通过复位弹簧使按钮恢复到常态。常见的复合按钮型号有 LA10-2H、LA10-3H 等。

6.6.6　热继电器

热继电器是一种利用电流的热效应而动作，用来防止电动机因过载而损坏的保护电器。JR16-20/3 热继电器的外形和结构如图 6-48 所示，热继电器的图形和文字符号如图 6-49 所示。

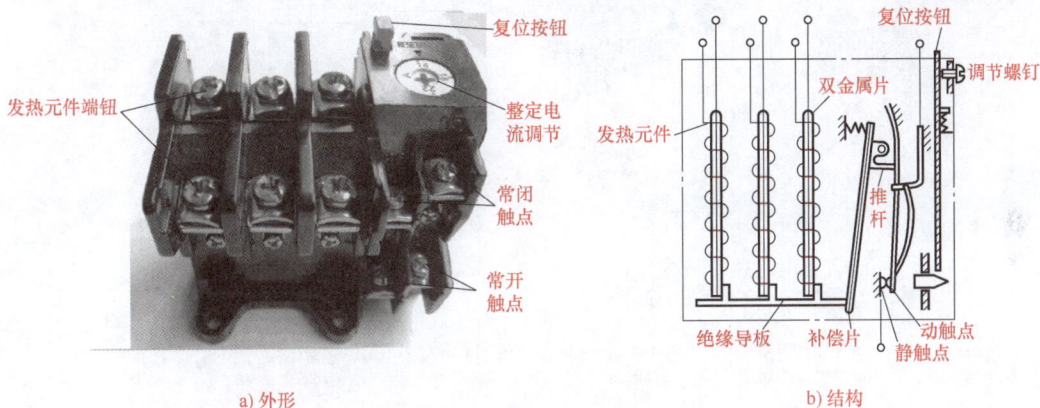

a) 外形　　　　　　　　　　　　b) 结构

图 6-48　JR16-20/3 热继电器的外形和结构

热继电器主要由发热元件、双金属片和常闭触点组成。发热元件与电动机的定子绕组串联，当电动机因过载而电流增大时，发热元件温度升高而驱使串接在控制电路中的常闭触点分断而切断电源。起到对电动机进行过载保护的作用。

热继电器设有复位按钮和调节旋钮，用来进行手动复位和整定热继电器的工作电流。热继电器的整定电流应由电动机的额定电流来确定。一般调到与电动机的额定电流相等即可。

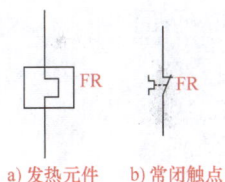

a) 发热元件　　b) 常闭触点

图 6-49　热继电器图形和文字符号

6.6.7　时间继电器

在自动控制系统中，经常要延迟一定的时间或定时地接通和分断某些控制电路，以满足生产上的要求。例如，钻深孔时，为了避免钻头损坏，需要周期性地使钻头退出，以便清除铁屑并使钻头冷却。又如在一条自动化生产线中，有很多拖动机床和辅助设备的电动机，它们需要分批起动。当第一批起动之后，经过一段时间再自动起动第二批等，这些动作都需要用时间继电器来控制。

时间继电器主要由线圈和常开触点、常闭触点以及计时装置组成，当线圈得电后，触点延时动作。

常用的气囊式时间继电器有通电延时和断电延时两种。图 6-50 所示为 JS14P 型通电延时时间继电器的外形、底座和内部接线图；图 6-51 所示为时间继电器的图形和文字符号。

JS14P 系列数字式时间继电器采用数字按键开关预置，它具有体积小、重量轻、精度

高、寿命长、通用性强等优点，适用于交流 50Hz、电压 380V 及以下和直流 220V 以下的自动控制电路中，按预定的时间接通或断开电路。

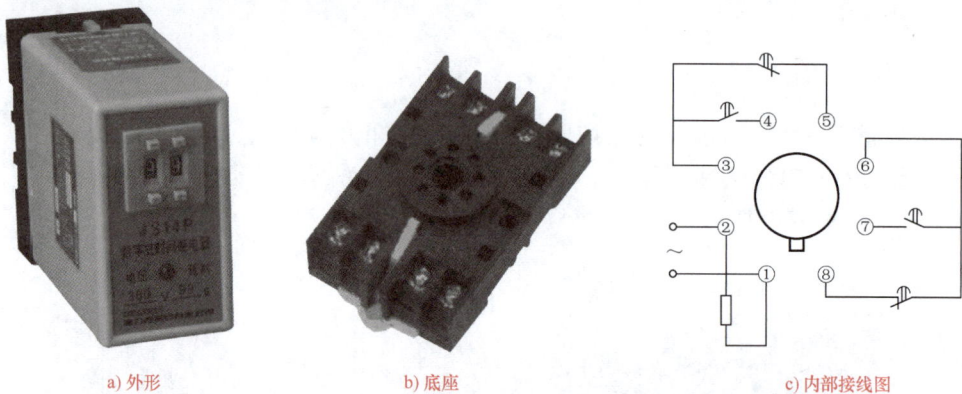

a) 外形   b) 底座   c) 内部接线图

图 6-50   JS14P 型通电延时时间继电器的外形、底座和内部接线图

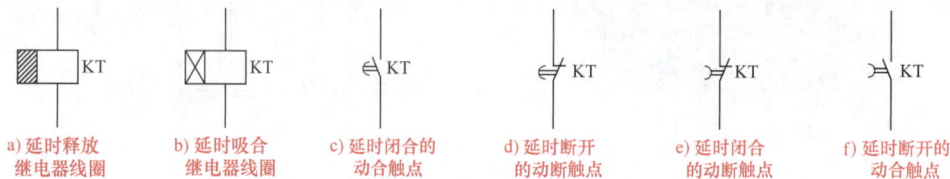

a) 延时释放   b) 延时吸合   c) 延时闭合的   d) 延时断开   e) 延时闭合   f) 延时断开的
继电器线圈   继电器线圈   动合触点   的动断触点   的动断触点   动合触点

图 6-51   时间继电器的图形和文字符号

JS14P 型时间继电器的延时范围有 0~9.9s 和 0~99s 等类型。

JS14P 型时间继电器吸引线圈的额定电压有交流 36V、110V、127V、220V、380V 等几种。

时间继电器

6.6.8   中间继电器

中间继电器的结构和动作原理与接触器基本相同，但它的触点比较多，可用来扩大接通控制电路的数目，用于在控制电路中传递中间信号。中间继电器的额定电流较小，触点只能通过小电流。所以，它大多用于控制电路中，但有时也用来直接起动小功率电动机或接通电磁阀线圈。JZ7 型中间继电器的外形如图 6-52 所示，中间继电器的图形和文字符号如图 6-53 所示。

中间继电器

a) 线圈   b) 常开触点   c) 常闭触点

图 6-52   JZ7 型中间继电器的外形   图 6-53   中间继电器的图形和文字符号

6.6.9　断路器

断路器又称自动空气开关。它可用做电源引入开关，也可用来不频繁地起动电动机，具有过载、短路、欠电压保护功能。断路器的外形和符号如图 6-54 所示。

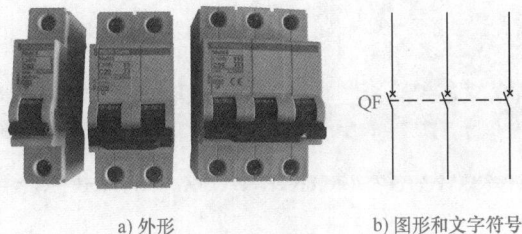

a) 外形　　　　b) 图形和文字符号

图 6-54　断路器外形和符号

想一想、做一做

1. 找一找，教学楼里都安装了哪些低压电器？
2. 做一做，拆开一只交流接触器和一只热继电器，观察内部结构。
3. 想一想，学校大门口的自动门要求开到位或关到位后自动停止，这个功能应采用什么器件实现？

大国工匠英雄谱之六

±660kV 超高压直流输电线路上带电检验的世界第一人——王进

特高压带电作业是世界上最危险的工作之一，被称为刀锋上的舞者。215m、70 层楼高，这是特高压带电检验工王进经常攀爬的高度。王进是在 ±660kV 超高压直流输电线路上带电检验的世界第一人！

本章小结

1. 常用照明灯具一般分为三类：热致发光灯具、气体放电灯具、固体发光灯具。
2. 变压器主要由铁心和绕组等组成。变压器具有变换电压、变换电流和变换阻抗的作用，具有隔离高电压或电流的作用。变压器运行时将产生损耗，分为铁损耗和铜损耗。
3. 电流互感器的二次绕组绝不允许开路。电压互感器的二次绕组绝不允许短路。自耦变压器是一次、二次绕组共用一部分绕组，它们之间不仅有电的联系，还有磁的耦合。
4. 三相异步电动机由定子和转子两大部分组成。根据转子形状不同，三相异步电动机分为笼型三相异步电动机和绕线转子异步电动机。
5. 按照工作职能，电器可以分为控制电器和保护电器两大类。控制电器主要用来控制电路的接通、分断以及各种运行状态，常用的控制电器有各种开关、按钮、接触器等。保护电器主要用来保护电源和用电设备，防止电源短路和设备过载运行，常用的保护电器有熔断器、热继电器和断路器等。

第7章 三相异步电动机的基本控制

本章导读

知识目标

1. 了解三相异步电动机直接起动控制及点动与连续控制电路的组成和工作原理。
2. 了解三相异步电动机接触器互锁正反转控制电路的组成和工作原理。

技能目标

1. 会点动与连续运行控制电路配电板的配线及安装。
2. 会接触器互锁正反转控制电路配电板的配线及安装。

思政目标

培养学生爱党、爱国、遵纪守法；爱岗敬业，具有高度的责任心；工作规范、认真执行安全操作规程；培养学生精益求精的大国工匠精神。

7.1 电动机起动控制

7.1.1 点动控制

生产机械在调整状态时，需要点动控制。

1. 电路组成及各器件作用

三相异步电动机点动控制电路的原理图和布线图如图 7-1 所示。

三相异步电动机的控制电路原理图分为两个部分，从电源直接接电动机的大电流通路为主电路，接按钮、线圈等控制器件的小电流通路为控制电路，一般情况下，主电路画在左侧，控制电路画在右侧。图中所有电器触点都应遵循"左开右闭"原则，以未通电时的"常态"画出，并且同一元器件的各部分（如线圈和触点）常不画在一起，但要用同一文字符号表示。点动电路的组成如下：

（1）主电路 从上到下有隔离开关 QS（起电源隔离作用），大容量熔断器 FU_1（对主电路起短路保护作用），接触器 KM 的常开主触点（对电动机进行起动、运行、停止的自动控制），三相异步电动机 M（被控制主体）。

（2）控制电路 从上到下有小容量熔断器 FU_2（对控制电路起短路保护），常开按钮 SB（起动按钮即点动按钮），接触器 KM 线圈（控制其触点动作）。

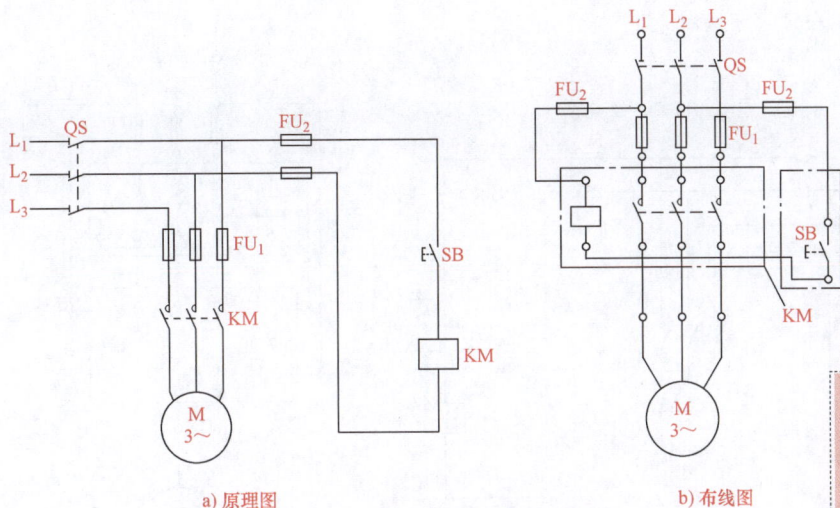

a) 原理图   b) 布线图

图 7-1 点动控制电路原理图和布线图

点动控制
电路

2. 工作原理

接通电源开关 QS，按下起动按钮 SB，接触器 KM 电磁线圈得电，KM 的三个常开主触点闭合，电动机起动。断开起动按钮 SB，接触器 KM 电磁线圈失电，KM 的三个常开主触点断开，电动机停止转动。随着按钮的按下、断开实现电动机的点动控制。表示如下：

QS(接通)──→SB(按下)──→KM 线圈(得电)──→KM 主触点(闭合)──→M(转动)；

SB(断开)──→KM 线圈(失电)──→KM 主触点(断开)──→M(停转)。

7.1.2 连续控制

1. 电路组成及各器件作用

更多的电气生产过程中，都是连续控制状态，即按钮按下后电动机便转动，放开后继续转动。

在点动控制电路的基础上，做以下改动，串接一个常闭按钮开关，在起动按钮两端并联一个接触器的常开辅助触点，在电路中增加一个热继电器（包括其热驱动元件和常闭触点）。其电路组成如下：

（1）主电路 从上到下有隔离开关 QS（起电源隔离作用），大容量熔断器 FU_1（对主电路起短路保护作用），接触器 KM 的常开主触点（对电动机进行起动、运行、停止的自动控制），热继电器的热驱动元件 FR（对主电路起过载保护作用），三相异步电动机 M（被控制主体）。

（2）控制电路 从上到下有小容量熔断器 FU_2（对控制电路起短路保护作用），热继电器的常闭触点 FR（受热驱动元件控制以备切断控制电路），常闭按钮 SB_1（停止按钮），常开按钮 SB_2（起动按钮），接触器 KM 常开辅助触点（与 SB_2 并联，起自锁作用），接触器 KM 线圈（控制其触点动作）。

三相异步电动机连续运行控制电路的原理图和布线图如图 7-2 所示。

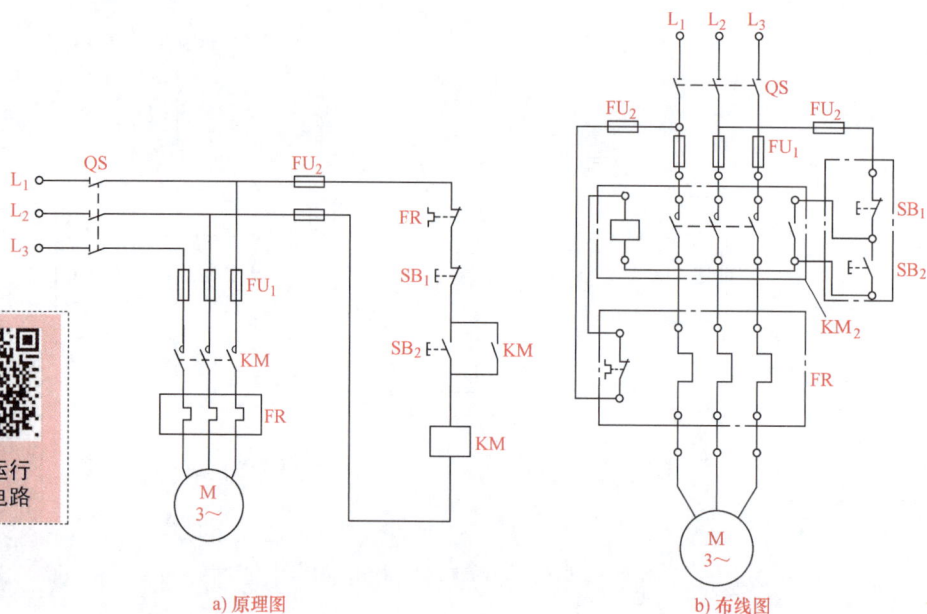

连续运行
控制电路

a) 原理图 　　　　　　　　　　　　　　b) 布线图

图 7-2　连续运行控制原理图和布线图

2. 工作原理

接通电源开关 QS，按下起动按钮 SB_2，接触器 KM 电磁线圈得电，KM 的所有常开触点（包括三个常开主触点和一个常开辅助触点）都闭合，电动机起动。其中，与 SB_2 并联的 KM 常开辅助触点（称为自锁触点）闭合可实现控制电路的自锁，保证 SB_2 复位后电动机仍能正常运转。

所谓自锁，即当起动按钮 SB_2 放开时，由于接触器常开辅助触点 KM 闭合，接触器线圈仍能保持通电状态的功能。

若欲使电动机停转，则应按下停止按钮 SB_1，使接触器 KM 电磁线圈断电，KM 的所有常开触点都分断，切断电源，电动机停转。当 SB_1 复位时，由于自锁触点也已分断，控制电路处于断路状态，电动机不能接通。

熔断器将起短路保护作用。

热继电器将起过载保护作用。

此控制电路不仅有短路、过载保护作用，而且还有失（或欠）电压保护。**所谓失（或欠）电压保护，即当电动机在工作中发生突然停电或电压降低至某一数值时，接触器线圈因失压或欠压而失电、导致其常开触点切断主电路和控制电路；电动机停转后，即使立即恢复供电，若不重新按下起动按钮 SB_2，则电动机也不能自行起动，这就是失（或欠）电压保护。**

连续控制表示如下。

起动：

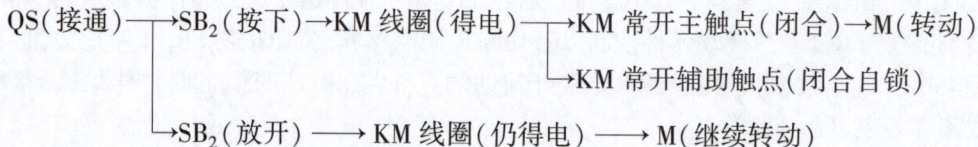

停止：

$$SB_1(按下)\longrightarrow KM 线圈(断电)\longrightarrow KM 常开主触点(断开)\longrightarrow M(停转)$$

想一想、做一做

1. 想一想，点动与连续转动电路有什么不同？

2. 想一想，自锁触点在控制电路中起什么作用？若错将接触器的常闭触点接入自锁线路，会发生什么现象？

3. 试一试，设计一个既能点动又能连续转动的电路。

7.2　电动机正反转控制

在日常生活中，常常看到这样一些情景：起重机的吊钩上升、下降，电动门的开、闭，机床上的平台往复运动等，这些都是由它们内部电动机的正、反转来驱动实现的。下面就介绍三相异步电动机的正、反转控制电路。

由第 6 章中介绍的三相异步电动机原理可知，改变接入电动机的三相电源的相序即任意改变接入电动机的两根相线，就可以改变电动机的转向。三相异步电动机的正反转电路正是基于这个原理来实现的。

7.2.1　电路组成及各器件作用

三相异步电动机正反转控制电路的原理图如图 7-3 所示。

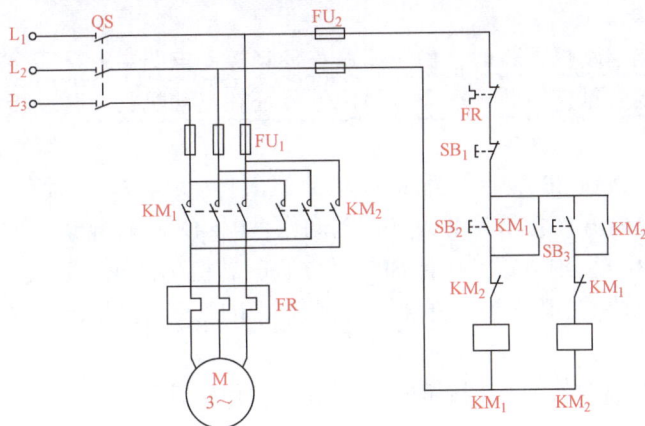

正反转控制电路

图 7-3　正反转控制电路原理图

三相异步电动机正反转控制电路组成如下：

1. 主电路

从上到下有隔离开关 QS（起电源隔离作用），大容量熔断器 FU_1（对主电路起短路保护作用），接触器 KM_1 的常开主触点（对电动机进行正转起动、运行、停止的自动控制），接触器 KM_2 的常开主触点（对电动机进行反转起动、运行、停止的自动控制），热继电器的热驱动元件 FR（对主电路起过载保护作用），三相异步电动机 M（被控制主体）。

可见，接触器 KM_1 常开主触点闭合，电动机正转。KM_2 闭合，电动机反转，但 KM_1 和 KM_2 常开主触点不得同时得电闭合，否则将造成电源相间短路事故。

2. 控制电路

从上到下、从左到右有小容量熔断器 FU_2（对控制电路起短路保护作用），热继电器的常闭触点 FR（受热驱动元件控制以备切断控制电路），常闭按钮 SB_1（停止按钮），以下分两路：

一路是：常开按钮 SB_2（正转起动按钮），接触器 KM_1 常开辅助触点（与 SB_2 并联，起自锁作用），接触器 KM_2 常闭辅助触点（与 KM_1 线圈串联，起互锁作用），接触器 KM_1 线圈（控制其触点正转动作）。

一路是：常开按钮 SB_3（反转起动按钮），接触器 KM_2 常开辅助触点（与 SB_3 并联，起自锁作用），接触器 KM_1 常闭辅助触点（与 KM_2 线圈串联，起互锁作用），接触器 KM_2 线圈（控制其触点反转动作）。

其中，起互锁作用的接触器 KM_2 和 KM_1 常开辅助触点将避免电动机正转和反转电路同时接通。

7.2.2 工作原理

接通电源开关 QS，按下起动按钮 SB_2，接触器 KM_1 电磁线圈得电，KM_1 的所有触点（包括三个常开主触点和一个常开、一个常闭辅助触点）都动作，电动机正转起动。其中，与 SB_2 并联的 KM_1 常开辅助触点闭合，实现自锁，保证 SB_2 复位后电动机仍能正常运转。与 KM_2 线圈串联的 KM_1 常闭触点（称为互锁触点）打开可实现控制电路的互锁，保证 KM_1 得电时 KM_2 不能得电。

所谓互锁，即当电动机正转时，由于串联在反转控制电路中的正转接触器常闭辅助触点打开，使反转接触器线圈支路断开而不能得电，保证在电动机正转时反转控制电路不会被接通，反之亦然。

同理，按下起动按钮 SB_3，接触器 KM_2 电磁线圈得电，KM_2 的所有常开触点（包括三个常开主触点和两个常开、常闭辅助触点）都动作，电动机反转起动。其中，与 SB_3 并联的 KM_2 常开辅助触点闭合实现自锁，保证 SB_3 复位后电动机仍能正常运转。与线圈 KM_1 串联的 KM_2 常闭触点（称为互锁触点）打开可实现控制电路的互锁，保证 KM_2 得电时 KM_1 不能得电。

正、反转转换时，应先按下停止按钮 SB_1，使电动机停转后方可进行，即实现"正—停—反"的工作过程。

正反转控制可表示如下。

正转：

$$QS(接通) \rightarrow SB_2(按下) \rightarrow KM_1 线圈(得电) \begin{cases} \rightarrow KM_1 \ 常开主触点(闭合) \rightarrow M(正转) \\ \rightarrow KM_1 \ 常开辅助触点(闭合) \rightarrow 自锁 \\ \rightarrow KM_1 \ 常闭辅助触点(断开) \rightarrow 互锁 \end{cases}$$

停止：

$$SB_1(按下)\rightarrow KM_1 线圈(断电)\begin{cases}\rightarrow KM_1 常开主触点(断开)\rightarrow M(正转停止)\\\rightarrow KM_1 常开辅助触点(断开)\rightarrow 自锁解除\\\rightarrow KM_1 常闭辅助触点(闭合)\rightarrow 互锁解除\end{cases}$$

反转：

$$SB_3(按下)\rightarrow KM_2 线圈(得电)\begin{cases}\rightarrow KM_2 常开主触点(闭合)\rightarrow M(反转)\\\rightarrow KM_2 常开辅助触点(闭合)\rightarrow 自锁\\\rightarrow KM_2 常闭辅助触点(断开)\rightarrow 互锁\end{cases}$$

想一想、做一做

1. 想一想，若将两个互锁触点改为常开触点会是什么结果呢？若都去掉又会是什么结果？

2. 想一想，若同时按下 SB_2 和 SB_3，是否会引起电源短路？为什么？

3. 试做分析，按下 SB_2 后，电动机不转，可能的故障原因有哪些？

4. 试做分析，电动机在正常转动时，按下停止按钮 SB_1 后，电动机停不下来，可能的故障原因是什么？

实训指导　常用电工工具使用

1. 电工刀

电工刀是一种常用的剖削和切割电工器材的工具，其外形如图 7-4 所示。

电工刀主要用于导线上的绝缘剥除，切剥时，可把刀略微翘起一些，用刀刃的圆角抵住线芯，刀口向外推出，这样既不易削伤线芯，又防止操作者受伤。切忌把刀刃垂直对着导线切割绝缘层，因为这样容易割伤电线线芯。另外，严禁在带电体上使用没有绝缘柄的电工刀进行操作。

2. 尖嘴钳

尖嘴钳外形如图 7-5 所示，电工用尖嘴钳采用绝缘手柄，其耐压等级为 500V。钳的头部尖细，适用于在狭小的空间操作。

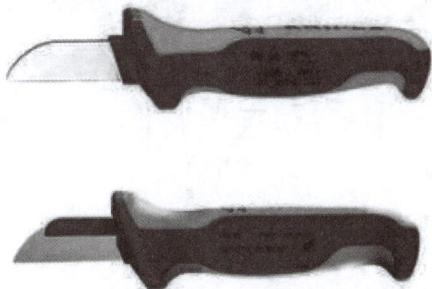

图 7-4　电工刀

图 7-5　尖嘴钳

尖嘴钳主要用来剪切线径较细的单股与多股线，以及给单股导线接头弯圈、剖削塑料绝缘层、夹持较小螺钉等。不带刃口者只能做夹捏工作，带刃口者能剪切细小零件。它是电工（尤其是内线电工）、仪表及电信器材等装配修理工作常用工具之一。

3. 斜口钳

斜口钳又称断线钳，其头部扁斜，电工用斜口钳的钳柄采用绝缘柄，其外形如图7-6所示，其耐压等级为1000V。

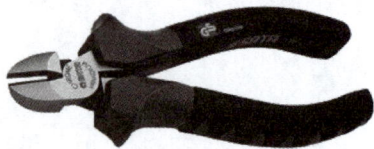

斜口钳多用于剪断较粗的金属丝、线材及电线电缆等。

图7-6　斜口钳

4. 剥线钳

剥线钳是用来剖削塑料或橡胶绝缘导线的绝缘层的一种常用电工工具，有多种类型，其外形如图7-7所示，由钳口和手柄两部分组成。图7-7a、b所示为两种剥线钳，钳口分别有0.5～3mm的多个直径切口，用于不同规格线芯的剥削。使用时应使切口与被剥削导线芯线直径相匹配，切口过大难以剥离绝缘层，切口过小会切断芯线。图7-7c所示为剥线钳，使用方法是将待剥皮的线头置于钳头的刃口中，用手将两钳柄一捏，然后一松，绝缘皮便与芯线脱开。各种剥线钳手柄均装有绝缘套管。

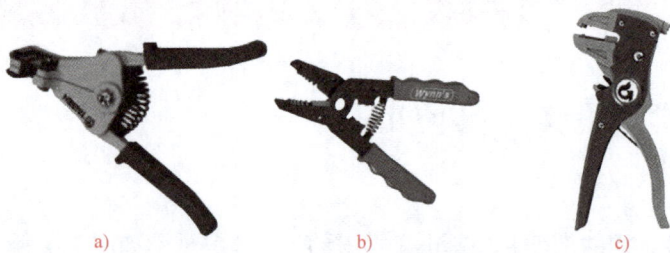

a)　　　　　　　　b)　　　　　　　　c)

图7-7　几种常见剥线钳

5. 螺钉旋具

螺钉旋具又称螺丝刀、起子或旋凿，是用来紧固或拆卸带槽螺钉的常用工具。螺钉旋具按头部形状的不同，有一字形和十字形两种，如图7-8所示。

a)一字形　　　　　　　　b)十字形

图7-8　螺钉旋具

一字形螺钉旋具用来紧固或拆卸带一字槽的螺钉，其规格用柄部以外的体部长度表示，常用的有 50mm、150mm 两种。十字形螺钉旋具专用于紧固或拆卸带十字槽螺钉。

螺钉旋具是电工最常用的工具之一，使用时应选择带绝缘手柄的螺钉旋具，使用前先检查绝缘是否良好；螺钉旋具的头部形状和尺寸应与螺钉尾槽的形状和大小相匹配，严禁用小螺钉旋具去拧大螺钉，或用大螺钉旋具拧小螺钉；更不能将其当錾子使用。不同规格的螺钉旋具的使用方法如图 7-9 所示。

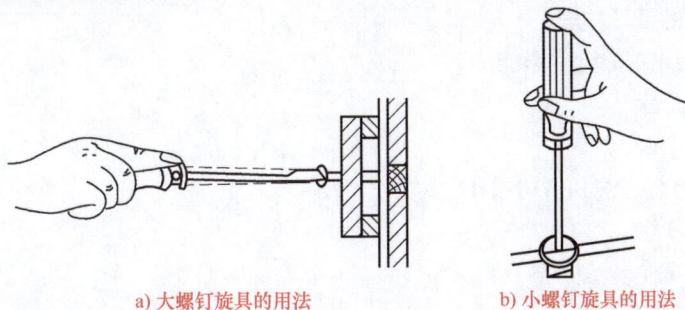

a) 大螺钉旋具的用法　　b) 小螺钉旋具的用法

图 7-9　螺钉旋具的使用

6. 钢丝钳

钢丝钳又称克丝钳、老虎钳，是电工应用最频繁的工具。电工钢丝钳由钳头和钳柄两部分组成。钳头包括钳口、齿口、刀口和铡口 4 部分，其外形如图 7-10 所示，用途与用法如图 7-11 所示。其中钳口可用来钳夹和弯绞导线，齿口可代替扳手来拧小型螺母，刀口可用来剪切电线、掀拔铁钉，铡口可用来铡切钢丝等硬金属丝。

使用钢丝钳时应注意：

1）使用前，必须检查其绝缘柄，确定绝缘状况良好，否则，不得带电操作，以免发生触电事故。

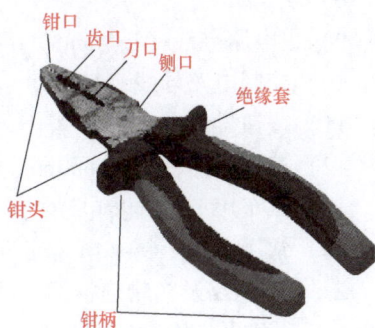

图 7-10　钢丝钳的外形

2）用钢丝钳剪切带电导线时，必须单根进行，不得用刀口同时剪切相线和中性线或者两根相线，以免造成短路事故。

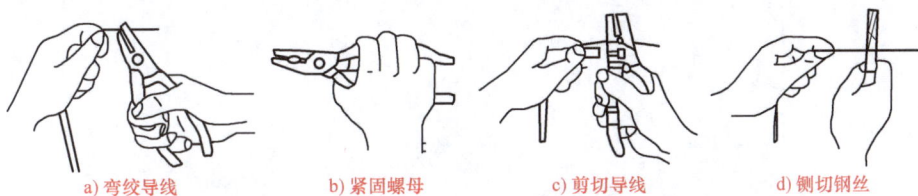

a) 弯绞导线　　　b) 紧固螺母　　　c) 剪切导线　　　d) 铡切钢丝

图 7-11　钢丝钳的用途与用法

3）使用钢丝钳时要刀口朝向内侧，便于控制剪切部位。

4）不能用钳头代替锤子作为敲打工具，以免变形。钳头的轴销应经常加机油润滑，保证其开闭灵活。

实训 7.1 三相异步电动机连续运行控制电路配电板的配线与安装

1. 实训目的

1）掌握三相异步电动机连续转动控制方法及自锁。

2）掌握电气控制电路的读图方法。

3）熟悉常见的低压电器。

4）培养电气线路安装操作能力。

2. 所用仪器设备

1）接触器 1 个。

2）组合按钮开关盒（LA10-2H）1 个。

3）大熔断器 3 个。

4）小熔断器 2 个。

5）隔离开关 1 个。

6）热继电器 1 个。

7）万用表 1 个。

8）端子板 1 个。

9）主电路导线（1.5mm²）若干。

10）控制电路导线（1mm²）若干。

11）按钮导线（软线）若干。

12）控制电路板（约 600mm×400mm×20mm 的复合木板）1 块。

13）试车用三相异步电动机 1 台。

14）常用电工工具（电工钳，螺钉旋具，剥线钳等）一套。

3. 控制电路及实物连接图

1）三相异步电动机连续运行控制电路如图 7-2 所示。

2）元器件装配图如图 7-12 所示。

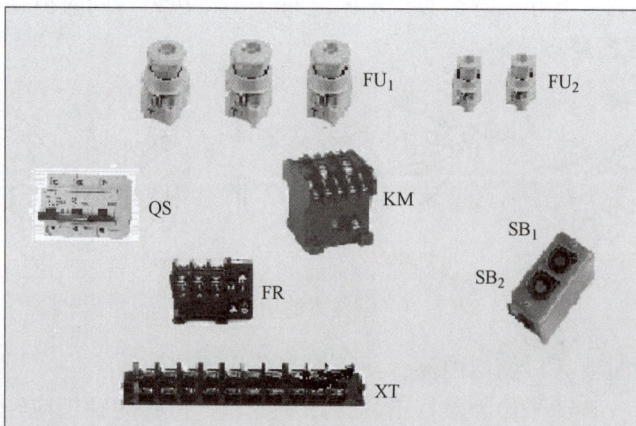

图 7-12 元器件装配图

3）控制电路接线图如图 7-13 所示。

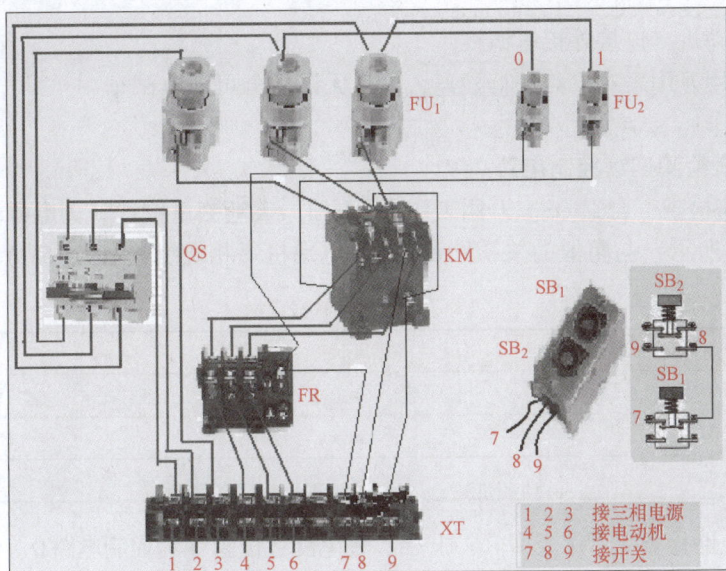

图 7-13 电动机连续控制电路接线图

4）控制电路实物接线图如图 7-14 所示。

图 7-14 电动机连续控制电路实物接线图

4．实训内容及步骤

1）识读电路图。认识各种元器件，了解电路原理。

2）安装元器件。根据图 7-12 所示的元器件装配图，在给定的控制电路板上安装各元器件。元器件安装原则：整齐、牢固、布局合理。

3）接线。依据电气控制原理图和图 7-13 所示控制电路接线图，在控制板上进行布线，并在线头上套编码套管。

接线要求：布线要求横平竖直，尽量不交叉，不跨接，尽量减少架空线路；接点要牢固，不露铜、不压绝缘层、不反圈；电器元器件接线端子上的连接线不得超过两根；导线经过各电器时应遵循"上进下出"的原则。

4）安装电动机，连接外接电源线。

5）自检。用万用表对电路进行检查，检查无误后方可通电试车。

6）通电试车。

5. 用万用表检测连续控制电路

（1）主电路检查　合上 QS。万用表用 R×1 档，表笔测量位置（为电源端 1—2、2—3、1—3，如图7-13所示）与阻值的关系见表7-1（电动机每相绕组电阻为15Ω）。

表7-1　主电路检查

R×1 档	不压 KM	压 KM
L_1—L_2	∞	15Ω
L_2—L_3	∞	15Ω
L_1—L_3	∞	15Ω

（2）控制电路检查　万用表用 R×1k 档，表笔测量位置（为控制电路 0、1 端，如图 7-13 所示）与阻值的关系见表7-2（接线触器线圈电阻为1800Ω）。

表7-2　控制电路检查

R×1k 档	按下 SB2	R×1k 档	按下 SB2
0—1 端	1800Ω	测量对象	KM

6. 注意事项

1）通电试车前，应熟悉操作顺序。

2）通电后不得用手触摸电路裸露部分。

3）必须站在橡胶垫上"单手"操作。

4）不得自行通电试车。

5）发现异常情况，必须立即切断电源开关。

6）热继电器要整定（根据电动机定）。

实训7.2　三相异步电动机接触器互锁正反转控制电路配电板的配线与安装

1. 实训目的

1）掌握三相异步电动机正反转控制方法及互锁。

2）掌握电气控制电路的读图能力及理论和实际之间的对应关系。

3）熟悉常见的低压电器。

4）培养电气线路安装操作能力。

2. 所用仪器设备

1）接触器 2 个。

2）组合按钮开关盒（LA10-3H）1 个。

3）大熔断器 3 个。

4）小熔断器 2 个。

5）隔离开关、热继电器、万用表、端子板各 1 个。

6）主电路导线（1.5mm²）、控制电路导线（1mm²）、按钮导线（软线）若干。

7）控制电路板（约 600mm×400mm×20mm 的复合木板）1 块。

8）试车用三相异步电动机 1 台。

9）常用电工工具（电工钳，螺钉旋具，剥线钳等）一套。

3. 测量电路及实物连接图

1）三相异步电动机正反转控制电路如图 7-3 所示。

2）元器件装配图如图 7-15 所示。

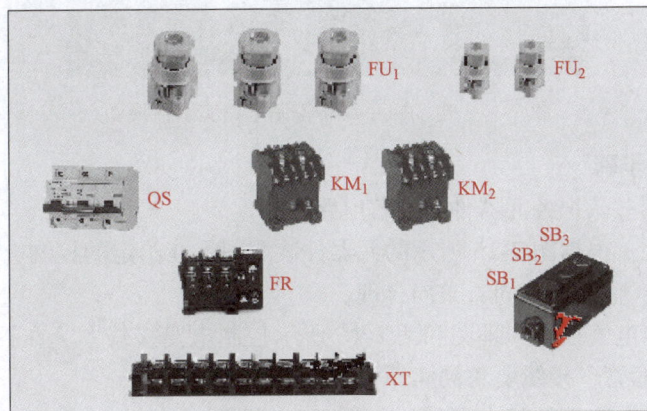

图 7-15　元器件装配图

3）控制电路接线图如图 7-16 所示。

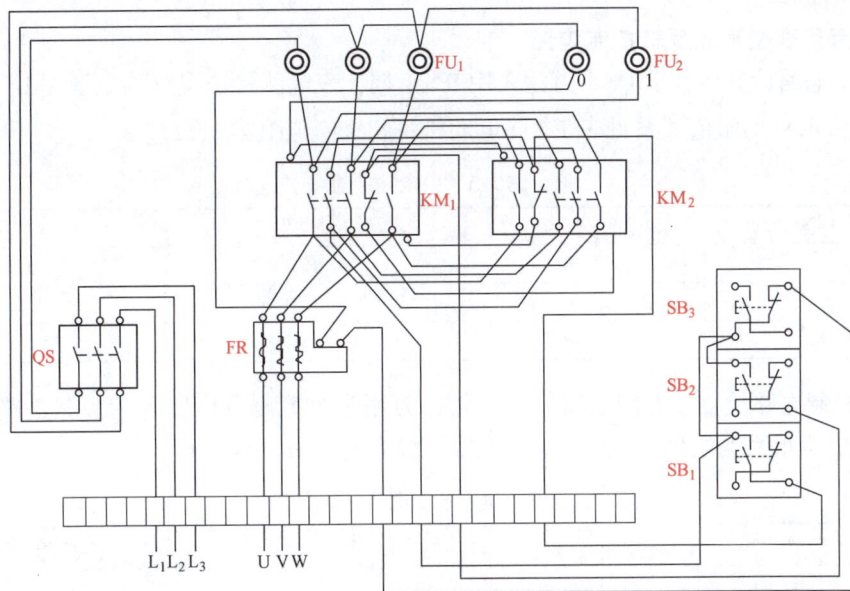

图 7-16　电动机正反转控制电路接线图

4）控制电路实物接线图如图7-17所示。

图7-17　电动机正反转控制电路实物接线图

4. 实训内容及步骤

1）识读电路图。认识各元器件，了解电路原理。

2）安装元器件。根据图7-15所示的元器件装配图，在给定的控制电路板上安装各元器件，器件安装原则：整齐、牢固、布局合理。

3）接线。依据电气控制原理图和图7-16所示控制电路接线图，在控制板上进行布线，并在线头上套编码套管，接线要求同实训7.1所述。

4）安装电动机，连接外接电源线。如图7-16所示，L_1、L_2、L_3三端接三相电源（线电压380V），U、V、W三端接三相异步电动机。

5）自检。用万用表对电路进行检查，检查无误后方可通电试车。

6）通电试车。

5. 用万用表检测正反转控制电路

（1）主电路检查　合上QS。万用表用R×1档，表笔测量位置（为电源端L_1、L_2、L_3，如图7-16所示）与阻值关系见表7-3（电动机每相绕组电阻为15Ω）。

表7-3　主电路检查

R×1档	不压	压 KM_1	压 KM_2
L_1—L_2	∞	15Ω	15Ω
L_2—L_3	∞	15Ω	15Ω
L_1—L_3	∞	15Ω	15Ω

（2）控制电路检查　万用表用R×1k档，万用表表笔测量位置（为控制电路0、1端；见图7-16中所示）与阻值见表7-4（接线触器线圈电阻为1800Ω）。

表7-4　控制电路检查

R×1k档	按下 SB_2	按下 SB_3
0—1端	1800Ω	1800Ω
检查对象	KM_1	KM_2

6. 注意事项

1）通电试车前，应熟悉操作顺序。

2）通电后不得用手触摸电路裸露部分。

3）必须站在橡胶垫上"单手"操作。

4）电动机正转、反转转换过程必须经过停止过程。

5）不得自行通电试车，

6）发现异常情况，必须立即切断电源开关。

7）热继电器要整定（根据电动机定）。

大国工匠英雄谱之七

让钻头行走的深度矗立为行业高度的钻探工——朱恒银

地质钻探的水平体现着一个国家的综合实力。朱恒银的定向钻探技术完全颠覆传统，取芯的时间由30多个小时一下缩短到了40min；在全国50多个矿区推行利用后，产生的经济效益高达数千亿元，弥补了7项国内空白。

本章小结

由常用低压电器构成的三相异步电动机控制电路主要有三相异步电动机的点动、连续控制电路、三相异步电动机的正反转控制电路等。

1. 点动控制电路：主要由隔离开关、交流接触器、熔断器和控制按钮等电器组成。电路具有起动、停止的点动功能。

2. 连续控制电路：主要由隔离开关、交流接触器、熔断器、热继电器和控制按钮等电器组成。电路具有起动（自锁）、停止、过载保护、短路保护、失电压保护等功能。

3. 自锁是指当起动按钮 SB_2 松开时，由于接触器常开辅助触点 KM 闭合，使接触器线圈仍能保持通电状态的功能。

4. 正反转控制电路：由正转和反转两个接触器和两组控制电路组成，有共用的停止按钮、热继电器和熔断器，两个控制回路利用两个接触器的常闭触点构成互锁控制。

5. 互锁是指当电动机正转时，由于正转接触器常闭辅助触点 KM 打开，使反转接触器线圈支路断开而不能得电，保证在电动机正转时反转控制电路不会被接通，反之亦然。

三相异步电动机的常规保护措施有熔断器的短路保护、热继电器的过载保护和接触器控制的失电压保护等。

6. 短路保护的作用是防止短路电流在短时间内烧毁电路中的电气设备。

7. 过载保护的作用是防止过载电流在长时间内使电动机发热，超过允许温升。

8. 失（或欠）电压保护的作用是防止在电动机运行过程中由于停电（或电压下降）而停转，当电源恢复正常时，电动机在无人操作下自动起动。

第3篇

▶▶▶ 模拟电子技术

第8章 常用半导体器件

▶ 本章导读

知识目标

1. 通过实验或演示，了解二极管的结构、符号、特性和主要参数，能识别管脚，并合理使用；能识别硅稳压二极管、发光二极管、光电二极管、变容二极管等典型二极管，了解其实际应用。

2. 了解晶体管的结构、符号、特性和主要参数，能识别管脚，并合理使用。

*3. 了解晶闸管的结构、符号、特性和主要参数，能识别管脚，并合理使用。

4. 了解单结晶体管的结构、符号、特性和主要参数，能识别管脚，并合理使用。

技能目标

1. 会用万用表判别二极管的极性和好坏。

2. 会用万用表判别晶体管的类型、管脚及好坏。

3. 会用万用表判别晶闸管的极性和好坏。

4. 会用万用表判别单结晶体管的管脚和好坏。

思政目标

培养学生爱党、爱国、遵纪守法；坚定理想信念；刻苦学习，认真钻研，具有勇于探索的品质；激发学生科技报国的家国情怀和使命担当。

8.1 二极管

8.1.1 二极管的结构及符号

二极管是一种典型的半导体元件，常用的材料有硅（Si）和锗（Ge）。二极管有两个对外的电极端（也称管脚），分别称为阳极和阴极，标为"＋"和"－"，故为二端元件。二极管的外形、图形符号和文字符号如图8-1所示。

二极管的内部主要由两个掺杂半导体即P型半导体和N型半导体所构成的PN结组成，如图8-2所示，PN结是其界面处形成的空间电荷层，形成内部电场。当不外加电压时，内部电场和PN结两边载流子浓度差的扩散作用相等而处于电平衡状态。但当加有外接电压时，平衡被打破，而形成不同大小的电流。当电压按图8-3a中正负极性所加时（称电压正向偏置），这时电流很大，认为PN结导通。当电压按图8-3b中正负极性所加时（称电压反

a) 外形　　　　　　　　　　　　b) 图形符号和文字符号

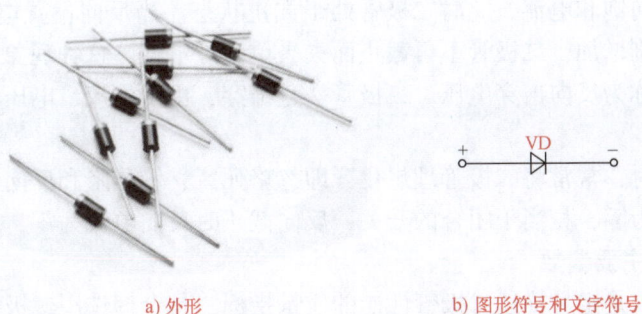

图 8-1　二极管外形、图形符号和文字符号

向偏置），这时电流很小（约为零），认为 PN 结截止（不通）。所以，PN 结的特性是单方向导通电流，即单向导电性。

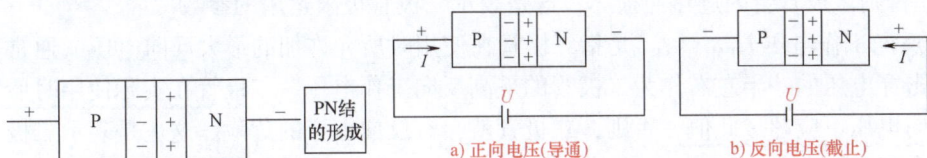

图 8-2　PN 结

a) 正向电压(导通)　　　　　b) 反向电压(截止)

图 8-3　PN 结特性

PN结的形成

二极管就是由 PN 结外加玻璃或塑料管壳封装而成的，因此，具有 PN 结的特性。二极管的特性归纳为：正向导通，反向截止，单向导电性。

二极管有多种不同的类型，我国国产半导体器件的型号采用国家标准 GB/T 249—2017 的规定，详情可查阅相关手册。

8.1.2　二极管的特性与参数

1. 二极管的伏安特性曲线

二极管的特性可用其伏安特性曲线来直观描述，它是指流过二极管的电流 I 与加在二极管两端的电压 U 之间的关系曲线。如图 8-4 所示，分为正向特性和反向特性两部分。

（1）正向特性　从正向特性曲线知，当加于二极管两端的正向偏置电压很小且小于某一数值时，二极管中的正向电流很小，近似为零，这一电压值称为死区电压，这段区域称为二极管的死区。硅管的死区电压约为 0.5V，锗管的死区电压约为 0.2V。当正向偏置电压超过死区电压后，二极管开始导通，正向电流随电压增大而迅速增大。二极管导通后，电流在一定范围内变化，正向电压降（阳极与阴极的电位差）却几乎维持不变，该电压降称为二极管的导通电压，也即正向管压降。在常温下，硅管的正向管压降约为 0.7V，锗管的正向管压降约为 0.3V。

图 8-4　二极管的伏安特性

（2）反向特性　当二极管两端加上反向电压，且反向偏置电压小于某一数值时，只有极小的反向电流，约为几微安到几十微安。反向电流大小基本恒定，不随反向电压的增大而

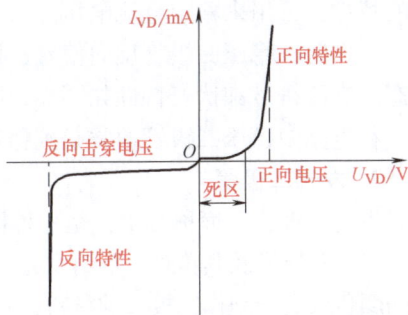

增大，故称为反向饱和电流，此时二极管处于截止状态。当反向偏置电压超过某一数值时，反向电流突然急剧增加，二极管不再截止而失去单向导电性，这种现象称为反向击穿，对应的反向偏置电压称为反向击穿电压。二极管一旦击穿，由于电流、电压值均很大，将使二极管过热而损坏。

在分析电路时，常常将二极管理想化，即忽略死区、管压降和反向饱和电流，认为正向导通时正向压降为零，相当于闭合的开关；反向截止时反向电流为零，相当于开关断开。

2. 二极管的主要参数

二极管的参数是定量描述二极管性能的质量指标，是合理选用二极管的主要依据。其主要参数有：

（1）最大整流电流 I_{FM} I_{FM} 是指二极管长期运行时允许通过的最大正向平均电流值，其数值与 PN 结的材料、面积及散热条件有关。实际使用时，流过二极管的最大平均电流值不能超过 I_{FM}，否则二极管会因过热而损坏，这是表示二极管极限运用的参数。

（2）最高反向工作电压 U_{RM} U_{RM} 是指二极管在使用时所允许加的最大反向电压，通常以二极管反向击穿电压的一半左右作为二极管的最高反向工作电压。二极管在实际使用时所承受的最大反向电压不应超过此值，否则，二极管就会有反向击穿的危险。这也是表示二极管极限运用的参数。

此外还有最大反向电流、正向管压降、工作频率等参数。由于篇幅所限，本书不做详细介绍，实际选用二极管时，可查相关手册根据需要给予综合考虑。

二极管应用广泛，作用重要，可应用于整流、开关、限幅、检波及稳压等多种场合。

8.1.3 特殊二极管及应用

前面介绍的是普通二极管，除此以外还有一些特殊用途的二极管，如稳压二极管、发光二极管、光电二极管等。

1. 稳压二极管

稳压二极管简称稳压管，是用特殊工艺制作的，具有反向击穿时电流增加而电压保持恒定的特性，可用来稳定直流电压。

工作时，稳压二极管反向偏置，即阴极接外加电压的正极，阳极接负极，处于反向击穿状态。它的符号和伏安特性如图 8-5 所示。

在电路中稳压二极管通常起到稳定直流电压的作用，并限定电路中的工作电流。

2. 发光二极管

发光二极管（简称 LED）是一种把电能转换成光能的发光器件。图 8-6 所示为几种常见的发光二极管外形及其符号。当给发光二极管加上合适的正向电压时，它能发出一定颜色的光。光的颜色取决于制作二极管的材料，不同的材料可使二极管发出红、绿、黄等不同颜色的光。发光二极管可用作电子设备的通断指示灯、数字电路中的数码及图形显示等。

3. 光电二极管

光电二极管是一种光控器件，它的管壳上有一个玻璃窗口，以便接受光照。图 8-7 所示为常见的光电二极管外形及其符号。

光电二极管工作在反向偏置状态，当在 PN 结上加上反向电压，再用光照射到 PN 结上时，就能形成反向的光电流，光电流大小与光照强度成正比。

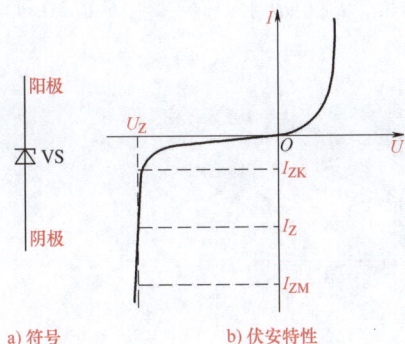

a) 符号　　　　　b) 伏安特性

图 8-5　稳压二极管

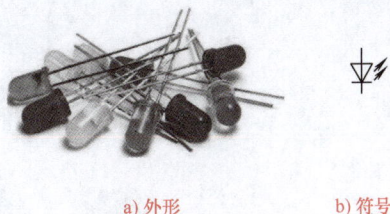

a) 外形　　　　b) 符号

图 8-6　发光二极管

光电二极管用途广泛，可用于光的测量、光电编码、光电池等。

4. 变容二极管

变容二极管是利用其结电容随反向偏置电压的改变而改变的特性工作的。图 8-8 所示为变容二极管外形及其符号。正常工作时，变容二极管两端接反向电压。变容二极管常用于高频电子技术的自动频率控制、扫描振荡、调频和调谐等方面，如电视机高频头的频道转换和调谐电路。

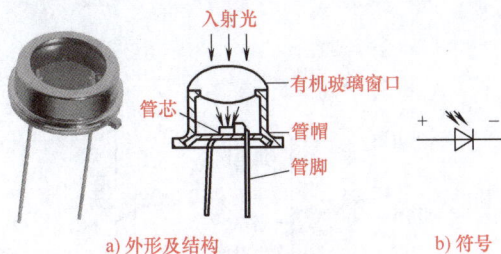

a) 外形及结构　　　　b) 符号

图 8-7　光电二极管

a) 外形　　　　b) 符号

图 8-8　变容二极管

想一想、做一做

1. 做一做，找一节电池、一个灯座、一个小灯泡、一个单刀开关、一个二极管，按图 8-9 所示电路接线。观察：电池的方向和灯的亮灭有关吗？什么情况亮，什么情况不亮呢？为什么？

2. 找一找，在实际中有哪些地方用到发光二极管了？你见过什么颜色的？

3. 想一想，一个普通二极管能工作在反向击穿状态起稳压作用吗？为什么？

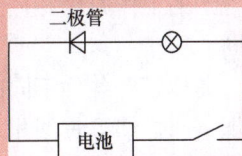

图 8-9　电路连线图

8.2　晶体管

8.2.1　晶体管的结构及符号

在一块半导体芯片上，形成 P 型和 N 型半导体相隔的三个大小不等的导电区域和两个

PN 结，分别从三个区引出电极引线，加上管壳封装，就制成了晶体管。图 8-10 所示为晶体管的外形图。

图 8-10　晶体管的外形

图 8-11 所示是晶体管的结构示意图和符号。图中间较小的区叫基区，基区两侧面积较大的区叫集电区，另一个是发射区，引出的电极分别叫基极（B）、集电极（C）、发射极（E）。两个 PN 结分别称为发射结和集电结。根据组成三个区 P 型或 N 型半导体的排列顺序的不同，晶体管分为 NPN 型和 PNP 型两类。

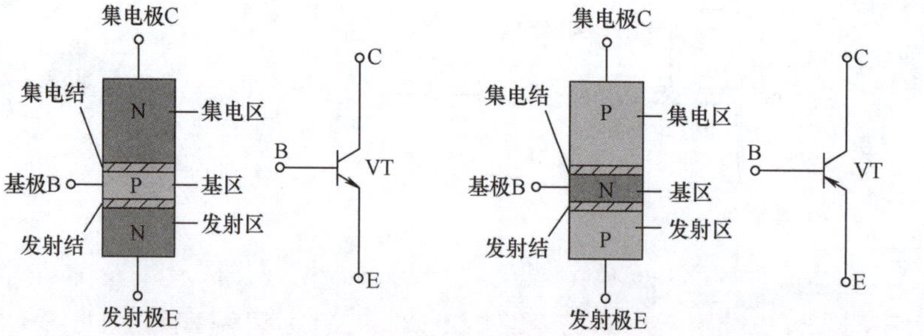

a）NPN型结构　　b）NPN型符号　　c）PNP型结构　　d）PNP型符号

图 8-11　晶体管的结构示意图和图形符号

晶体管按芯片材料的不同，有硅管和锗管两种，这两种又有 NPN 型和 PNP 型之分。两种管型的工作原理相同，但在构成电路时，外接直流电源的极性不同，管内各极电流方向不同。

晶体管有各种不同的类型，我国国产半导体器件的型号采用国家标准 GB/T 249—2017 的规定，详情可查阅相关手册。

8.2.2　晶体管的作用

晶体管在不同的外部电压条件作用下，可呈现出三种特性，也就是具有三种工作状态。这也反映了晶体管的两种作用。

1. 电流放大作用

晶体管工作在放大状态，起电流放大作用的条件：发射结（BE 两极间）加正向电压，集电结（BC 两极间）加反向电压（$V_C > V_B$，$V_B > V_E$）。即发射结正向偏置，集电结反向偏置。

晶体管具有电流放大作用。其含义是当基极有一个较小的电流变化时，集电极就随之有大的电流变化，即为小电流对大电流的控制作用。这时，满足以下关系：

1）晶体管各极电流的分配关系：发射极电流等于集电极电流与基极电流之和，即

$$I_E = I_C + I_B \qquad \text{且} \ I_C \gg I_B \qquad (8\text{-}1)$$

2）集电极电流 I_C 与基极电流 I_B 满足放大关系：

$$I_C = \beta I_B \qquad (8\text{-}2)$$

式(8-2)中，β 称为晶体管的电流放大系数。

2. 开关作用

晶体管除具有电流放大状态外，还可处于另外两种状态，这就是截止或饱和状态。

（1）截止状态 晶体管工作在截止状态的条件：发射结（BE 两极间）加反向电压，集电结（BC 两极间）也加反向电压（$V_C > V_B$，$V_E > V_B$）。即发射结和集电结均反向偏置。

晶体管处于截止状态时，两 PN 结均近似于断开状态。这时，$I_C \neq \beta I_B$，晶体管不具备电流放大作用，而是相当于一个断开的开关。

（2）饱和状态 晶体管工作在饱和状态的条件：发射结（BE 两极间）加正向电压，集电结（BC 两极间）也加正向电压（$V_B > V_E$，$V_B > V_C$）。即发射结和集电结均正向偏置。

晶体管处于饱和状态时，两 PN 结均处于完全导通状态，且 $U_{CE} \approx 0$。这时，$I_C \neq \beta I_B$，晶体管不具备电流放大作用，而是相当于一个闭合的开关。

综上，晶体管的截止和饱和状态统称为开关作用，即晶体管截止时相当于开关断开，饱和时相当于开关闭合。

8.2.3 晶体管的特性与参数

1. 晶体管的特性曲线

晶体管的特性曲线包括输入特性曲线和输出特性曲线，它反映了晶体管各极电流与极间电压的关系。

（1）输入特性曲线 输入特性曲线是指集-射电压 U_{CE} 一定时，基极电流 I_B 随基-射电压 U_{BE} 而变化的曲线。其函数关系为 $I_B = f(U_{BE}) \mid_{U_{CE}-\text{定}}$，如图 8-12 所示。

因晶体管的基极与发射极之间就是一个 PN 结，故这一曲线与二极管的正向特性相似，晶体管正常放大时，工作在陡直的部分，电压 U_{BE} 数值不大，变化也较小，可近似认为硅管 $U_{BE} = 0.7\text{V}$，锗管 $U_{BE} = 0.3\text{V}$。

（2）输出特性曲线 输出特性曲线是指基极电流 I_B 一定时，集电极电流 I_C 随集-射电压 U_{CE} 而变化的曲线。其函数关系为 $I_C = f(U_{CE}) \mid_{I_B-\text{定}}$，如图 8-13 所示。图中表明，晶体管输出特性曲线可划分为三个不同的区域，分别对应三种不同的工作状态，即放大状态、截止状态和饱和状态。

2. 晶体管的主要参数

晶体管的参数有特性参数和极限参数两种，用来表征晶体管的性能优劣和应用范围。这是选用晶体管的重要依据。

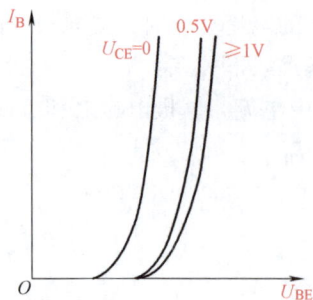

图 8-12　输入特性曲线

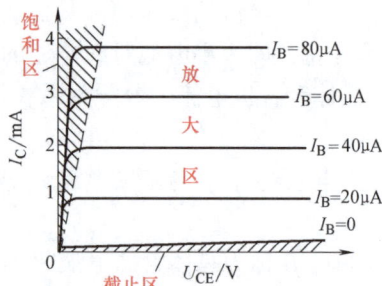

图 8-13　输出特性曲线

（1）特性参数

1）电流放大系数 β：电流放大系数表示晶体管的电流放大能力。由于制造工艺的离散性，同一型号的晶体管的 β 值也有很大差别，一般在 20～200 之间。

2）穿透电流 I_{CEO}：穿透电流是当 $I_B = 0$ 时，集电极与发射极之间的反向电流。在选用晶体管时，I_{CEO} 愈小，晶体管的温度稳定性愈好。

（2）极限参数

1）集电极最大允许电流 I_{CM}：集电极电流 I_C 增加到一定值时，晶体管的 β 值就要降低，影响电路的放大能力。使 β 值下降不超过正常规定所允许的集电极电流最大值就是集电极最大允许电流。

2）集射极反向击穿电压 $U_{CE(BR)}$：基极开路时，允许加在集-射极之间的最大电压称为集射极反向击穿电压。当 U_{CE} 超过 $U_{CE(BR)}$ 时，晶体管将被击穿而损坏。

3）集电极最大允许耗散功率 P_{CM}：集电极电流通过晶体管时要产生功耗，使集电结发热，结温升高。为了限制温度不超过允许值，而规定集电结功耗的最大值，称为集电极最大允许耗散功率 P_{CM}。

在选用晶体管时，为确保晶体管安全可靠工作，必须同时考虑以上三个极限参数，即满足

$$I_C < I_{CM}$$

$$U_{CE} < U_{CE(BR)}$$

$$I_C U_{CE} < P_{CM}$$

想一想、做一做

1. 试一试，随便找一个标有型号的晶体管，上网查阅相关手册，说明它是什么类型的管。

2. 想一想，晶体管的 C、E 两极可以交换使用吗？为什么？

8.3　晶闸管

晶闸管是晶体闸流管的简称，又可称为可控硅，它具有容量大、电压高、损耗小、控制灵便、易实现自动控制等优点，被广泛应用于可控整流、交流调压、无触点电子开关、逆变及变频等电路中。

8.3.1　晶闸管的结构及符号

常见晶闸管的外形如图 8-14 所示。晶闸管的结构示意图及符号如图 8-15 所示，管芯由 P 型和 N 型半导体组成四层 PNPN 结构，形成三个 PN 结，有三个电极，依次为阳极（A）、控制极（G）和阴极（K）。

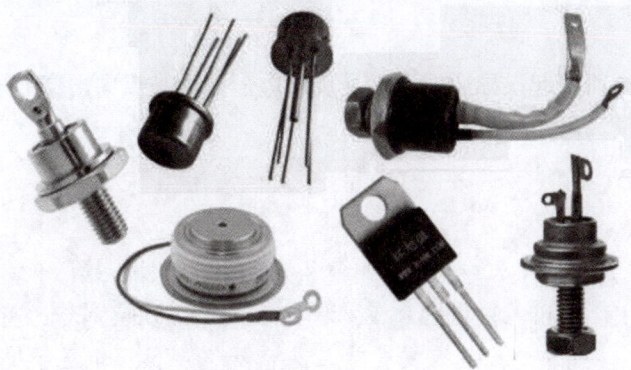

图 8-14　晶闸管的外形

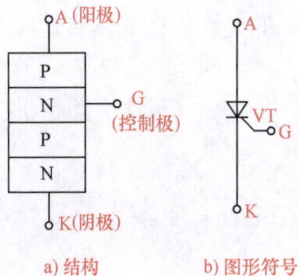

a) 结构　　　　b) 图形符号

图 8-15　晶闸管

8.3.2　晶闸管的工作特性

1. 导通条件

在晶闸管的阳极与阴极间加正向电压，同时在控制极与阴极间也加正向电压，晶闸管导通。两个正向电压缺一不可。

2. 维持导通和关断条件

晶闸管导通后，控制极失去控制作用，即使去掉控制极电压，晶闸管仍然维持导通。若要使晶闸管关断，只有在阳极与阴极间加反向电压，或去掉正向电压，使流过晶闸管的阳极电流 I_A 小于某一电流值 I_H，才能关断。电流 I_H 称为晶闸管的维持导通电流。

3. 控制极的作用

控制极只起到让晶闸管导通的作用，一旦导通，控制极失去控制作用，因此，控制极只需要一个短暂的触发脉冲就可触发晶闸管导通。

4. 可控性

晶闸管具有单向导电性，且导通时刻是可以通过控制极控制的，所以，和二极管相比，晶闸管具有可控的特点。

5. 应用

晶闸管可以用作无触点功率静态开关，取代继电器、接触器构成控制电路。

8.3.3　晶闸管的主要参数

1. 额定正向平均电流 I_F

在环境温度小于 40℃ 和标准散热条件下，允许连续通过晶闸管阳极的工频（50Hz）正弦半波电流平均值，从晶闸管的型号命名中可以直接读出。

2. 维持导通电流 I_H

在控制极开路且规定的环境温度下，晶闸管维持导通的最小阳极电流。阳极电流 $I_A <$ I_H 时，晶闸管自动阻断。

3. 控制极触发电压 U_G 和电流 I_G

在规定的环境温度及一定的正向电压（$u = 6V$）条件下，晶闸管从关断到完全导通所需的最小控制极直流电压和电流。

4. 额定电压 U_{RM}

为防止晶闸管因承受正向电压过大而引起误导通或因承受反向电压过大被反向击穿而规定的允许加在晶闸管阳极与阴极间的最大电压。

想一想、做一做

1. 做一做，找 2 节电池、1 个灯座、1 个小灯泡（或 1 个蜂鸣器）、1 个单刀开关、1 个晶闸管、1 个电阻，按图 8-16 所示各电路接线。观察：灯的亮灭和电池 V_{AA} 的方向有关吗？和开关 S 有关吗？什么情况亮，什么情况不亮呢？想想为什么？

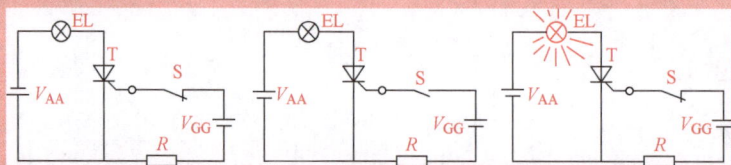

图 8-16　接线电路

2. 你能设计一个晶闸管特性演示装置吗？画一个简图说明。

8.4　单结晶体管

8.4.1　单结晶体管的结构、符号与等效电路

单结晶体管又称为双基极二极管，它的结构如图 8-17 所示。在一片高电阻率的 N 型硅片一侧的两端各引出一个电极，分别称为第一基极 b_1 和第二基极 b_2。而在硅片的另一侧较靠近 b_2 处制作一个 PN 结（等效为一个二极管），在 P 型硅片上引出一个电极，称为发射极 e。两个基极之间的电阻为 R_{bb}，R_{bb} 一般可分为两段，$R_{bb} = R_{b1} + R_{b2}$，R_{b1} 是第一基极 b_1 至 PN 结的电阻，R_{b2} 是第二基极 b_2 至 PN 结的电阻。其中 R_{b1} 的阻值受 e-b_1 间电压的控制，所以等效为可变电阻。单结晶体管的外形、符号及等效电路如图 8-18 所示。图 8-18c 中发射极箭头指向 b_1，表示经 PN 结的电流只流向 b_1 极。

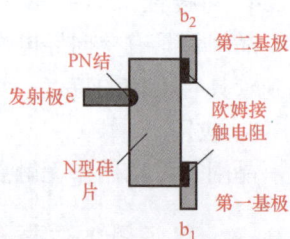

图 8-17　单结晶体管的结构示意图

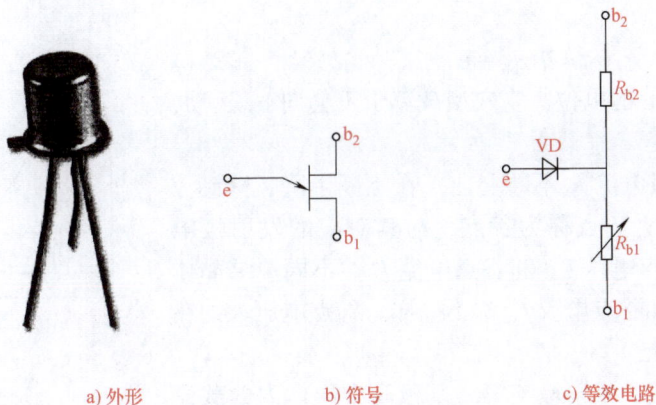

a) 外形　　　　　　　b) 符号　　　　　　　c) 等效电路

图 8-18　单结晶体管的外形、符号及等效电路

8.4.2　单结晶体管的特性

将单结晶体管按图 8-19a 接于电路之中，其等效电路如图 8-19b 所示，观察其特性。首先在两个基极之间加电压 U_{bb}，再在发射极 e 和第一基极 b_1 之间加上电压 U_{eb1}，即电位 V_e（以 b_1 点为参考点），V_e 可以用电位器 RP 进行调节。

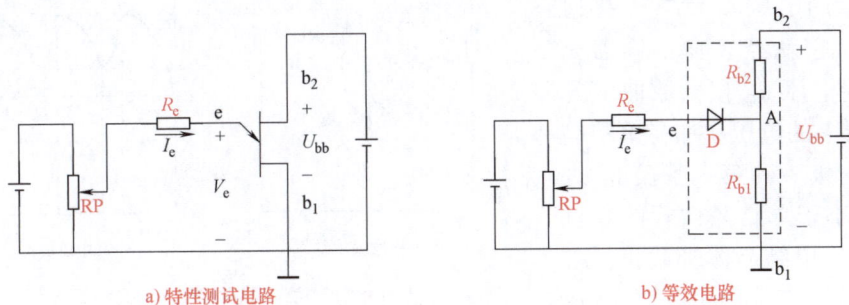

a) 特性测试电路　　　　　　　　　　b) 等效电路

图 8-19　单结晶体管的特性测试电路与等效电路

当基极间加电压 U_{bb} 时，R_{b1} 上分得的电压为

$$U_{Rb1} = V_A = \frac{U_{bb}}{R_{b1} + R_{b2}} R_{b1} = \frac{R_{b1}}{R_{bb}} U_{bb} = \eta U_{bb} \tag{8-3}$$

式中，η 为分压比，与单结晶体管结构有关，约在 $0.5 \sim 0.9$。

图 8-20 所示为测得的单结晶体管的特性曲线，分析如下：

1）调节 RP，使 V_e 从零逐渐增加。当 $V_e < \eta U_{bb} + U_D$ 时，U_D 为单结晶体管中 PN 结的正向压降（约为 0.7V），单结晶体管内的 PN 结处于反向偏置，e 与 b_1 之间不能导通，呈现很大电阻，称之为截止区。这时单结晶体管截止，发射极只有很小的漏电流 I_{ceo}。

2）当 $V_e \geqslant \eta U_{bb} + U_D$ 时，单结晶体管内 PN 结正向导通，发射极电流 I_e 显著增加。R_{b1} 阻值迅速减小，V_e 相应下降，这种电压随电流增加反而下降的特性，称为负阻特性。单结晶体管由截止区进入负阻区的临界点 P 称为峰点，与其对应的发射极电压和电流分别称为峰点电压 U_P 和峰点电流 I_P。I_P 是正向漏电流，它是使单结晶体管导通所需的最小电流，显

然，峰点电压

$$U_P = \eta U_{bb} + U_D \qquad (8-4)$$

而的电位高于 e 的电位，空穴型载流子不会向 b_2 运动，电阻 R_{b2} 基本上不变。

3）随着发射极电流 I_e 不断上升，V_e 不断下降，降到 V 点后，V_e 不再降了，V 点称为谷点，与其对应的发射极电压和电流，称为谷点电压 U_V 和谷点电流 I_V。不同单结晶体管的谷点电压 U_V 和谷点电流 I_V 都不一样。谷点电压大约在 2~5V。

4）过了 V 点后，发射极与第一基极间半导体内的载流子达到了饱和状态，所以 I_e 继续增加时，V_e 便缓慢地上升，但变化不大。谷点右边的这部分特性称为饱和区。显然 U_V 是维持单结晶体管导通的最小发射极电位，如果 $V_e < U_V$，单向晶体管重新截止。

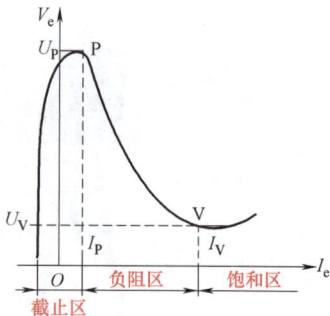
图 8-20　单结晶体管的伏安特性曲线

8.4.3　单结晶体管张弛振荡电路

图 8-21a 是由单结晶体管组成的张弛振荡电路，可从电阻 R_1 上取出脉冲电压 u_g。

假设在接通电源之前，图8-21a 中电容 C 上的电压 u_C 为零。接通电源 U 后，它就经 R 向电容器充电，使其端电压 u_C 按指数曲线升高。电容器上的电压就加在单结晶体管的发射极 e 和第一基极 b_1 之间。当 u_C 小于单结晶体管的峰点电压 U_P 时，单结晶体管截止，R_1 两端的电压 u_g 近似为 0；当 u_C 达到峰点电压 U_P 时，单结晶体管导

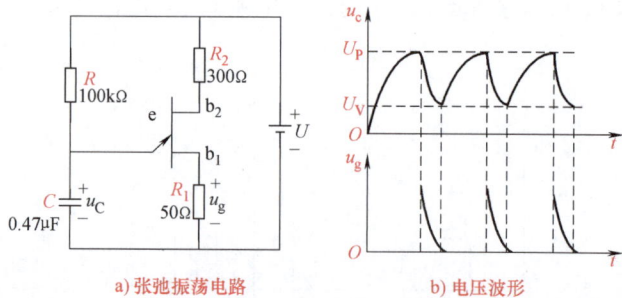
a) 张弛振荡电路　　b) 电压波形
图 8-21　单结晶体管张弛振荡电路

通，电阻 R_{b1} 急剧减小（约 20Ω），电容器向 R_1 放电。由于电阻 R_1 取值较小，放电很快，放电电流在 R_1 上形成一个脉冲电压 u_g，如图 8-21b 所示。由于电阻 R 取值较大，当电容电压下降到单结晶体管的谷点电压时，电源经过电阻 R 供给的电流小于单结晶体管的谷点电流，于是单结晶体管 e、b_1 之间恢复阻断状态，单结晶体管从导通跳变到截止，脉冲电压 u_g 下降到零，完成一次振荡。

当 e、b_1 之间截止后，电源再次经 R 向电容 C 充电，重复上述过程。于是在电阻 R_1 上就得到一个周期性的尖脉冲电压 u_g。如果改变 R，便可改变电容充放电的时间常数 $\tau = RC$。从而改变电容充放电的快慢，使输出的脉冲前移或后移。

8.4.4　单结晶体管的主要参数

1. 基极间电阻 R_{bb}

发射极开路时，基极 b_1、b_2 之间的电阻，一般为 2~10kΩ，其数值随温度上升而增大。

2. 分压比 η

分压比是由单结晶体管内部结构决定的常数，一般为 $0.3 \sim 0.85$。

3. eb_1 间反向电压 U_{eb1}

b_2 开路，在额定反向电压 V_{eb2} 下，基极 b_1 与发射极 e 之间的反向耐压。

4. 反向电流 I_{eo}

b_1 开路，在额定反向电压 U_{eb2} 下，eb_2 间的反向电流。

5. 发射极饱和压降 U_{eo}

在最大发射极额定电流时，eb_1 间的压降。

6. 峰点电流 I_p

单结晶体管刚开始导通时，发射极电压为峰点电压时的发射极电流。

> **想一想、做一做**
>
> 1. 想一想，单结晶体管与晶体管有什么不同？试列出不同点。
> 2. 想一想，单结晶体管中第一基极 b_1 和第二基极 b_2 有什么区别？
> 3. 你是如何理解单结晶体管的负阻特性的？
> 4. 单结晶体管张弛振荡脉冲电压的频率和什么有关？

实训指导　常用半导体元件测定

1. 二极管极性和好坏的测定

二极管的极性一般可从其外观标志进行识别，二极管往往会将图形符号直接画在其管壳上，有时会在其管壳上靠近负极一端标出色环或色点。如果管壳上没有标识或标识不清，就需要用万用表判别二极管的极性和好坏。用万用表测定二极管的方法如下：

（1）检测原理　根据二极管的单向导电性这一特点，性能良好的二极管，其正向电阻小，反向电阻大，这两个数值相差越大越好。若相差不多说明二极管的性能不好或已经损坏。

一般来说，二极管正常情况下，正向电阻大约为几十欧、几百欧或几千欧左右。反向电阻一般应为几百千欧至无穷大。锗二极管正向阻值略比硅二极管要小。另外，二极管的正反向电阻值随测量用表的量程不同而不一样，甚至相差比较悬殊。

测量一般小功率二极管的正、反向电阻，不宜使用 R×1 或 R×10k 档。前者通过二极管的正向电流较大，可能烧坏管子；后者加在二极管两端的反向电压太高，易将二极管击穿。

（2）测量方法　将指针式万用表拨在 R×100 或 R×1k 档上，两表笔分别接在二极管的两个电极上，读出测量的阻值；然后将表笔对换再测量一次，记下第二次阻值。若两次阻值相差很大，说明该二极管性能良好；并根据测量电阻小的那次的表笔接法（称之为正向连接），判断出与黑表笔连接的是二极管的正极，与红表笔连接的是二极管的负极。因为万用表的内电源的正极与万用表的 "－" 插孔即黑表笔连通，内电源的负极与万用表的 "＋"

插孔即红表笔连通。测量方法如图 8-22 所示。

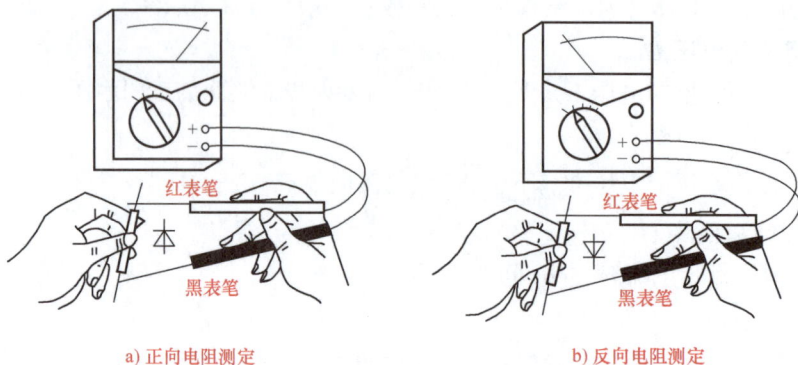

a) 正向电阻测定　　　　　　　　b) 反向电阻测定

图 8-22　二极管的测定

注意：①如果两次测量的阻值都很小，说明二极管已经击穿；②如果两次测量的阻值都很大，说明二极管内部已经断路；③如果两次测量的阻值相差不大，说明二极管性能欠佳。在这些情况下，二极管就不能再使用了。

2. 晶体管的类型、管脚和好坏测定

对于一个既不知道类型（NPN 型或 PNP 型），也分不清各管脚是什么电极的晶体管，对其测定的步骤和方法如下。

（1）判断基极（B 极）和类型

1）将指针式万用表拨在 R×100 或 R×1k 档上，进行欧姆档调零。

2）设晶体管的三个管脚分别为管脚1、管脚2、管脚3。

3）假定管脚1为基极，用万用表的黑（红）表笔接管脚1，红（黑）表笔分别接其他两管脚，测得电阻 R_{12}、R_{13}，如图 8-23 所示。

4）假定管脚2为基极，用万用表的黑（红）表笔接管脚2，红（黑）表笔分别接其他两管脚，测得电阻 R_{21}、R_{23}。

5）假定管脚3为基极，用万用表的黑（红）表笔接管脚3，红（黑）表笔分别接其他两管脚，测得电阻 R_{31}、R_{32}。

6）以上三组阻值中，只有一组是同为低电阻且大致相等（大约为几十、几百欧或几千欧），则这一次测量的假定管脚为基极（B 极），该管类型为 NPN（PNP）型。

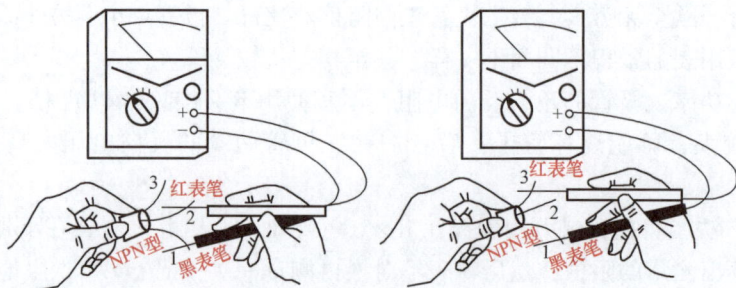

晶体管管脚判别

图 8-23　判断基极（B 极）

（2）判断集电极（C 极）和发射极（E 极）　晶体管的基极和类型确定后，可按下述

方法判断 C、E 两极。

1) 假定为 NPN 型管，将万用表置于 R×100 或 R×1k 档，黑表笔接 b 极，用红表笔分别接触另外两个管脚时，所测得的两个电阻值会是一个大一些，一个小一些。在阻值小的一次测量中，红表笔所接管脚为 C 极；在阻值较大的一次测量中，红表笔所接管脚为 E 极。对于 PNP 型管，测试中将红、黑表笔对调即可。

若所测电阻值大小难以区分时，可按下面的方法 2) 进行。

2) 假定为 NPN 型管，将万用表置于 R×100 或 R×1k 档，先任意假定一个极为 C 极，另一个为 E 极，用手的拇指和食指将黑表笔和假定的 C 极管脚捏在一起，红表笔接假定的 E 极，用无名指碰触 B 极（为使测量现象明显，可将手指湿润一下），观察此时万用表指针向右的摆动幅度；然后将假定的 C、E 极对调，重复上述测试步骤。比较两次测量中指针向右摆动的幅度，摆动大的一次，黑表笔所接的极为 C 极。对于 PNP 型管，测试中将红、黑表笔对调即可，如图 8-24 所示。

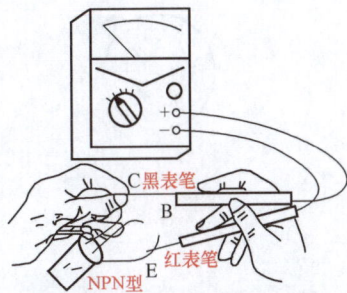

图 8-24　判断 C、E 极

(3) 判断晶体管的好坏　判断晶体管的好坏，使用指针式万用表的欧姆档，分两步进行检测。

1) 对于 NPN（PNP）管，选用万用表 R×100 或 R×1k 档，当黑（红）表笔接 B 极时，用红（黑）表笔分别接 E 和 C 极应出现两次阻值小（大约几千欧）的情况。然后把接 B 极的黑（红）表笔换成红（黑）表笔，再用黑（红）表笔分别接 E 和 C 极，将出现两次阻值大（无穷大）的情况。被测晶体管符合上述情况，可初步判定晶体管是好的。测量两个 PN 结的正向、反向阻值中，只要有一个 PN 结的正向或反向阻值不正常，说明晶体管已损坏；如果 PN 结的正向、反向电阻相差不大，说明晶体管性能变坏。

2) 将万用表拨到 R×10k 档，用红、黑表笔测晶体管发射极 E 和集电极 C 之间的电阻，然后对调一下表笔再测一次，如果两次所测得的阻值均呈高阻值（无穷大或几百到几千千欧），则晶体管是好的。若发现阻值变小，说明这只晶体管性能已不好了。

实际应用中，常常可以根据晶体管的外观直接目测其电极（管脚），其方法如图 8-25 所示（图中晶体管管底朝上）。

3. 晶闸管的极性和好坏测定

根据晶闸管的结构和特性，用指针式万用表可对其进行简单测试，方法如下。

(1) 判别各电极　选用万用表 R×100 或 R×1k 档，将万用表黑表笔接晶闸管某一极，红表笔依次去触碰另外两个电极。若测量结果有一次阻值为几千欧，而另一次阻值为几百欧，则可判定黑表笔接的是控制极 G。在阻值为几百欧的测量中，红表笔接的是阴极 K；在阻值为几千欧的那次测量中，红表笔接的是阳极 A；若两次测出的阻值均很大，则说明黑表笔接的不是控制极 G，应用同样方法改测其他电极，直到分辨出三个电极为止。

也可以测任意两脚之间的正、反向电阻，若正、反向电阻均接近无穷大，则两极即为阳极 A 和阴极 K，而另一脚即为控制极 G。

(2) 判断其好坏　用万用表 R×1k 档测量晶闸管阳极 A 与阴极 K 之间的正、反向电阻，正常时均应为无穷大，若测得 A、K 之间的正、反向电阻值为零或阻值较小，则说明晶

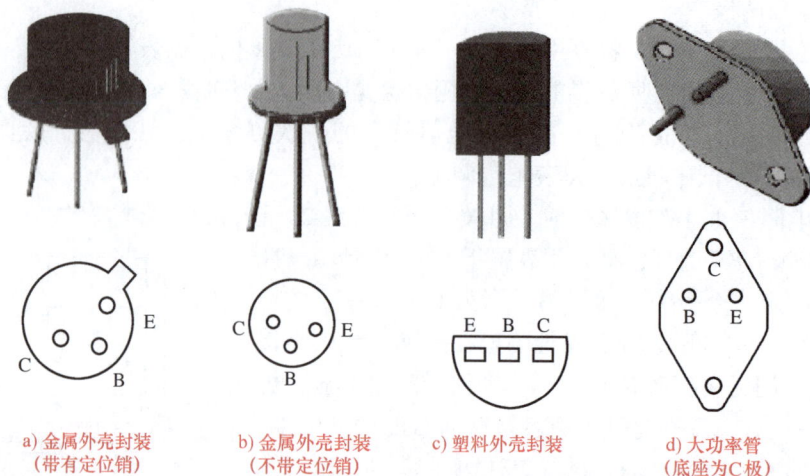

a) 金属外壳封装
（带有定位销）　　b) 金属外壳封装
（不带定位销）　　c) 塑料外壳封装　　d) 大功率管
（底座为C极）

图 8-25　目测晶体管极性

闸管内部击穿短路或漏电。

　　测量控制极 G 与阴极 K 之间的正、反向电阻值，正常时，正向电阻值较小（小于 2kΩ），反向电阻值较大（大于 80kΩ）。若两次测量的电阻值均很大或均很小，则说明该晶闸管 G、K 极之间开路或短路。若正、反向电阻值均相等或接近，则说明该晶闸管已失效。

　　测量阳极 A 与控制极 G 之间的正、反向电阻，正常时两个阻值均应为几百千欧或无穷大，若出现正、反向电阻值不一样，则是 G、A 极之间已击穿。

　　4. 单结晶体管的管脚和好坏测定

　　（1）各管脚的判别方法

　　判断单结晶体管发射极 e 的方法：把万用表置于 R×100 档或 R×1k 档，黑表笔接假设的发射极，红表笔接另外两极，当出现两次低电阻时，黑表笔接的就是单结晶体管的发射极。

　　单结晶体管 b_1 和 b_2 的判断方法：把万用表置于 R×100 档或 R×1k 档，用黑表笔接发射极，红表笔分别接另外两极，两次测量中，电阻大的一次，红表笔接的就是 b_1 极。

　　应当说明的是，上述判别 b_1、b_2 的方法，不一定对所有的单结晶体管都适用，有个别单结晶体管的 e−b_1 间的正向电阻值较小。不过准确地判断哪极是 b_1，哪极是 b_2 在实际使用中并不特别重要。即使 b_1、b_2 用颠倒了，也不会使单结晶体管损坏，只影响输出脉冲的幅度（单结晶体管多作为脉冲发生器使用），当发现输出的脉冲幅度偏小时，只要将原来假定的 b_1、b_2 对调过来就可以了。

　　在实际中，也可根据单结晶体管的管脚排序，来判断出各管脚，如图 8-26 所示。

　　（2）单结晶体管性能好坏的判断

　　单结晶体管性能的好坏可以通过测量其各极间的电阻值是否正常来判断。用万用表 R×1k 档，将黑表笔接发射极 e，红表笔依次接两个基极（b_1 和 b_2），正常时均应有几千欧至十几千欧的电阻值。再将红表笔接发射极 e，黑表笔依次接两个基极，正常时阻值为无穷大。

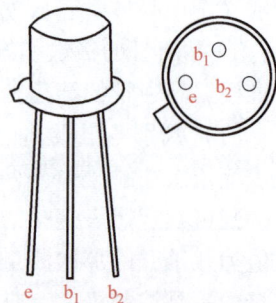

图 8-26　单结晶体管的管脚排序

单结晶体管两个基极（b_1 和 b_2）之间的正、反向电阻值均在 $2 \sim 10k\Omega$ 范围内，若测得某两极之间的电阻值与上述正常值相差较大时，则说明该单结晶体管已损坏。

实训 8　二极管、晶体管的测试

1. 实训目的

1）认识常见各种二极管、晶体管的外形、规格和型号。

2）掌握用万用表测试二极管的方法。

3）掌握用万用表测试晶体管的方法。

2. 所用仪器设备

1）万用表 1 台。

2）各种型号的二极管、晶体管（2CP、2CW、2CZ、3AX、3DG、3DK、3DD 等）多个。

3. 实训内容及步骤

（1）万用表测试二极管

按第 8 章实训指导中所述和图 8-22 所示的二极管测量方法来测试二极管，判断其极性和质量好坏。将测试结果填入表 8-1 中。

表 8-1　用万用表测试二极管数据表

型　号	R×100 档		R×1k 档		质量好坏
	$R_{正}$	$R_{反}$	$R_{正}$	$R_{反}$	
2CP					
2CW					
2CZ					

根据上表的记录，想一想，不同欧姆档所测的正、反向电阻一样吗？为什么？什么样的晶体二极管质量较好？

（2）万用表测试晶体管

1）先判断其基极，然后根据 NPN 型和 PNP 型晶体管的特性判断其类型。按第 8 章实训指导所述和图 8-23 所示测试晶体管方法进行测试。测试结果填入表 8-2 中。

表 8-2　晶体管测试数据表

型号	R×1k 档(判断 B 极)						类型
	R_{12}	R_{13}	R_{21}	R_{23}	R_{31}	R_{32}	
3AX							
3DG							
3DK							
3DD							

2）判断集电极和发射极。根据第 8 章实训指导中所述方法，按图 8-24 所示，分别判断所给 NPN 型和 PNP 型两种晶体管的 C、E 极。

本章小结

1. 二极管是由半导体材料构成的，其特性为正向导通、反向截止、单向导电性。

2. 特殊二极管主要有稳压二极管、发光二极管、光电二极管等。

3. 晶体管也是由半导体材料构成的。晶体管有三个方面的特性，即电流放大、截止和饱和。

晶体管在放大状态的条件：发射结正向偏置，集电结反向偏置。此时晶体管具有电流放大作用，其含义反映了小电流对大电流的控制作用。这时，满足以下关系：晶体管各极电流的分配关系为 $I_E = I_C + I_B$ 且 $I_C \gg I_B$；集电极电流 I_C 与基极电流 I_B 满足放大关系 $I_C = \beta I_B$，β 称为晶体管的电流放大系数。

晶体管在截止状态的条件：发射结和集电结均反向偏置。此时晶体管相当于一个断开的开关。

晶体管在饱和状态的条件：发射结和集电结均正向偏置。此时晶体管相当于一个闭合的开关。

4. 晶闸管，又称为可控硅，其工作特性如下：

（1）导通条件　在晶闸管的阳极与阴极间加正向电压，同时在控制极与阴极间加正向电压，晶闸管就能导通。两者缺一不可。

（2）关断条件　晶闸管导通后，控制极失去控制作用，即使去掉控制极电压，晶闸管仍然导通。若要使晶闸管关断，只有在阳极与阴极间加反向电压或去掉正向电压，使流过晶闸管的阳极电流 I_A 小于某一电流值 I_H，才能关断。电流 I_H 称为晶闸管的维持导通电流。

（3）控制极只需要一个触发脉冲就可触发晶闸管导通。

（4）晶闸管具有单向导电性，和二极管相比，晶闸管具有可控特点。

（5）晶闸管可以用作无触点功率静态开关，取代继电器、接触器构成控制电路。

5. 单结晶体管

单结晶体管又称为双基极二极管，它有一个发射极 e，两个基极即第一基极 b_1 和第二基极 b_2。其中 R_{b1} 的阻值受 e-b_1 间电压的控制，可等效为可变电阻。发射极的电流只流向 b_1 极。单结晶体管具有以下特性：

（1）当发射极电压等于峰点电压 U_P 时，单结晶体管导通。导通之后，当发射极电压小于谷点电压 U_V 时，单结晶体管就恢复截止。

（2）单结晶体管的峰值电压 $U_P = \eta U_{bb} + U_D$，与外加固定电压 U_{bb} 及其分压比 η 有关。而分压比 $\eta = \dfrac{R_{b1}}{R_{b1} + R_{b2}}$ 是由单结晶体管结构决定的，可以看作常数。对于分压比 η 不同的单结晶体管，或者外加电压 U_{bb} 的数值不同时，峰值电压 U_P 也就不同。

（3）单结晶体管的谷点电压 U_V 是维持单结晶体管导通的最小发射极电压。

第9章 放大电路与集成运算放大器

本章导读

知识目标

1. 能识读共射放大电路图，理解共射放大电路的电路结构和主要元器件的作用；了解小信号放大器的静态工作点和性能指标（放大倍数、输入电阻、输出电阻）的含义。

*2. 了解基本放大电路的直流通路与交流通路，了解温度对放大器静态工作点的影响，能识读分压式偏置放大器电路图。

3. 了解多级放大器的三种级间耦合方式及特点。

4. 了解反馈的概念，了解负反馈放大电路的类型。

5. 了解集成运放的电路结构，了解集成运放的符号及元器件的引脚功能；了解集成运放的理想特性在实际中的应用，能识读反相比例运算放大器、同相比例运算放大器、加法运算放大器电路图。

技能目标

1. 会安装和调试共射基本放大电路。

*2. 会使用万用表测试晶体管静态工作点。

思政目标

培养学生深厚的爱国情感和中华民族自豪感；遵纪守法，坚定理想信念；加强品德修养；具有探索未知、追求真理的责任感和使命感。

9.1 基本放大电路

9.1.1 放大电路概述

放大电路习惯上也称放大器，是能把外界送入的微弱信号不失真地放大至所需数值并送给负载的电路。

放大电路的组成框图如图 9-1 所示，晶体管具有电流放大作用，是组成放大电路的核心器件；信号源是需要放大的电信号，它可能是天线接收的信号、传感器检测到的信号，也可能是前一级电子电路的输出信号；负载是接收放大电路输出信号的元器件或电路；直流电源的作用是通过由电阻等元件组成的偏置电路，为晶体管提供合适的电压与电流，使其

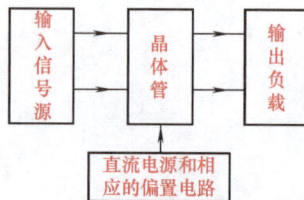

图 9-1 放大电路的组成框图

处于放大状态，并为放大电路输出信号提供必要的能量。基本放大电路分为共射（共发射极）放大电路、共基（共基极）放大电路和共集（共集电极）放大电路。

9.1.2　共射放大电路

图 9-2 所示是由晶体管组成的最简单的单管电压放大电路。

电路中电容 C_1、晶体管的基极和发射极组成输入回路，而电容 C_2、晶体管的集电极和发射极组成输出回路，可以看出，发射极是输入回路与输出回路的公共端，故此电路称为共发射极放大电路，简称共射放大电路。

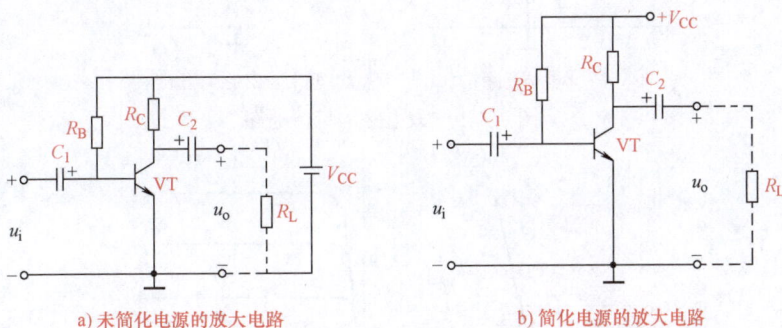

a) 未简化电源的放大电路　　　　b) 简化电源的放大电路

图 9-2　共射放大电路

图 9-2 所示的共射放大电路中各元器件的作用如下：

（1）VT　晶体管，起电流放大作用，是组成放大电路的核心元件。

（2）V_{CC}　直流电源，为电路提供工作电压和电流。电源负极接在晶体管的发射极上，正极分为两路，一路通过电阻 R_C 加到集电极，另一路通过电阻 R_B 加到基极，为晶体管提供合适的电压、电流，以保证晶体管工作在放大状态，即满足 $I_C = \beta I_B$。电源电压一般为几伏到十几伏。

（3）R_B　基极偏置电阻，电源电压通过 R_B 向基极提供合适的偏置电流 I_B，以保证发射结正偏。

（4）R_C　集电极负载电阻，电源 V_{CC} 通过 R_C 为集电极提供合适电压，以保证集电结反偏；另一个作用是将放大的电流 i_c 转换为放大的电压 u_o 输出。

（5）C_1、C_2　分别为输入、输出耦合电容，耦合输入、输出的交流信号 u_i 和 u_o，并起隔离直流的作用。C_1 与 C_2 的电容量较大，通常为几十微法，故选用电解电容器。电解电容器的极性必须正确连接，使用时不能接反。

9.1.3　放大电路的静态

放大电路没有输入信号（即 $u_i = 0$）时的工作状态称为静态，如图 9-3a 所示。此时电路仅在直流电源 V_{CC} 作用下工作，晶体管的各极电流 I_B、I_C、I_E 以及各极之间电压 U_{BE}、U_{CE} 等都是直流量，其值称为静态值。

静态条件下，由直流电源形成的直流电流电路称为直流通路，又称为静态电路。简化后的直流通路如图 9-3b 所示。直流通路的简化原则为①电容视为开路；②电感线圈视为短路（忽略线圈电阻）；③信号源视为短路，但应保留其内阻。

静态值 I_B、I_C、U_{BE} 和 U_{CE} 的大小与晶体管输入特性曲线及输出特性曲线上的某点坐标相对应，故称为静态工作点，以 I_{BQ}、I_{CQ}、U_{BEQ} 和 U_{CEQ} 表示，如图 9-4 所示。静态值 I_{BQ}、I_{CQ}、U_{BEQ} 和 U_{CEQ} 的取值大小决定了晶体管的状态。

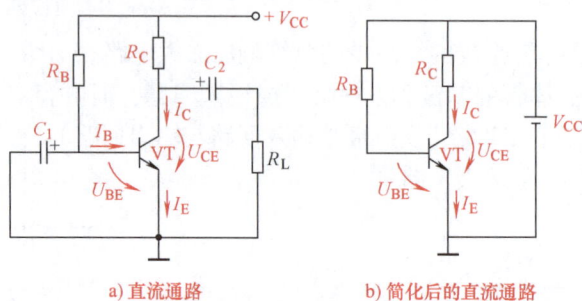

a) 直流通路　　　　　　b) 简化后的直流通路

图 9-3　放大电路的直流通路

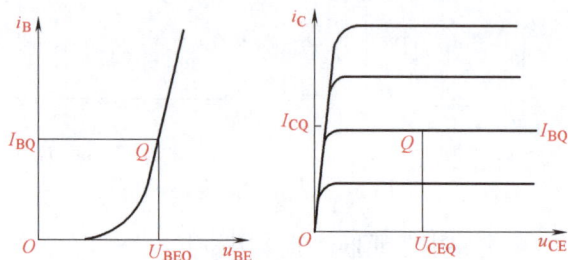

图 9-4　静态值及静态工作点

对放大电路的静态分析，就是要确定晶体管处于放大状态时所需的工作电压和电流，为放大电路提供一个合适的静态工作点，这是保证放大电路正常放大且不失真的前提条件。

由晶体管特性可知，晶体管处于放大状态时，其发射结正向偏置，集电极反向偏置。这时，基-射电压的静态值 U_{BEQ} 约为 0.7V（硅管）或 0.3V（锗管）。

其他静态值可以通过直流通路估算求得

$$I_{BQ} = \frac{V_{CC} - U_{BEQ}}{R_B} (V_{CC} \gg U_{BEQ}) \tag{9-1}$$

即

$$I_{BQ} \approx \frac{V_{CC}}{R_B} \tag{9-2}$$

$$I_{CQ} = \beta I_{BQ} \tag{9-3}$$

$$U_{CEQ} = V_{CC} - I_{CQ} R_C \tag{9-4}$$

由以上估算可知，晶体管放大电路的静态工作点是由电路参数和电源电压决定的。当 V_{CC} 和 R_C 选定后，静态工作点便由 I_B 所决定。可见，基极电流对于确定静态工作点起着关键作用。当改变基极偏置电阻 R_B 时，I_B 随之变化。因此，通常以调节基极偏置电阻 R_B 的方法使放大电路获得一个静态工作点。

例 9-1　在图 9-2 所示电路中，已知 $V_{CC} = 12V$，$R_C = 2k\Omega$，$R_B = 280k\Omega$，硅晶体管 $\beta = 50$，试用估算法求电路的静态工作点。

解：硅管 $U_{BEQ} = 0.7V$

$$I_{BQ} = (U_{CC} - U_{BEQ})/R_B = (12 - 0.7)/280\,\text{mA} \approx 0.04\,\text{mA}$$

$$I_{CQ} = \beta I_{BQ} = 50 \times 0.04\,\text{mA} = 2\,\text{mA}$$

$$U_{CEQ} = U_{CC} - I_{CQ}R_C = (12 - 2 \times 2)\,\text{V} = 8\,\text{V}$$

9.1.4　放大电路的动态

　　放大电路在有输入信号时的工作状态为动态。只有交流信号作用的电路中只有交流电流流通，这样的电路称为交流通道，如图 9-5 所示。交流通路的画法：①容量大的电容（如耦合电容、射极旁路电容）视为短路；②直流电源（如 V_{CC}）视为短路。由于电源的另一个端子通常与"⊥"接在一起，此时直流电源应与"⊥"短路。

　　当输入信号 $u_i \neq 0$ 时，放大电路处于直流电源和输入的交流信号共同作用下，电路中的电流和电压既有直流成分，又有交流成分，总的电流与电压是随交流信号变化的脉动直流。

　　设置了合适的静态工作点后，放大电路就可以对输入的交流信号进行不失真地放大，其放大过程如图 9-6 所示，其过程为：输入正弦电压信号 u_i（如图 9-6①所示）通过电容 C_1 加到基极上（如图 9-6②所示）。由晶体管输入特性曲线，在线性段基极电流 i_B 与电压 u_i 成正比，经晶体管电流放大后，集电极电流 i_C 为 i_B 的 β 倍，随之，集电极电流 i_C 在电阻 R_C 上产生的压降 u_{RC}，幅值已增大

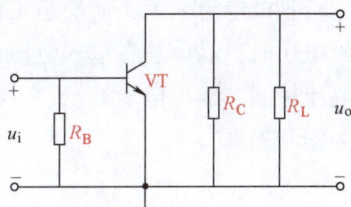

图 9-5　交流通路

了许多（如图 9-6③所示）。在直流电源电压 V_{CC} 的作用下，在晶体管的 C、E 两端得到一个直流和交流叠加在一起的、被放大的、与输入端电压信号 u_i 相位相反的电压信号 u_{CE}（如图 9-6④所示）。经 C_2 的隔直作用，输出到负载的为 u_{CE} 中的交流分量 u_{ce}。所以输出端的输出电压 $u_o = u_{ce}$（如图 9-6⑤所示）。

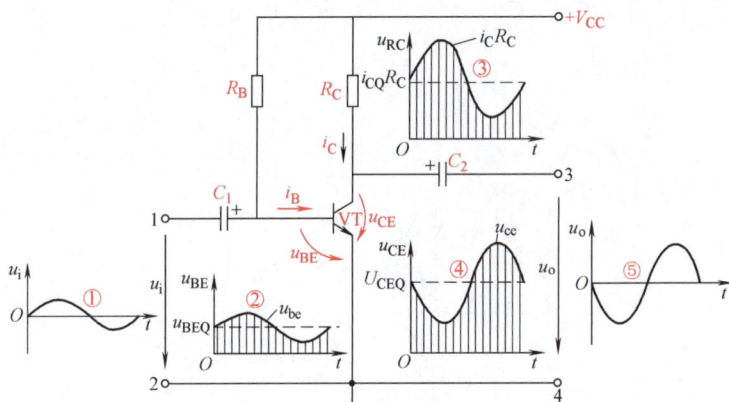

图 9-6　放大电路的放大过程

　　可见，共射放大电路具有如下特点：①它具有电压放大作用，交流量是叠加到直流量上进行放大的；②输出信号电压与输入信号电压的相位相反；③放大电路体现了以较小能量控制较大能量的思想。

9.1.5　放大电路的失真

放大电路的任务是在不失真或允许失真的限度内将信号加以放大。假如静态工作点选择不当或信号幅值过大，则信号的变化范围可能超越晶体管特性曲线的线性区，就会发生失真现象。所谓失真，即是输出信号的波形与输入信号的波形不再相似，发生了畸变。

1. 截止失真

若基极电流太小，即静态工作点 Q 的设置偏低，Q 点接近截止区，如图 9-7a 所示，设输入信号电压为正弦波，则在输入电压为负半周的某一段时间内，晶体管处于截止状态，输出电压 u_{ce} 正半周的波形被削顶。这种由于工作点过低而使晶体管在一段时间内处于截止状态而产生的失真称为截止失真。

2. 饱和失真

若基极电流太大，而静态工作点 Q 偏高，Q 接近饱和区，如图 9-7b 所示，当输入正弦信号电压时，晶体管在输入电压正半周的某一段时间内处于饱和状态，集电极电流已不受基极电流控制，输出电压 u_{ce} 负半周的波形被削顶。这种由于工作点进入饱和区而产生的失真称为饱和失真。

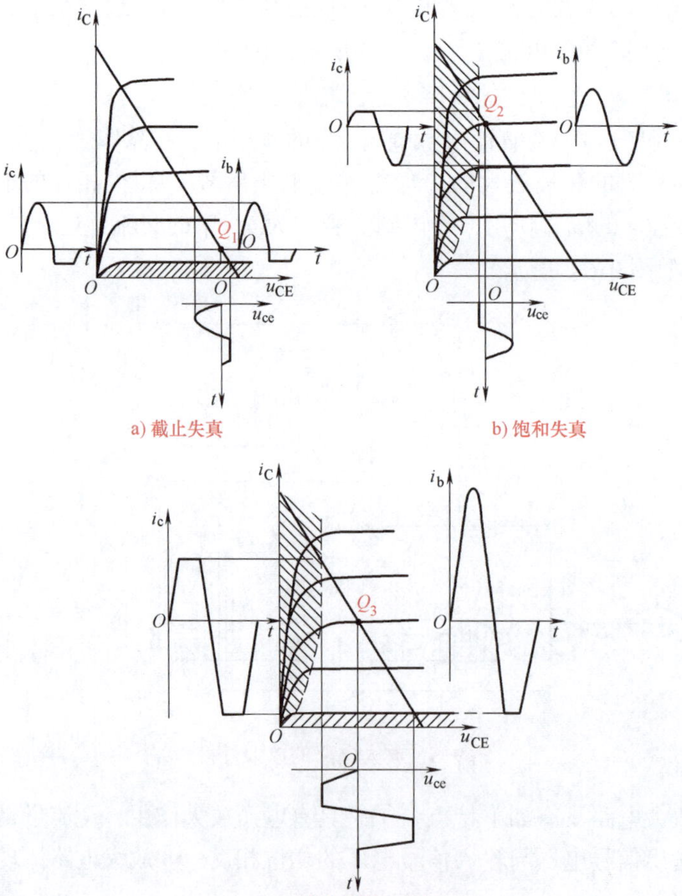

a) 截止失真　　　　　　　　　　b) 饱和失真

c) 饱和与截止失真

图 9-7　非线性失真图解分析

3. 饱和截止失真

通常，放大电路的静态工作点在设计时已经给定，因此，输入信号的幅值是有限定的。若输入信号幅值过大，而使工作点同时进入截止区和饱和区，输出信号既出现截止失真，又出现饱和失真，称作饱和截止失真，如图 9-7c 所示。

因此，为防止出现截止失真，静态工作点不能太低，一般设在负载线的中部，为防止出现饱和失真，静态工作点不能太高；对于小信号放大电路，在放大区允许的范围内，静态工作点要尽可能低一些，以减小功耗。

9.1.6　放大电路的性能指标

放大电路的性能指标主要有电压放大倍数、输入电阻、输出电阻等，它们反映了放大电路对交流信号所呈现的特性。

1. 电压放大倍数

电压放大倍数表示放大电路对信号电压的放大能力，其大小定义为输出信号电压有效值与输入信号电压有效值的比值，用 A 表示

$$A = \frac{U_o}{U_i} \tag{9-5}$$

式中，U_i 与 U_o 为输入和输出信号电压的有效值。

由图 9-4 所示交流通路，用微变等效电路法（过程略）可求得共射放大电路的电压放大倍数为

$$A = -\beta \frac{R'_L}{r_{be}} \tag{9-6}$$

式中

$$R'_L = R_C // R_L = \frac{R_C R_L}{R_C + R_L} \tag{9-7}$$

即 R'_L 是 R_C 与 R_L 的并联等效电阻，称为交流负载等效电阻。r_{be} 为晶体管基、射极间输入等效电阻，其值大约为 1kΩ，可查手册得到。式(9-6) 中负号表示输出信号电压与输入信号电压相位相反。

放大电路空载时（即不带负载，负载电阻 $R_L \to \infty$），交流负载 R'_L 就是集电极电阻 R_C，即 $R'_L = R_C$，因此空载时电压放大倍数为

$$A_0 = -\beta \frac{R_C}{r_{be}} \tag{9-8}$$

式(9-7) 和式(9-8) 表明，放大电路的电压放大倍数由电路元器件的参数 β、R_C、r_{be} 所决定，但又受到外接负载电阻 R_L 的影响。

当放大电路外接负载时，由于 $R'_L < R_C$，故 $A < A_0$，其电压放大倍数比空载时下降了。放大电路接入负载后电压放大倍数下降的程度，反映了放大电路带负载能力的大小。

放大电路的放大能力有时也以增益 G 来衡量。当电压增益以分贝（dB）为单位时，则：$G = 20 \lg A$。如一个电压放大倍数为 100 的放大电路的电压增益为 40dB。

2. 输入电阻与输出电阻

放大电路的输入端与信号源相连接，对信号源来说，放大电路相当于它的负载，可用一

个等效电阻来代替。

从输入端来看,放大电路对输入信号所呈现的交流等效电阻称为输入电阻,用 r_i 表示。

$$r_i = R_B // r_{be} \qquad (9-9)$$

一般 $R_B \gg r_{be}$,故 $\qquad\qquad r_i \approx r_{be} \qquad\qquad (9-10)$

放大电路的输出端与负载相连,将信号输出给负载。对负载来说,放大电路相当于信号源,存在一定的内阻,这个内阻就是放大电路的输出电阻,用 r_o 表示。

$$r_o \approx R_C \qquad (9-11)$$

输入电阻和输出电阻是衡量放大电路性能的重要指标。一般希望放大电路的输入电阻大些,而输出电阻小些。输入电阻大,则放大电路对信号源影响小,可保证信号源正常工作。输出电阻小,电路带负载的能力就强。

*9.2 放大器静态工作点的稳定

9.2.1 温度对放大器静态工作点的影响

我们知道,一个性能良好的放大电路必须设置一个合适的工作点,但是当环境温度变化时,温度升高会引起共射放大电路中集电极电流 I_C 的增加,最终导致静态工作点 Q 的上移,而发生失真现象。严重时,将导致电路不能正常工作,因此,共射放大电路在实际应用中较少采用。为了能自动稳定静态工作点,常采用分压式偏置放大电路。

9.2.2 分压式偏置放大电路

分压式偏置放大电路如图 9-8 所示。与共射放大电路相比,其电路结构增加了 R_{B2},基极偏置电阻由 R_{B1} 与 R_{B2} 串联而成,R_{B1} 称为上偏置电阻,R_{B2} 称为下偏置电阻。在发射极与地之间增加了发射极电阻 R_E 和与其并联的旁路电容 C_E。

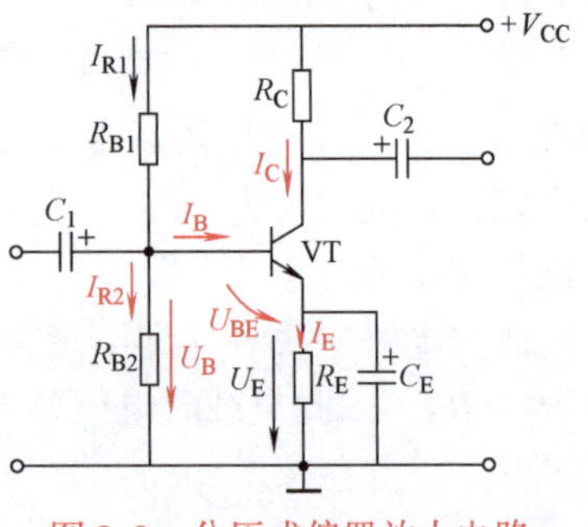

1. R_{B1} 与 R_{B2} 组成串联分压电路固定了基极电位 V_B

只要 $I_B \ll I_{R2}$,便有 $\quad V_B \approx \dfrac{R_{B2}}{R_{B1} + R_{B2}} V_{CC} \qquad (9-12)$

图 9-8 分压式偏置放大电路

式(9-12) 表明,由于电源电压和电阻阻值基本上不受温度变化的影响,所以,基极电位不随温度变化而变化,被固定下来。

2. 稳定了集电极电流 I_C 即稳定了静态工作点

若温度 t 上升,使 I_C 增加,将有如下过程发生:

$$温度\ t \uparrow \rightarrow I_C \uparrow \rightarrow I_E \uparrow \rightarrow V_E(=I_E R_E) \uparrow \rightarrow U_{BE}(=V_B - V_E) \downarrow \rightarrow I_B \downarrow$$
$$I_C \downarrow \longleftarrow$$

由此可见,分压式偏置电路通过自身的调节,稳定了集电极电流 I_C,从而稳定了静态工作点。实际上这是一种直流电流负反馈过程,发射极电阻 R_E 是反馈元件(反馈概念将在后面介绍)。

旁路电容 C_E 的作用是旁路交流信号，使交流信号不经过发射极电阻 R_E，故 R_E 只对电路中的直流信号起作用，而对交流信号不起作用。

9.3　多级放大电路

往往由于单级放大电路的放大倍数不能达到要求，所以有时会把多个单级放大电路串联组成所谓的多级放大电路。在多级放大电路中为保证信号不失真地逐级放大，必须解决好各级放大电路之间的连接，即级间耦合。

1. 放大电路的级间耦合方式

级间耦合是一个非常重要的环节，必须解决好两个问题：第一，耦合环节能使信号无损耗地由前级传递到后级；第二，互相耦合后，前后级均不改变各自的工作点，以保证各级都工作在放大状态。

在低频放大电路中，常见的级间耦合方式有直接耦合、阻容耦合和变压器耦合，如图 9-9 所示。

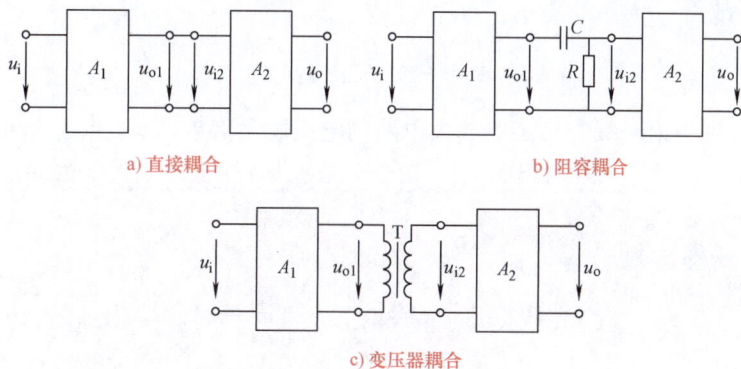

a) 直接耦合　　b) 阻容耦合

c) 变压器耦合

图 9-9　放大电路的级间耦合方式

（1）直接耦合　直接耦合是前级放大电路的输出端直接接到后级放大电路的输入端，如图 9-9a 所示。由于前后两级放大电路直接相连，所以它们的静态工作点相互牵制、互相影响，这是在设计电路时必须考虑解决的问题。直接耦合可以使信号不受损耗地从前级传送给后级，而且交流信号和直流信号（即直流成分的变化量）都可采用直接耦合。所以直接耦合放大器也称为直流放大器。在集成电路中常采用直接耦合。

（2）阻容耦合　阻容耦合是将前级输出端与后级输入端通过电容器连接起来，如图 9-9b 所示。利用电容器具有隔断直流而耦合交流的特性，与电路中的电阻元件相配合，使前后两级的工作点互不影响，而交流信号则可通过电容器从前级传送到后级。但耦合电容将使信号能量受到损耗。阻容耦合结构简单、价格低廉、性能较好，故为一般交流放大器所采用。

（3）变压器耦合　变压器耦合是将前级放大电路的输出端和后级放大电路的输入端分别接在变压器的一次绕组和二次绕组上，如图 9-9c 所示。由于一次、二次绕组之间彼此绝缘，隔断了前后两级之间的直流联系，因此，各级电路的静态工作点互不影响。而交流信号则可通过变压器从前级传送到后级。

2. 两级阻容耦合放大电路

两级阻容耦合放大电路如图 9-10 所示，电容器 C_2 是级间耦合电容。从电容 C_2 上看前后两级电路之间的关系：

1）后级电路的输入电压就是前级电路的输出电压，即 $u_{i2} = u_{o1}$。

2）后级电路是前级电路的负载，前级电路是后级电路的信号源。

3）后级电路的输入电阻是前级电路的外接负载电阻。

4）多级放大电路的输入电阻等于第一级（输入级）电路的输入电阻，输出电阻等于末级（输出级）电路的输出电阻。

因此，两级放大电路总的电压放大倍数计算式为

$$A = \frac{U_o}{U_i}$$

图 9-10　两级阻容耦合放大电路

由于 $U_{o1} = U_{i2}$，故得

$$A = \frac{U_{o1}}{U_i} \times \frac{U_o}{U_{i2}} = A_1 A_2$$

式中，A_1、A_2 分别为第一级与第二级放大电路的电压放大倍数。

由此推广可得，多级放大电路的电压放大倍数为其各级电压放大倍数的乘积。

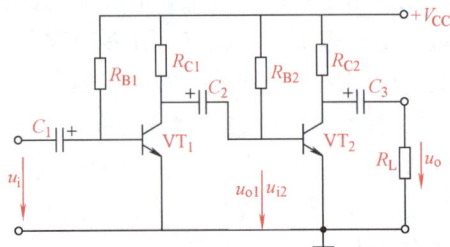

想一想、做一做

1．想一想，共射放大电路若没有直流电源 V_{CC} 能放大信号吗？电源的作用是什么？

2．想一想，分压式偏置放大电路中并联在发射极电阻 R_E 两端的电容 C_E 在电路中起什么作用？

3．想一想，能否不经隔直电容就把输入信号直接接在放大器的输入端，为什么？

实训指导　常用电子仪器仪表及其使用

1. 直流稳压电源

直流稳压电源是为各种电子电路、电子设备提供直流电压的电子仪器，是电工、电子等实验室中必备的常用仪器之一。当电网电压波动或负载变化时，直流稳压电源能使输出电压基本保持不变；在向负载提供功率输出时，可将其近似看成一个理想的电压源，内阻近似为零。直流稳压电源种类很多，但其工作原理基本相同。

如图 9-11 所示为 YB1731A3A 直流双路稳压电源，其具有两组独立输出电源，可组合使用。输出直流电压值 0～30V 连续可调，输出电流为 0～2A。

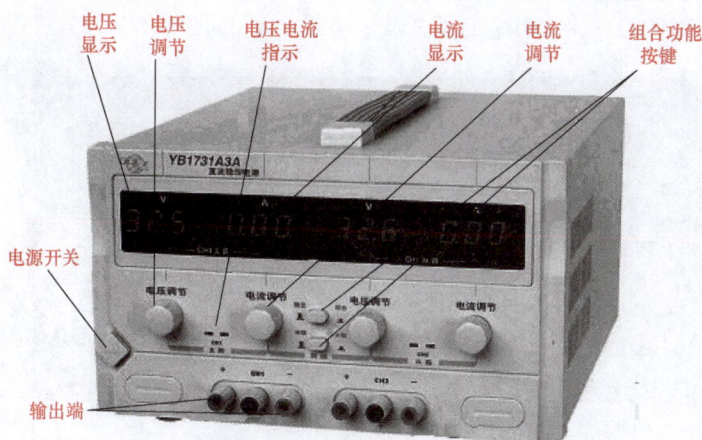

图 9-11　YB1731A3A 直流双路稳压电源

（1）直流稳压电源面板各部旋（按）钮功能

1）电源开关：按键按下开启电源，再按关闭电源。

2）电压调节：输出电压调节旋钮，顺时针大，逆时针小。

3）电流调节：输出电流调节旋钮，顺时针大，逆时针小。

4）电压显示：显示输出的电压值。

5）电流显示：显示输出的电流值。

6）电压电流指示：有电压电流输出时，该指示灯亮，其中，C.V 指示灯对应稳压源，C.C 指示灯对应稳流源。

7）输出端：电压电流输出端，当组合输出时，将两组输出串联或并联。

8）组合功能按键：按下"组合"键，可以根据需要再选择"串联"或"并联"按键。

"组合" + "串联"：相当于将两组源串联使用，提高输出电压，常用于双电源供电。

"组合" + "并联"：相当于将两组源并联使用，提高输出电流。

（2）直流稳压电源使用

1）用作稳压源输出电压时，应将电流调节旋钮顺时针旋至最大，并保持。调节电压调节旋钮控制输出的直流电压值。

2）用作稳流源输出电流时，应将电压调节旋钮顺时针旋至最大，并保持。调节电流调节旋钮控制输出的直流电流值。

2. 信号发生器

信号发生器是指产生所需参数的电测试信号的仪器。

按信号波形可分为正弦信号、函数（波形）信号、脉冲信号和随机信号发生器等四大类。信号发生器又称信号源或振荡器，在生产实践和科技领域中有着广泛的应用。各种波形曲线均可以用函数方程式来表示。

能够产生多种波形（如三角波、锯齿波、矩形波、正弦波）的电路被称为函数信号发生器。

图 9-12 所示为 YB1639 功率函数信号发生器面板图，该仪器是由晶体管构成的小型函数信号发生器，能产生 0.2Hz ~ 2MHz 的正弦波、方波、三角波等信号。

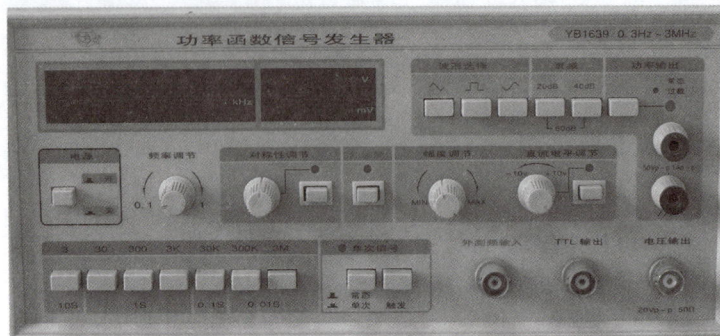

图 9-12　YB1639 功率函数信号发生器

（1）面板各控制键的作用

1）电源：按键弹出即为"开"位置，按下关闭电源。

2）显示窗口：指示输出信号频率，"外侧"开关按下，显示外侧信号的频率。

3）频率调节旋钮：可改变输出信号频率，顺时针旋转，频率增大，反之减小。

4）对称性调节：按下对称性调节开关，指示灯亮，调节对称性调节旋钮可改变波形的对称性。

5）波形选择：按下对应波形的某一键，可选择所需波形。三个键都未按下，无信号输出，此时为直流电平。

6）电压输出：为电路负载提供电压输出，其频率范围为 0.2Hz ~ 2MHz，输出阻抗为 50Ω，调频电压范围为 0 ~ 10V，调频频率范围为 0.2 ~ 100Hz，输出电压幅度：负载开路时 $U_{p-p} \geqslant 20V$，50Ω 负载时 $U_{p-p} \geqslant 10V$。

7）衰减开关：电压输出衰减开关由 2 档组合为 20db、40db、60db 三种形式。

8）频率范围选择（兼频率计数）开关：其时基频率为 102MHz，测量范围为 0.12Hz ~ 10MHz，测量精度为 ±1%（±1 个字），根据所需可按下其中一键。

9）功率输出开关：按下此键，功率指示灯变绿色，如果该指示灯由绿色变为红色，则表示输出短路或过载。

10）功率输出端：为电路负载提供功率输出。其频率范围为 0.3Hz ~ 30kHz（正弦波、三角波可达 300kHz），输出电流（峰峰值）为 1A，输出电压（峰峰值）为 50V，输出特征为纯电阻性（如负载是容性或感性，应串入 10W/50Ω 左右电阻，最大幅度输出时）。

11）直流偏置：按下直流偏置开关，指示灯亮，此时调节直流偏置旋钮，可改变直流电平。

12）幅度调节旋钮：顺时针旋转可增大"电压输出""功率输出"的输出幅度，逆时针旋转可减小"电压输出""功率输出"的输出幅度。

13）外侧开关：按下此键，显示外侧信号频率，外侧信号由输入插座输入。

14）单次开关：当"SGL"开关按下，单次指示灯亮，仪器处于单次状态，每按一次"TRIG"键，电压输出端口输出一个单次波形。

（2）使用方法

1）按下电源开关，接通电源，指示灯亮。

2）按下"波形选择"键，选择所需波形。

3）按下"频率范围"键，选择输出频率量程。

4）信号输出幅度可通过"衰减"按键选择适当的衰减量，再通过"输出幅度"旋钮，对输出幅度进行连续可调。

3. 电子示波器

电子示波器（简称示波器）是利用阴极射线管作为显示器构成的一种电子测量仪器。它可以把人眼看不见的电信号的变化过程转换成具体的可见图像，直接显示在示波管的荧光屏上，供人们观察、研究和分析。利用示波器，不仅可以观测各种不同电信号的幅度随时间变化的波形，还可以定量测试电信号的一系列参数，如信号的电压、电流、频率、周期、相位差、脉冲信号的脉冲宽度、上升及下降时间、重复周期等。若配以传感器，还可对压力、温度、密度等非电量进行测量。因此，在近代科学实验中，无论是从应用的广泛性来看，还是从作用的重要性来看，示波器都占有十分重要的地位。图 9-13 所示为 YB4320F 型示波器的外形。

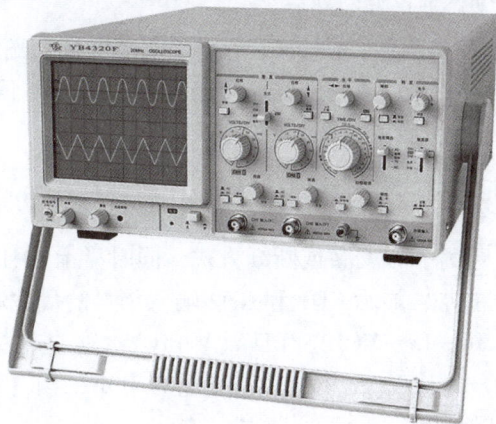

图 9-13　示波器外形

通用示波器种类繁多，但组成部分基本相同，其面板主要由显示部分、垂直方向部分、水平方向部分和触发部分等 4 个区域组成。如图 9-14 所示是 YB4320F 型示波器的面板，面板上常用旋钮功能及使用方法介绍如下：

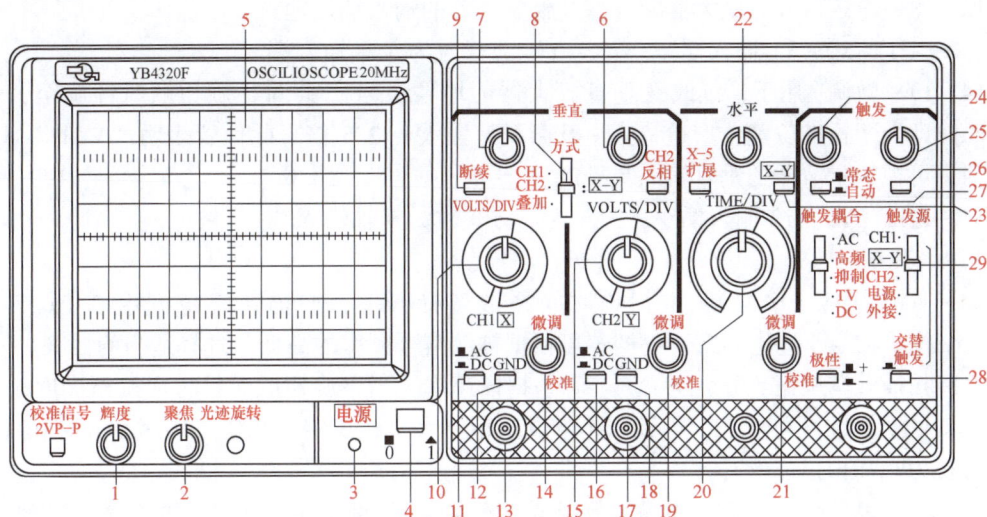

图 9-14　YB4320F 型示波器面板图

（1）常用旋钮功能介绍

对照面板图上各旋钮的代号，其功能为：

1）显示部分。

1—辉度调节装置：顺时针方向转动，辉度加亮，反之减弱，直至辉度消失。如光点长期停留在屏上不动时，应将辉度减弱或熄灭，以延长示波管的使用寿命。

2—聚焦与辅助聚焦旋钮：用于调节波形或光点的清晰度，两个控制旋钮相互配合使用，可以提高有效工作区域波形或光点的清晰度。

3—电源指示灯。

4—仪器电源开关：当此开关置"1"时，指示灯发绿光，经预热后，仪器即可正常工作。

5—显示屏：仪器的测量显示终端。

2）垂直方向部分。

6，7—↑↓垂直移位：用于调节屏幕上光点或信号波形在垂直方向上的位置，顺时针方向转动，光点或信号波形向上移动，反之向下移动。

8—垂直方式工作开关。

CH1：屏幕上仅显示 CH1 的信号；

CH2：屏幕上仅显示 CH2 的信号；

双踪：以交替或断续方式，同时显示 CH1 和 CH2 上的信号波形；

叠加：显示 CH1 和 CH2 输入信号的代数和。

10，15—VOLTS/DIV（V/div）：垂直输入灵敏度步进式选择开关，输入灵敏度自 1mV/div ~ 5V/div 按 1 - 2 - 5 进位分十二档，可根据被测信号的电压幅度，选择适当的档位置以利观测。

11，16—AC - DC：输入信号与放大器耦合方式的选择开关，AC 是放大器的输入端与信号连接由电容器来耦合；DC 是放大器的输入端与信号输入端直接耦合。

12，18—输入信号与放大器断开，并且放大器的输入端接地。

13—CH1（X）：Y1 输入插座；"X - Y"方式时为 X 轴输入端。

14，19—微调：用于连续改变垂直放大器的增益，当"微调"旋钮顺时针旋至"关"位置时，即处于校准位置，增益最大，其微调范围大于 2.5 倍。此位置表明"V/div"档的标称值即可视为示波器的垂直输入灵敏度。

17—CH2（Y）：Y2 输入插座；"X - Y"方式时为 Y 轴输入端。

3）水平方向部分。

20—TIME/DIV（t/div）：主扫描时间系数选择开关，扫描速率范围由 0.1μs/div ~ 0.5s/div 按 1 - 2 - 5 进位分二十一档，可根据被测信号频率的高低，选择适当的档级。

21—扫描微调旋钮：用于连续调节时基扫描速率，当该旋钮顺时针方向旋至满度"关"位置，即处于"校准"状态。微调扫描的调节范围大于 2.5 倍。此位置表明 t/div 档的标称值即可视为时基扫描速率。

22—←→水平移位旋钮：用以调节屏幕上光点或信号波形在水平方向的位置，顺时针方向转动，光点或信号波形向右移，反之向左移。

23—"X - Y"控制键：按下此键，CH1 为 X 轴输入端，CH2 为 Y 轴输入端。

　　4）触发部分。

　　9—断续方式：CH1、CH2 两个通道按断续方式工作，断续频率为 250kHz，适用于显示较低频率信号波形。

　　24—释抑旋钮：当信号波形复杂，用电平旋钮不能稳定触发时，可用"释抑"旋钮使波形稳定同步。

　　25—触发电平旋钮：用于调节被测信号在某选定电平触发。

　　26—电平锁定：无论信号如何变化，触发电平自动保持在最佳位置，无须人工调节。

　　27—触发方式选择：

　　自动：在没有信号输入时，屏幕上仍然可以显示扫描基线；

　　常态：有信号才能扫描，否则屏幕上无扫描线显示。

　　28—交替触发：在双踪交替显示时，触发信号来自于两个垂直通道，此方式可用于同时观察两路不相关信号，适用于显示较高频率信号波形。

　　29—触发信号源选择开关：

　　CH1 X–Y：CH1 通道信号为触发信号，当工作在"X–Y"方式时，拨动开关应设置于此档；

　　CH2：CH2 通道信号为触发信号；

　　电源触发：电源为触发信号；

　　外触发：外触发输入端触发信号是外部信号，用于特殊信号的触发。

　　（2）使用方法

　　接通电源后预热几分钟，调出光点或水平扫描线，可调整辉度、聚焦等旋钮，使其清晰、亮度适当。若无光点，则可按"寻迹"键，确定光点所在位置。调节垂直移位和水平移位的移位旋钮，将光点（或扫描线）移至屏幕中心位置，并将其调节清晰。

　　用同轴屏蔽电缆或探头将被测信号与通道 1 的输入端相连接，即可观察其波形。

　　4. 晶体管毫伏表

　　晶体管毫伏表是一种测量交流电压的仪器，其外形如图9-15所示。

　　电子设备的许多工作特性和多种控制信号都能由电压量显示出来，电压测量是其他参数测量的基础，因此电压的测量是十分重要的。

　　（1）常用晶体管毫伏表的面板结构

　　1）电源开关：当插好外插头（接交流 220V），将电源开关拨上时，预热后可以准备进行测量。

　　2）电源指示灯：当电源开关拨向上时，红色指示灯亮，表示已接通电源。

图 9-15　晶体管毫伏表外形

　　3）输入端：被测电压信号的输入端。

　　4）刻度盘：指示具体被测电压的数值，注意有三种电压刻度。其中上面两行是直接的电压刻度，分别为 0～10 和 0～3，具体的读数数值应结合相应的电压量程判定；最下面一行是分贝读数，也应结合相应量程才能得到具体的分贝数值。

　　5）测量范围：从 0～300V 共有 11 档。一般用 1mV、10mV、100mV、1V、10V 量程档

测量时，读第一排的数值。用3mV、30mV、300mV、3V、30V和300V量程档测量时，读第二排的数值。

6）机械调零：毫伏表未接上电源时，可利用螺钉旋具调整该旋钮使指针指向零点。

7）调零旋钮：指在正式测量之前的电器调零。在正式进行测量之前，将输入端的信号短接，此时被测电压应是零，若仪器显示不是零，可利用此旋钮将指针调到零点。

（2）使用方法

1）机械调零：将电压表水平放在桌面上，通电前，先检查表头指针是否指示零点，若不指零可用螺钉旋具调整表头上的机械调零螺钉使指示为零。

2）调零：接通电源（电子管仪表需要预热一段时间）进行短路调零，即将两个输入接线柱短路。将量程开关选在需要的档位上，调节前面板上的调零旋钮，使指针指向零点。需要指出的是，当改变量程测量时，为保证测量的准确性，要重新进行短路调零。另外，DA-16型电压表在小量程档时，由于噪声的干扰，指针会出现微微抖动的现象，这是正常的。

3）连线测量电路：毫伏表灵敏度较高，为了保护电压表以避免指针被撞击损坏，在接线时一定要先接地线（低电位线端），再接另一条线（高电位线端），接地线要选择良好的接地点。测量完毕拆线时，应先拆高电位线，然后再拆低电位线。

4）测量：当所测的未知电压难以估计其大小时，就需要从大量程开始试测，逐渐降低量程，直至合适为止。当使用较高的灵敏度档（毫伏级档）时，应先接上地端，然后再接另一输入端子，将量程开关由高到低依次轻轻旋转，直至指针指示在2/3以上刻度盘时，即可读出被测电压值。

5）读数：量程开关置于10mV、100mV、1V等档时，从满刻度为10的上刻度盘读数，量程开关置于30mV、300mV、3V等档时，从满刻度为30的下刻度盘读数。刻度盘的最大值（即满量程值）为量程开关所处档级的指示值。如量程开关置于3V，则下刻度盘的满量程值就是3V。

实训9　单管共射放大电路

1. 实训目的

1）深入理解放大器的工作原理；学习共射放大电路静态工作点的测试方法，进一步理解电路元器件参数对静态工作点的影响，以及调整静态工作点的方法。

2）学习直流稳压电源、毫伏表、示波器及信号发生器的使用方法。

2. 所用仪器设备

（1）示波器　　　　　　　　　1台

（2）毫伏表　　　　　　　　　1个

（3）数字万用表　　　　　　　1个

（4）信号发生器　　　　　　　1台

（5）直流稳压电源　　　　　　1台

（6）实验电路板　　　　　　　1块

3. 测量电路及实物连接图

图 9-16 所示为单管共射放大电路的实验电路图，图 9-17 所示为其实物电路连线图。

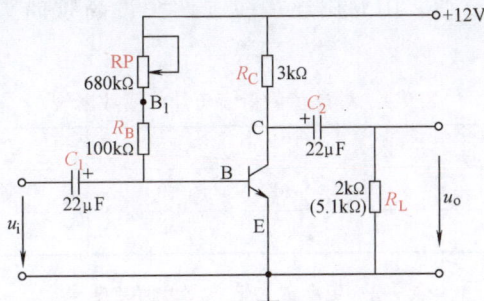

图 9-16　单管共射放大电路的实验电路图

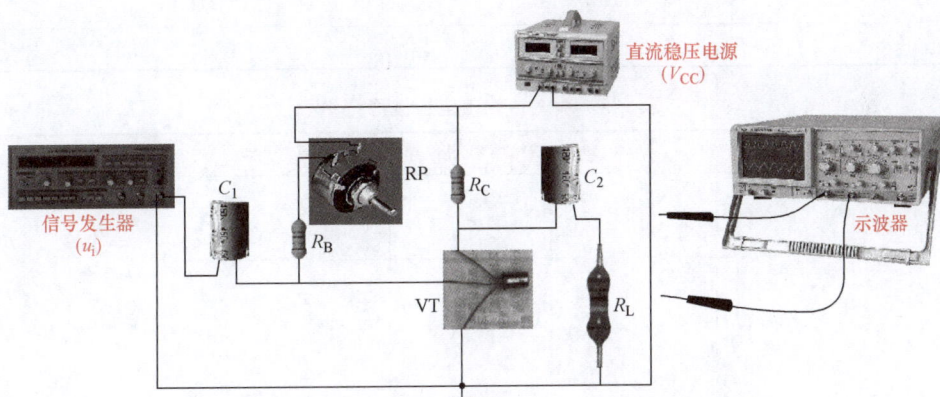

图 9-17　单管共射放大电路的实物电路连线图

4. 实训内容及步骤

（1）测量并计算静态工作点

1）按图 9-16 和图 9-17 所示接线。电路中各元件及参数如图中所示。

2）+12V 直流电源由直流稳压电源提供：调节输出电压旋钮，使输出电压为 12V，并用万用表测量。

3）将输入端对地短路，调节电位器 RP，使 $V_C = 4V$ 左右，测量 V_C、V_E、V_B 及 V_{B1} 的数值，记入表 9-1 中。

4）按下式计算 I_B、I_C，并记入表 9-1 中。

$$I_B = \frac{V_{B1} - V_B}{R_B} \qquad I_C = \frac{V_{CC} - V_C}{R_C}$$

（2）测量电压放大倍数

保持静态工作点不变（即电位器 RP 不变），将信号发生器接于放大电路输入端，示波器探头接于放大电路的输出端，以随时观察输出波形。一边用示波器观察其输出波形，一边调节信号发生器，使其产生一个频率 $f = 1\text{kHz}$，输出电压幅度以保证输出波形不失真为准。

负载电阻分别取 $R_L = 3\text{k}\Omega$ 和 $R_L = \infty$（空载），分别测量 u_i 和 u_o，计算电压放大倍数：$A_u = u_o/u_i$，填入表 9-2 中。

（3）观察输入、输出电压波形及相位关系　用示波器观察输入电压和输出电压波形，注意相位关系，画于表9-3中。注意：为了防止噪声对小信号的干扰，而影响示波器的观测，信号发生器输出使用三通，用专用连接线（两头带高频插头）将小信号接示波器输入端。

表9-1　静态值测量值与计算值数据表

调节 RP	测　　　量			计　　　算	
V_C/V	V_E/V	V_B/V	V_{B1}/V	I_C/mA	$I_B/\mu A$

表9-2　电压放大倍数测量值数据表

$R_L/k\Omega$	u_i/mV	u_o/V	A_u
3			
∞			

表9-3　输入、输出电压波形记录表

波　　　形

9.4　集成运算放大电路

9.4.1　集成运算放大器

集成运算放大电路（集成运算放大器）简称集成运放，是一个直接耦合、高电压放大倍数、高输入电阻、低输出电阻的多级放大电路。初期，集成运算放大器主要用于各种数学运算，故至今仍保留着这个名字。不过，随着电子技术特别是集成技术的迅速发展，集成运放的各项性能不断提高，其应用领域已远远超出了数学运算的范围。

1. 集成运放的外形和符号

图9-18所示为集成运放的实物外形与引脚图，图9-19为集成运放的图形符号。

图9-19a中长方形框的左边引线端为信号输入端，其中"－"端为反相输入端，"＋"端为同相输入端，它们与"地"之间的电压分别用 u_- 和 u_+ 来表示；长方形框右边引线端为信号输出端，输出信号可用输出端对"地"电压 u_o 来表示；框内三角形表示放大器，∞

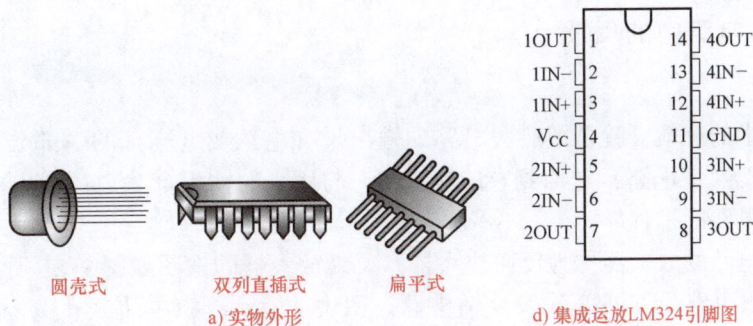

a) 实物外形　　　　　　d) 集成运放LM324引脚图

图 9-18　集成运放的实物外形与引脚图

表示为理想运放的电压放大倍数（一般只讨论理想运放）。

2. 集成运放的输入方式

集成运放有两种输入方式。

（1）单端输入　包括：①反相输入端输入，这时输入信号从反相输入端输入，同相输入端通过电阻接地，输入端与输出端相位相反；②同相输入端输入，这时输入信号从同相输入端输入，反相输入端通过电阻接地，输入端与输出端相位相同。

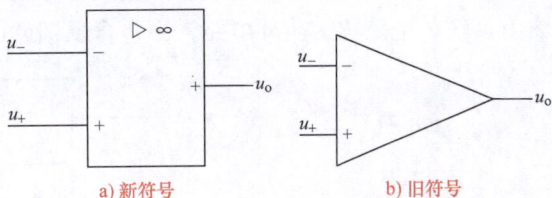

a) 新符号　　　　　b) 旧符号

图 9-19　集成运放的图形符号

（2）双端输入　这时输入信号从两输入端输入，输入信号为 $u_i = u_- - u_+$，称为差分输入信号，这时输入端与输出端相位相反。

3. 集成运放的组成

集成运放的内部组成框图如图 9-20 所示，它主要由输入级、中间级和输出级组成。

输入级通常采用差动放大电路，以抑制零点漂移、提高输入电阻；中间级由一级或多级电压放大电路组成，以提供较高的电压放大倍数；输出级一般由射极输出器或互补对称放大电路构成，以提高运放的输出功率和带负载能力。

4. 理想集成运算放大器

为了便于分析集成运算放大器以及由其组成的各种功能电路，通常将实际的运放理想化，具有以下特征：

1）开环差模电压放大倍数 $A_0 \to \infty$。

2）输入电阻 $r_i \to \infty$。

3）输出电阻 $r_o \to 0$。

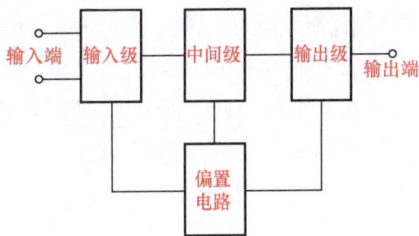

图 9-20　集成运放内部组成框图

以此特征，推出理想运放两个重要的结论：

（1）虚短　由于 $A_0 \to \infty$，而 $A_0 = \dfrac{u_o}{u_i} = \dfrac{u_o}{u_- - u_+} = \infty$；所以 $u_- - u_+ = 0$，$u_- = u_+$，即两输入端电位相等。相当于两输入端短路，但又不是真正短路，故称为虚短。

（2）虚断　由于 $r_i \to \infty$，所以 $i_- = i_+ = 0$。相当于两输入端断开，但又不是真正的断开，故称为虚断。

179

9.4.2 放大电路中的反馈

1. 反馈

放大电路中的反馈，就是把放大电路的输出量（电压或电流）的一部分或全部经过一定的电路（称为反馈电路）送回到它的输入端，与原来的输入量（电压或电流）结合以共同控制该放大电路的过程。

具有反馈电路的放大器称为反馈放大器，反馈放大器的框图如图 9-21 所示，图中方框 A 代表基本放大电路，方框 F 代表反馈电路。图中 x_i 表示原输入信号，x_f 表示反馈信号，x_i'，表示净输入信号，x_o 表示输出信号。

在基本放大电路中，信号从输入端向输出端正向传输；而在反馈电路中，信号传输方向与之相反，由输出端回传给输入端。反馈电路与基本放大电路一起构成封闭的环路。因此，将含有反馈的电路称为闭环电路，不包含反馈的电路称为开环电路。

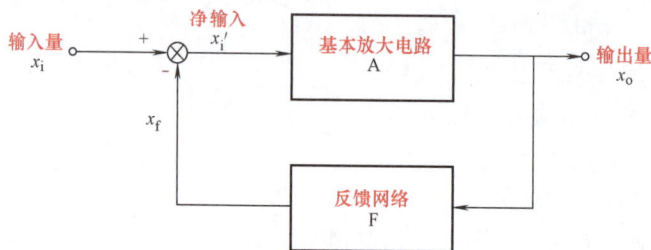

图 9-21 反馈放大器原理框图

2. 反馈类型

（1）按反馈极性分 可分为负反馈和正反馈。若引入的反馈信号削弱输入信号，使放大电路的放大倍数降低，则为负反馈；反之，则为正反馈。负反馈可以改善放大电路的性能，几乎所有的实用放大器中都设有负反馈电路。

（2）按交直流性质分 可分为直流反馈和交流反馈。直流通路中存在的反馈为直流反馈，交流通路中存在的反馈为交流反馈；直流反馈多用于稳定静态工作点，交流反馈主要用于放大电路性能的改善。

（3）按输出端取样对象分 可分为电压反馈和电流反馈。在输出端，反馈信号取自输出电压的为电压反馈，反馈信号取自输出电流的为电流反馈，如图 9-22 和图 9-23 所示。

（4）按输入端的连接方式分 可分为串联反馈和并联反馈。在输入端，反馈信号与输入信号串联后获得净输入信号的为串联反馈；反馈信号与输入信号并联后获得净输入信号的

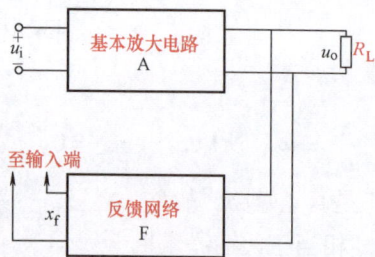

负反馈放大
电路反馈类型

图 9-22 电压反馈

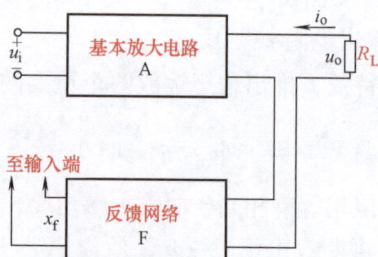

图 9-23 电流反馈

为并联反馈，如图 9-24 和图 9-25 所示。

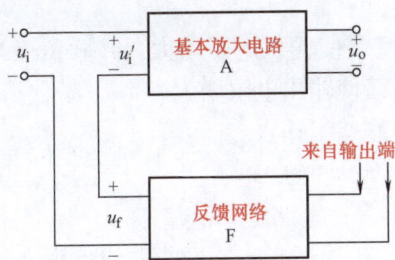

图 9-24　串联反馈

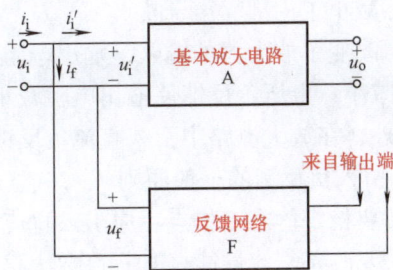

图 9-25　并联反馈

3. 负反馈特性

图 9-21 所示的反馈电路框图中，若电路是负反馈电路，输入信号 x_i、反馈信号 x_f、净输入信号 x_i' 三者关系为

$$x_i' = x_i - x_f \tag{9-13}$$

反馈系数 F 定义为反馈信号与输出信号的比值，即

$$F = \frac{x_f}{x_o} \tag{9-14}$$

基本放大电路（开环电路）的放大倍数为

$$A_0 = \frac{x_o}{x_i'} \tag{9-15}$$

负反馈放大电路（闭环电路）的放大倍数为

$$A_f = \frac{x_o}{x_i} \tag{9-16}$$

由上面几式可以推出

$$A_f = \frac{x_o}{x_i} = \frac{x_o}{x_i' + x_f} = \frac{x_o}{x_i' + Fx_o} = \frac{\frac{x_o}{x_i'}}{1 + F\frac{x_o}{x_i'}} = \frac{A_0}{1 + FA_0} \tag{9-17}$$

式（9-17）是负反馈放大电路的基本关系式，它表明了闭环和开环放大倍数及反馈系数之间的关系。因为 $1 + FA_0 > 1$，所以 $A_f < A_0$，即负反馈放大电路的闭环放大倍数小于开环放大倍数。可见，放大电路引入负反馈后，放大倍数降低了，$1 + FA_0$ 称为反馈深度，FA_0 值越大，则负反馈作用越强，放大倍数就越低。

4. 负反馈的四种组态及对放大器性能的影响

负反馈放大电路按反馈电路与输入、输出的连接方式分有四种基本组态，即电压串联负反馈、电压并联负反馈、电流串联负反馈、电流并联负反馈。

放大电路引入交流负反馈后，削弱了输入信号，降低了放大倍数，但它却以此为代价换取了以下性能指标的改善：

1）提高了放大电路放大倍数的稳定性。

2）减小了非线性失真。

3）扩展了电路通频带。

4）减小了内部噪声干扰。

5）改变了放大器的输入、输出电阻。即串联负反馈使输入电阻增大，并联负反馈使输入电阻减小；电压负反馈使输出电阻减小，电流负反馈使输出电阻增大。

另外，在放大电路中引入直流负反馈可以稳定其静态工作点。

5. 引入负反馈的一般原则

1）要稳定静态工作点，应引入直流负反馈。

2）要改善交流性能（如提高放大倍数的稳定性，扩展通频带，减小非线性失真等）应引入交流负反馈。

3）要稳定输出电压、减小输出电阻，应引入电压负反馈；要稳定输出电流、增大输出电阻，应引入电流负反馈。

4）要提高输入电阻，应引入串联负反馈；要减小输入电阻，应引入并联负反馈。

根据以上原则，针对具体要求综合分析，便可确定引入负反馈的类型。

9.4.3　集成运放的基本应用

将集成运算放大器加接适当的反馈元器件，可构成对模拟信号做各种数学运算的放大电路，如比例运算电路、加法运算电路、减法运算电路、积分运算电路等。

1. 反相比例运算放大电路

（1）电路组成及特点

图 9-26 所示为反相比例运算放大电路。图中输入信号 u_i 经过外接电阻 R_1 接到集成运放的反相输入端，反馈电阻 R_f 接在输出端和反相输入端之间构成电压并联负反馈，则集成运放工作在线性区；同相端加平衡电阻 R_2，即 $R_2 = R_1 /\!/ R_f$，以保证运放处于平衡对称的工作状态，从而消除输入偏置电流及其温漂的影响。

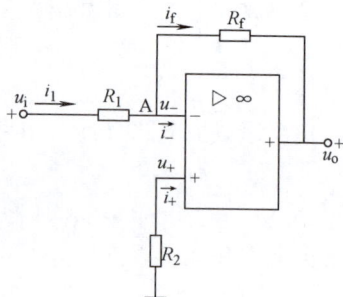

图 9-26　反相比例运算放大电路

根据虚断（$i_+ = i_- \approx 0$），电阻 R_2 支路电流为零，R_2 上没有电压，因此，$u_+ = 0$；根据虚短（$u_+ = u_-$）得 $u_- = 0$ 即 A 点的电位为 0，称之为"虚地"。"虚地"是反相比例运算放大电路的一个重要特点，今后凡是信号由反相端输入的集成运放，只要工作在线性区，其反相端均可应用"虚地"的特点。

（2）闭环电压放大倍数

对节点 A 应用 KCL 得
$$i_1 = i_f + i_-$$
而
$$i_- = 0（虚断）$$
所以
$$i_1 = i_f$$

由图 9-26 所示电路，得
$$\frac{u_i - u_-}{R_1} = \frac{u_- - u_o}{R_f}$$
又因为
$$u_- = 0（虚地）$$
所以
$$\frac{u_i}{R_1} = \frac{-u_o}{R_f}$$

整理得 $$u_o = -\frac{R_f}{R_1}u_i \qquad (9\text{-}18)$$

并得闭环电压放大倍数为 $$A_{uf} = \frac{u_o}{u_i} = -\frac{R_f}{R_1} \qquad (9\text{-}19)$$

可见，输出电压与输入电压成比例关系，且相位相反。

当 $R_1 = R_f = R$ 时，$u_o = -\dfrac{R_f}{R_1}u_i = -u_i$，即输入电压与输出电压大小相等，相位相反，称为反相器。

2. 同相比例运算放大电路

（1）电路组成及特点　图 9-27 所示为同相比例运算放大电路。输入信号 u_i 经电阻 R_2 从同相输入端加入，反向输入端经 R_1 接地，R_f 接在运放的输出端与反相输入端之间，构成电压串联负反馈电路。

根据虚断（$i_+ = i_- \approx 0$），电阻 R_2 支路电流为零，R_2 上没有电压，因此 $u_+ = u_i$；根据虚短（$u_+ = u_-$）得 $u_- = u_i$，即 A 点的电位为 u_i。

（2）闭环电压放大倍数

对节点 A 应用 KCL 得 $i_1 = i_f + i_-$

而 $i_- = 0$（虚断）

所以 $i_1 = i_f$

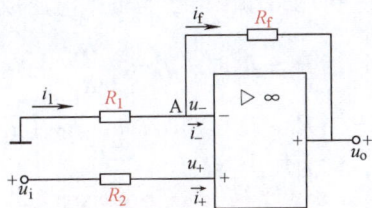

图 9-27　同相比例运算放大电路

由图 9-27 所示电路，得 $$\frac{0 - u_-}{R_1} = \frac{u_- - u_o}{R_f}$$

又因为 $$u_- = u_i$$

所以 $$\frac{-u_i}{R_1} = \frac{u_i - u_o}{R_f}$$

整理得 $$u_o = \left(1 + \frac{R_f}{R_1}\right)u_i \qquad (9\text{-}20)$$

并得闭环电压放大倍数 $$A_{uf} = \frac{u_o}{u_i} = 1 + \frac{R_f}{R_1} \qquad (9\text{-}21)$$

可见，输出电压与输入电压成比例关系，且相位相同。

当 $R_f = 0$ 或 $R_1 = \infty$ 时，$u_o = \left(1 + \dfrac{R_f}{R_1}\right)u_i = u_i$；即输入电压与输出电压大小相等，相位相同，称为同相器，又称电压跟随器。

3. 加法运算放大电路

（1）电路组成及特点　图 9-28 所示为反相加法运算放大电路。输入信号 u_{i1}、u_{i2} 从反相输入端分别经 R_1、R_2 加入，同相输入端经 R_3 接地，R_f 接在运放的反相输入端与输出端之间，构成电压并联反馈电路。

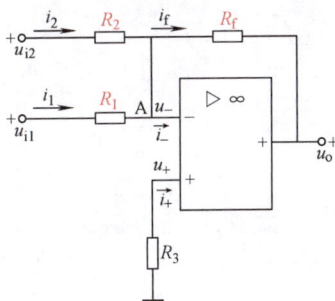

图 9-28　反相加法运算放大电路

根据虚断（$i_+ = i_- \approx 0$），电阻 R_3 支路电流为零，R_3 上没有电压，因此 $u_+ = 0$；根据虚

短（$u_+ = u_-$）得 $u_- = 0$，即 A 点的电位为 0（虚地）。

（2）加法运算

对节点 A 应用 KCL 得
$$i_1 + i_2 = i_f + i_-$$

而
$$i_- = 0 (虚断)$$

所以
$$i_1 + i_2 = i_f$$

由图 9-28 所示电路，得
$$\frac{u_{i1} - u_-}{R_1} + \frac{u_{i2} - u_-}{R_2} = \frac{u_- - u_o}{R_f}$$

又因为
$$u_- = u_+ = 0$$

所以
$$\frac{u_{i1}}{R_1} + \frac{u_{i2}}{R_2} = \frac{-u_o}{R_f}$$

整理得
$$u_o = -\left(\frac{R_f}{R_1} u_{i1} + \frac{R_f}{R_2} u_{i2} \right) \tag{9-22}$$

可见，输出电压与输入电压成加法关系，且相位相反。

当 $R_1 = R_2$ 时，$u_o = -\dfrac{R_f}{R_1}(u_{i1} + u_{i2})$，称为反相加法比例运算。

当 $R_1 = R_2 = R_f$ 时，$u_o = -(u_{i1} + u_{i2})$，即输入电压与输出电压满足加法关系，相位相反，称为加法器。

想一想、做一做

1. 看一看：找些集成运放元器件，在网上查找对应的资料，了解其外形、引脚、作用，并且归纳列出一个表来。

2. 仿照反相比例电路的推导，试一试，推出图 9-29 所示运算电路的输出电压 u_o 与输入 u_{i1}、u_{i2} 的关系式，看看是什么电路？并求出 $u_{i1} = 3V$，$u_{i2} = 1V$ 时 u_o 的值。

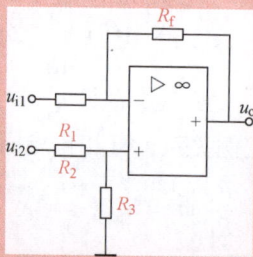

图 9-29　运算电路

大国工匠英雄谱之九

用极致书写精密人生的年轻人——陈行行

出生于 1990 年的陈行行，是国防兵工行业的年轻工匠，他在新型数控加工领域以极致的精准度向技艺极限冲击。用在尖端武器设备上的薄薄壳体，经过他的手，产品合格率从难以逾越的 50% 提升到 100%。

本章小结

1. 共射放大电路的静态工作点：

（1）$I_{BQ} = \dfrac{V_{CC} - U_{BEQ}}{R_B}$

（2）$I_{CQ} = \beta I_{BQ}$

（3）$U_{CEQ} = V_{CC} - I_{CQ}R_C$

2. 共射放大电路的性能指标：

（1）$A = -\beta \dfrac{R'_L}{r_{be}}$　$R'_L = R_C // R_L$（负载）

（2）$A_0 = -\beta \dfrac{R_C}{r_{be}}$（空载）

（3）$r_i \approx r_{be}$

（4）$r_o \approx R_C$

3. 多级放大电路的各级之间的耦合方式有阻容耦合、变压器耦合和直接耦合。

4. 直流稳压电源是为各种电子电路、电子设备提供直流电压的电子仪器。

5. YB1639 函数信号发生器是由晶体管构成的小型函数信号发生器，能产生 0.2Hz ~ 2MHz 的正弦波、方波、三角波等信号，可用于测量电子仪器、无线电接收机等电子设备的低频放大器的频率特性。

6. 电子示波器（简称示波器）是利用阴极射线管作为显示器构成的一种电子测量仪器。通过示波器可以观察各种不同电信号的波形。

7. 晶体管毫伏表是一种测量交流电压的仪器。它可以把人眼看不见的电信号的变化过程转换成具体的可见图像，直接显示在示波管的荧光屏上，供人们观察、研究和分析。

8. 放大电路中的反馈，就是把放大电路的输出量（电压或电流）的一部分或全部经过一定的电路（称为反馈电路）送回到它的输入端，与原来的输入量（电压或电流）结合以共同控制该放大电路的输出。

9. 负反馈对放大电路的影响有：①提高放大电路的稳定性；②减小放大倍数；③扩展通频带；④改变输入输出电阻；⑤减小非线性失真。

10. 集成运算放大器是使用集成工艺制成的直接耦合放大器，具有高放大倍数、高输入阻抗和低输出阻抗等特点。

11. 集成运放线性应用：反相比例运算放大器，同相比例运算放大器，加法运算放大器。

第10章 整流、滤波及稳压电路

▶ 本章导读

知识目标

1. 熟悉二极管单相半波和桥式整流电路的组成和原理。
2. 了解晶闸管单相可控整流电路的组成和原理。
3. 熟悉各种滤波电路的组成和原理。
4. 了解直流稳压电源的组成和原理。

技能目标

1. 能正确搭接桥式整流电路，会用万用表测量相关电量参数，用示波器观察波形。
2. 能正确连接滤波电路，并通过示波器演示输出波形。

思政目标

具有深厚的爱国情感；遵纪守法、崇德向善；有较强的集体意识和团队合作精神；培养学生精益求精的大国工匠精神。

由于交流电源的获得比较方便，实际中大多场合都广泛使用交流电。即使有些需要用到直流电的地方，通常也是由交流电经过一系列转换得到的。常用的直流稳压电源一般由电源变压器、整流电路、滤波电路和稳压电路组成，结构框图如图10-1所示。

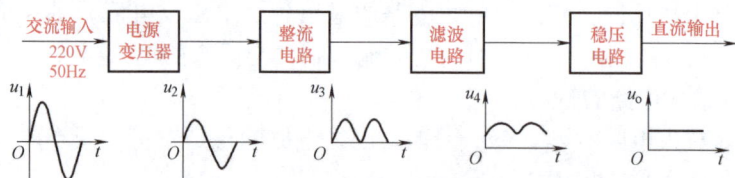

图 10-1　直流稳压电源组成框图

10.1　整流电路

根据所用交流电源的相数，整流电路可分为单相整流、三相整流与多相整流。从整流所得的电压波形看，又可分为半波整流与全波整流。

10.1.1　单相半波整流电路

1. 电路组成

单相半波整流电路如图10-2所示。图中 T 是整流变压器，VD 是整流二极管，R_L 是直流负载电阻。

2. 工作原理

变压器二次电压 u_2 作为整流电路的交流输入电压，加在二极管与负载相串联的电路上。设输入电压

$$u_2 = \sqrt{2}\,U_2 \sin\omega t$$

式中，U_2 为变压器二次电压的有效值。当 u_2 为正半周时，电源 a 端电位高于 b 端，二极管 VD 承受正向电压而导通，电流自电源 a 端经二极管 VD 通过负载 R_L 回到电源 b 端。若略去二极管正向导通时的管压降不计，则加在负载 R_L 上的电压为 u_2 的正半周电压。当 u_2 为负半周时，则 b 端电位高于 a 端，二极管承受反向电压而截止，电路电流为零。此时，R_L 两端电压，即输出电压 u_o 等于零，所以 u_2 的负半周电压全部加在二极管上。电路电流和电压的波形如图 10-3 所示，这种大小变化、方向不变的电压或电流称为脉动直流电。

由于整流输出电压仅为输入正弦交流电压的半波，故称为半波整流。半波整流输出电压，即负载 R_L 两端的电压为

$$u_o = \sqrt{2}\,U_2 \sin\omega t \quad (0 \leqslant \omega t < \pi) \tag{10-1}$$

$$u_o = 0 \qquad\qquad (\pi \leqslant \omega t \leqslant 2\pi)$$

3. 电路的电压与电流

整流输出电压的大小以其平均值表示。可证明，半波整流电路输出的直流电压平均值等于输入的交流电压有效值的 0.45 倍，即

$$U_o = 0.45U_2 \tag{10-2}$$

通过负载的直流电流平均值为

$$I_o = \frac{U_o}{R_L} = 0.45\frac{U_2}{R_L} \tag{10-3}$$

通过二极管的正向电流平均值等于通过负载的电流，即

$$I_F = I_o \tag{10-4}$$

二极管截止时所承受的最大反向电压等于变压器二次电压的幅值，即

$$U_{DRM} = \sqrt{2}\,U_2 = 3.14U_o \tag{10-5}$$

单相半波整流电路结构简单，所用整流器件少。但半波整流设备利用率低，而且输出电压脉动较大，一般仅适用于整流电流较小（几十毫安以下）或对脉动要求不严格的直流设备。

10.1.2　单相桥式整流电路

1. 电路组成

单相桥式整流电路如图 10-4 所示。四个二极管作为整流器件接成电桥形式。电桥的一组对角顶点 a、b 接交流输入电压；另一组对角顶点 c、d 接直流负载。其中二极管 VD1 和 VD2 的负极接在一起的共负极端 c 为整流电源输出端的正极，而 VD3 和 VD4 的正极接在一

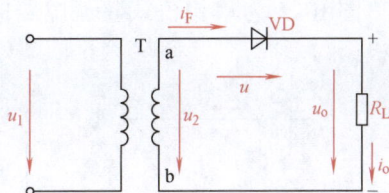

图 10-2　单相半波整流电路

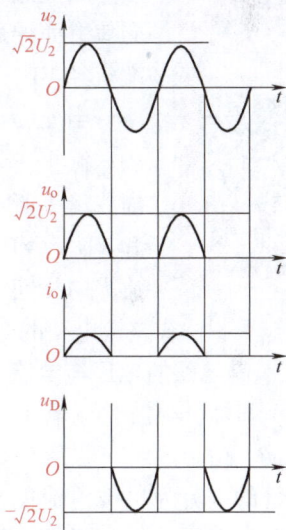

单相半波
整流电路

图 10-3　单相半波整流波形

起的共正极端 d 为负极。

图 10-5 为单相桥式整流电路的简化画法,其中二极管符号的箭头指向为整流电源的正极。

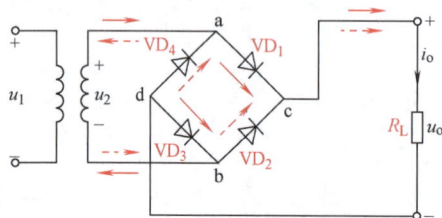

图 10-4 单相桥式整流电路图

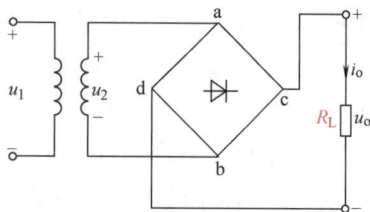

图 10-5 单相桥式整流电路简化图

2. 工作原理

变压器二次电压 u_2 作为整流电路的交流输入电压,设输入电压为

$$u_2 = \sqrt{2}\,U_2\sin\omega t$$

当交流电压 u_2 为正半周时,a 端电位高于 b 端,二极管 VD$_1$ 和 VD$_3$ 因正向偏置而导通,而二极管 VD$_2$、VD$_4$ 因反向偏置而截止,这时,电流自电源 a 端流经 VD$_1$、负载 R_L 和 VD$_3$ 回到电源 b 端(图 10-4 中实线箭头所示)。

当 u_2 为负半周时,b 端电位高于 a 端,二极管 VD$_2$、VD$_4$ 导通,VD$_1$、VD$_3$ 截止,电流自电源 b 端流经 VD$_2$、R_L 和 VD$_4$ 回到电源 a 端(图 10-4 中虚线箭头所示)。由此可见,在交流电压 u_2 的一个周期内,二极管 VD$_1$、VD$_3$ 和 VD$_2$、VD$_4$ 轮流导通半个周期,通过负载 R_L 的是两个半波的电流,而且电流方向相同,故称为全波整流。输出直流电压的脉动程度比半波整流降低了。

单相桥式整流电路的电流和电压波形如图 10-6 所示。

3. 电路的电压与电流

显然,全波整流输出的直流电压为半波整流的两倍。由于两组二极管轮流工作,所以通过各个二极管的电流为负载电流的一半。二极管截止时承受的反向电压最大值仍等于输入交流电压幅值。有关计算公式如下

负载两端的直流电压平均值为

$$U_o = 0.9U_2 \tag{10-6}$$

通过负载的直流电流平均值为

$$I_o = 0.9\frac{U_2}{R_L} \tag{10-7}$$

通过每个二极管的正向平均电流为

$$I_F = \frac{1}{2}I_o \tag{10-8}$$

每个二极管承受的最大反向电压为

$$U_{DRM} = \sqrt{2}\,U_2 = 1.57U_o \tag{10-9}$$

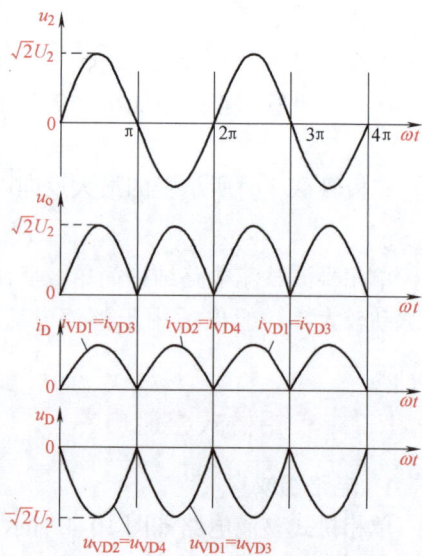

图 10-6 单相桥式整流电路的波形图

必须注意，桥式整流电路的四个二极管的正负极不能接反。交流电压和直流负载分别应接的对角顶点也不许接错。否则，可能发生电源短路，不仅烧坏整流管，甚至烧坏电源变压器。

*10.1.3 晶闸管单相可控整流电路

可控整流指的是将交流电变换为电压大小可以调节的直流电的过程。可控整流电路按相数可分为单相可控整流电路和三相可控整流电路；按电路形式有半波、全波、桥式之分；按控制类型分为全控和半控。下面以单相半波可控整流电路为例介绍直流电压的调节原理。

1. 电路组成

图 10-7 所示为单相半波可控整流电路带电阻性负载时的电路图及波形图。

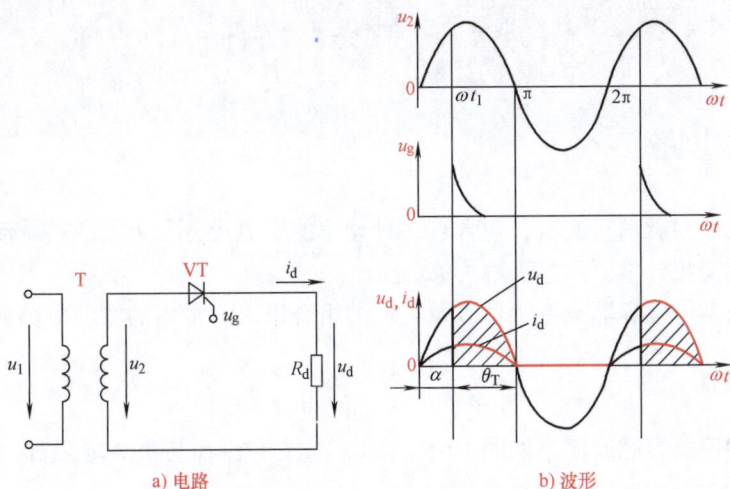

a) 电路 　　　　　　　　　　　b) 波形

图 10-7　单相半波可控整流电路的电路图及波形

2. 电路原理

变压器二次电压 u_2 作为可控整流电路的交流输入电压，设输入电压为

$$u_2 = \sqrt{2}\,U_2 \sin\omega t$$

在 u_2 的正半周，晶闸管 VT 承受正向电压，当 $0 < \omega t < \alpha$ 时，VT 正向阻断，$u_d = 0$，$i_d = 0$；当 $\omega t = \alpha$ 时，给其控制极加上触发脉冲，VT 导通，忽略其正向压降，$u_d = u_2$，$i_d = u_d / R_d$；

在 u_2 的负半周，晶闸管 VT 承受反向电压而关断，$u_d = 0$，$i_d = 0$。

从 $0 \sim \omega t_1$ 的角度 α，叫作控制角。从 $\omega t_1 \sim \pi$ 的角度 θ_T，叫作导通角，显然 $\alpha + \theta_T = \pi$。当 $\alpha = 0$，$\theta_T = 180°$ 时，晶闸管全导通，与不可控整流一样，当 $\alpha = 180°$，$\theta_T = 0$ 时，晶闸管全关断，输出电压为零。

由图 10-7b 可见，u_d 是一个不完整的半波整流电压（阴影部分）。只要改变控制角 α 的大小，便可调节输出直流电压 u_d 的大小。该电路输出电压的平均值为

$$U_d = 0.45 U_2 \frac{1 + \cos\alpha}{2} \tag{10-10}$$

电压的可控范围为 $0 \sim 0.45 U_2$

输出电流的平均值为

$$I_d = \frac{U_d}{R_d} = 0.45 \frac{U_2}{R_d} \frac{1+\cos\alpha}{2} \tag{10-11}$$

想一想、做一做

1. 想一想，你身边哪些地方用到了整流电路？

2. 想一想，若桥式电路中任何一个二极管接反会发生什么现象？若四个二极管同时都接反呢？

3. 想一想，若桥式电路中任何一个二极管虚焊，会产生什么后果？

4. 想一想，桥式电路中相邻两个二极管都虚焊，输出电压将怎样变化？输出波形是怎样的？如果是都击穿短路，会发生什么现象？

10.2 滤波电路

整流得到的单向脉动直流电，包含着多种频率的交流成分。为了获得脉动更小的直流电需要滤除或抑制交流分量，此过程称为滤波。

滤波电路通常由电容器或电感器以及它们的组合组成。常用的滤波电路如下。

10.2.1 电容滤波

单相桥式整流电容滤波电路如图 10-8 所示。滤波电容 C 与负载电阻 R_L 相并联，因此，负载两端电压等于电容器 C 两端电压，即

$$u_o = u_C$$

由于电容器的滤波作用，输出电压的波形如图 10-9 所示。

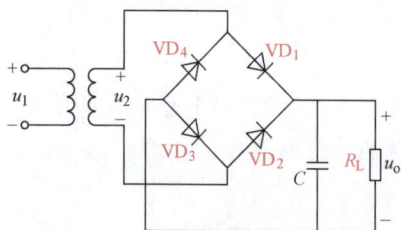

图 10-8　单相桥式整流电容滤波电路

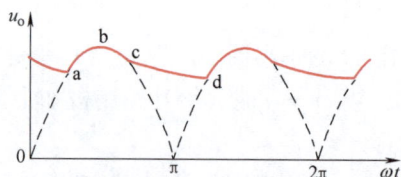

图 10-9　单相桥式整流电容滤波电压波形图

当 u_2 为正半周上升时，VD_1、VD_3 导通，u_2 经 VD_1、VD_3 对电容 C 充电，同时向负载 R_L 提供电流，忽略二极管的正向导通电压，有 $u_o = u_C \approx u_2$。随着 u_2 的增大，u_o 逐渐上升至 u_2 的最大值，如图 10-9 所示的 ab 段曲线及最大值 b 点。当 u_2 从 b 点开始下降时，$u_2 < u_C$，VD_1、VD_3 截止，电容 C 向 R_L 放电，如图 10-9 所示的 bd 段曲线。与此同时，u_2 按照正弦规律变化，当 u_2 的电压值大于 u_C 时，如图 10-9 所示 d 点，VD_2、VD_4 导通，电容 C 再次被充电，输出电压也就随之增大，以后电容器重复上述充、放电过程，得到图 10-9 所示的输

出电压波形。可见，电容滤波是利用了电容器的充、放电原理来滤除或抑制交流分量的。电路接入电容滤波后，负载上的电压不仅变得平滑，脉动程度大为减小，而且输出电压的平均值也增大了。

电容滤波输出电压的大小与负载有关。空载时（$R_L \to \infty$），电容没有放电回路，其输出直流电压可达 $\sqrt{2}\,U_2$，即为交流输入电压的 1.4 倍。接入负载后，输出电压约等于 U_2。

10.2.2　电感滤波

电感滤波电路如图 10-10 所示，电感 L 与负载电阻 R_L 串联，利用通过电感的电流不能突变的特性来实现滤波。当电感电路电流增大时，电感产生的自感电动势阻止电流的增加；而电流减小时，自感电动势则阻止电流的减小。因此，当脉动电流从电感线圈中通过时，将会变得平滑些。

不仅如此，当负载变化引起输出电流变化时，电感线圈也能抑制负载电流的变化。如此将使输出电压 u_o 趋于平缓，如图 10-11 所示为输出电压的波形。电感滤波常适用一些大功率整流设备和负载电流变化较大的场合。

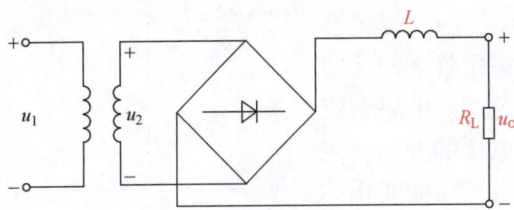

图 10-10　电感滤波电路

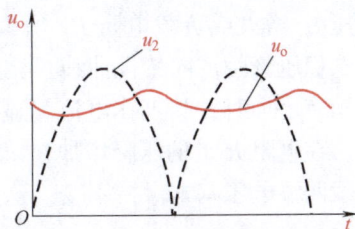

图 10-11　单相桥式整流电感滤波波形

显然，L 愈大，滤波效果愈好。但电感量较大时（几亨至几十亨），电感器的铁心会更粗大笨重、线圈匝数更多，因此，在小型电子设备中很少采用电感滤波。

10.2.3　复式滤波器

为了进一步提高滤波效果，可用电容和电感组成复式滤波器。常见的有 Γ 型和 Π 型两种，如图 10-12 所示。

复式滤波器同时利用电感和电容的特性，不仅滤波效果更好，还可大大减小在接通电路瞬间的冲击电流。

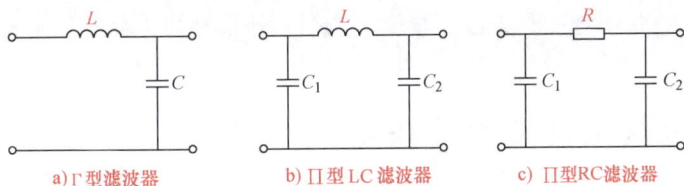

a) Γ 型滤波器　　b) Π 型 LC 滤波器　　c) Π 型 RC 滤波器

图 10-12　复式滤波器

10.3 稳压电路

交流电压经过整流滤波后，所得到的直流电压虽然脉动程度已经很小，但当电网电压波动或负载变化时，其直流电压的大小也将随之发生变化。因此，为使输出的直流电压基本保持恒定，通常在整流滤波电路之后，需要再加一级直流稳压电路。

最简单的硅稳压管并联型稳压电路如图 10-13 所示。稳压管 VS 与负载 R_L 并联，R 为限流电阻，用以保护稳压管，同时又与稳压管相配合，对输出电压进行调节并使之稳定。稳压电路的输入电压 U_i 是由整流滤波电路提供的直流电压，而输出电压 U_o 即稳压管的稳定电压 U_Z。

稳压电路的工作原理如下：当交流电网电压升高导致输入电压 U_i 增大或负载电阻 R_L 增大时，输出电压 U_o 也将升高。从稳压管的反向特性曲线可知，当加在稳压管上的反向电压稍有增加时，其工作电流就显著增大。这时，电路电流增大，在电阻 R 上的压降增加，以抑制输出电压的升高，使得负载两端电压基本保持不变。这个过程可用下面的变化关系表示：

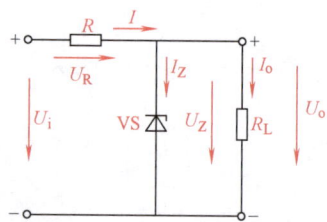

图 10-13 稳压管并联型稳压电路

$$U_i \uparrow (或 R_L \uparrow) \rightarrow U_o \uparrow \rightarrow U_Z \uparrow \rightarrow I_Z \uparrow \rightarrow I \uparrow \rightarrow U_R \uparrow \rightarrow U_o \downarrow$$

相反的，如果 U_i 或 R_L 下降，可用下面的变化关系图表示：

$$U_i \downarrow (或 R_L \downarrow) \rightarrow U_o \downarrow \rightarrow U_Z \downarrow \rightarrow I_Z \downarrow \rightarrow I \downarrow \rightarrow U_R \downarrow \rightarrow U_o \uparrow$$

并联型稳压电路结构简单，在负载电流变动较小时，稳压效果较好。但其输出电压只能等于稳压管的稳定电压，允许电流变化的幅度也受到稳压管稳定电流的限制。因此，并联型稳压电路只适用于功率较小和负载电流变化不大的场合。

实训指导 焊接工具及焊接技能

1. 焊接工具

（1）电烙铁 电烙铁是进行电子制作和维修的主要工具之一。它主要由铜制烙铁头和用电热丝绕成的烙铁芯两部分组成。

从构造上分，电烙铁有内热式和外热式两种。从功率上分，电烙铁有 20W、25W、35W、45W、75W、100W 以至 500W 等多种规格。电子电路中，一般使用 25W 的内热式电烙铁。图 10-14 所示为内热式电烙铁。

（2）焊锡和助焊剂

1）焊锡：焊接电子元器件，一般采用有松香芯的焊锡丝。这种焊锡丝熔点较低，而且内含松香助焊剂，使用极为方便。图 10-15a 所示为焊锡丝。

2）助焊剂：常用的助焊剂是松香或松香水（将松香溶于酒精中），或是焊锡膏，如图 10-15b 所示。使用助焊剂，可以帮助清除金属表面的氧化物，利于焊接，又可保护烙铁头。但它有一定腐蚀性，焊接后应及时清除残留物。

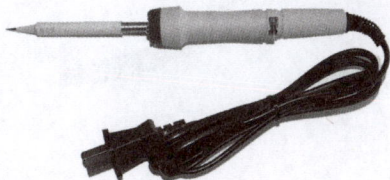

图 10-14　内热式电烙铁

a) 焊锡丝　　　　　　　　　　　　b) 焊锡膏和松香

图 10-15　焊锡丝和助焊剂

（3）辅助工具　为了方便焊接操作，常采用尖嘴钳、斜口钳、吸锡器、螺钉旋具、电工刀和镊子等作为辅助工具，应学会正确使用这些工具。焊接常用辅助工具如图 10-16 所示。

2. 焊接操作基本技能

（1）电烙铁握法　电烙铁常见的握法有三种：①反握法，该握法动作稳定，长时间操作不易疲劳，适于大功率电烙铁的操作；②正握法，适于中等功率电烙铁或带弯头电烙铁的操作；③握笔法，适宜在操作台上焊接印制电路板等，如图 10-17 所示。

（2）焊锡丝拿法　焊锡丝一般有两种拿法，如图 10-18a 所示为连续锡焊时焊锡丝的拿法，如图 10-18b 所示为断续锡焊时焊锡丝的拿法。

（3）焊前处理　应对元器件引脚或电路板的焊接部位进行焊前处理，如图 10-19 所示。

1）清除焊接部位的氧化层。可用断锯条制成小刀，刮去金属引线表面的氧化层，使引脚露出金属光泽。印刷电路板可用细砂纸将铜箔打光后，涂上一层松香酒精溶液。

2）元器件镀锡。在刮净的引线上镀锡。可将引线蘸一下松香酒精溶液后，将带锡的热烙铁头压在引线上，并转动引线，即可使引线均匀地镀上一层很薄的锡层。导线焊接前，应

a) 尖嘴钳　　　　　　　　b) 斜口钳　　　　　　　　c) 吸锡器

d) 螺钉旋具　　　　　　　e) 电工刀　　　　　　　　f) 镊子

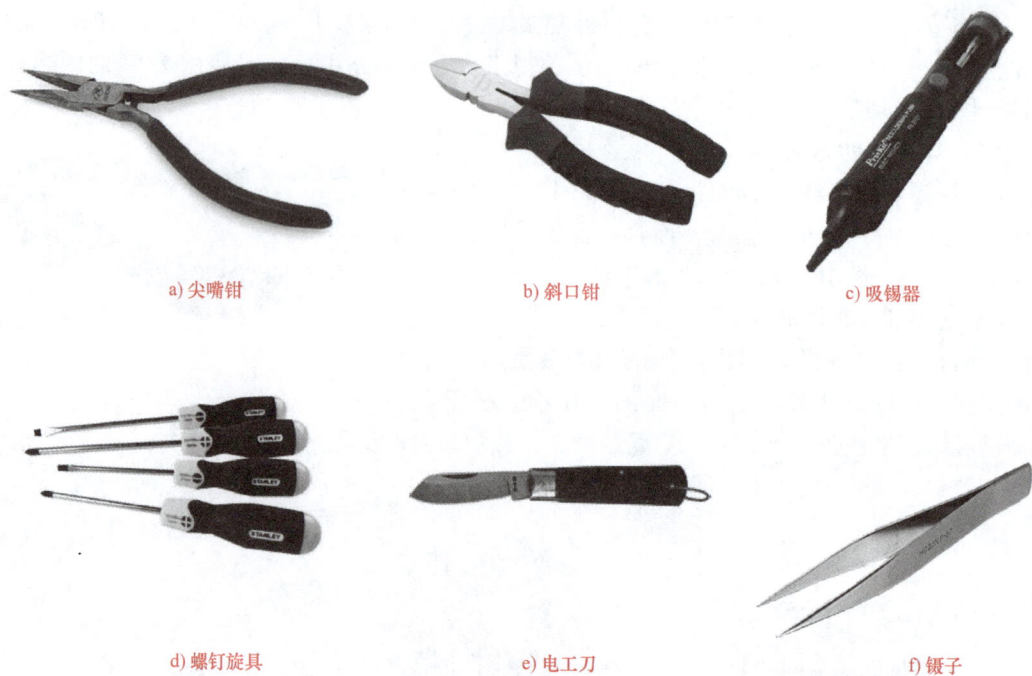

图 10-16　焊接常用辅助工具

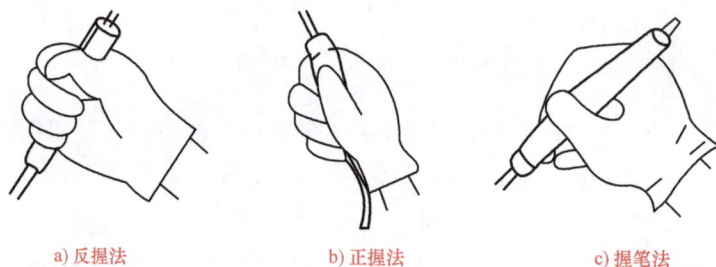

a) 反握法　　　　　　　　b) 正握法　　　　　　　　c) 握笔法

图 10-17　电烙铁握法

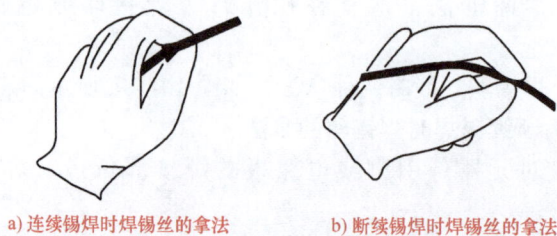

a) 连续锡焊时焊锡丝的拿法　　　　　b) 断续锡焊时焊锡丝的拿法

图 10-18　焊锡丝拿法

将绝缘外皮剥去，再经过上面两项处理，才能正式焊接。若是多股金属丝的导线，打光后应先拧在一起，然后再镀锡。

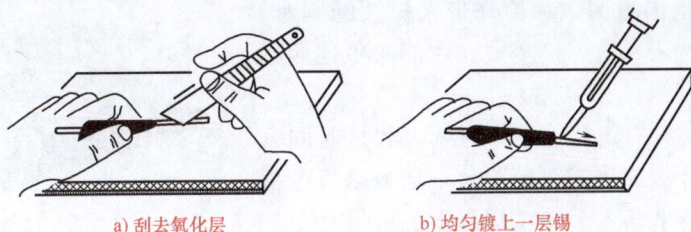

a) 刮去氧化层　　　　　　　　　b) 均匀镀上一层锡

图 10-19　焊前处理

（4）焊接方法　如图 10-20 所示，最常见的五步法焊接可按下列步骤进行：

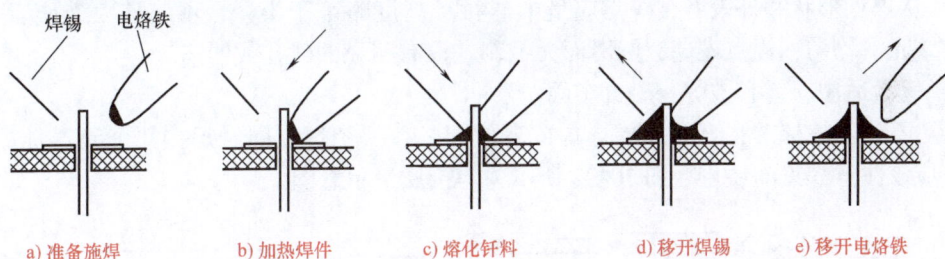

a) 准备施焊　　　b) 加热焊件　　　c) 熔化钎料　　　d) 移开焊锡　　　e) 移开电烙铁

图 10-20　五步法焊接

1）准备施焊：准备好焊锡丝和电烙铁。焊接前，电烙铁要充分预热，判断烙铁头的温度时，可将电烙铁碰触松香，若碰触时有"吱吱"的声音，则说明温度合适；若没有声音，仅能使松香勉强熔化，则说明温度低；若烙铁头一碰上松香就大量冒烟，则说明温度太高。此时特别强调的是烙铁头部要保持干净，即可以沾上一定量焊锡（俗称吃锡）。

2）加热焊件：将烙铁头刃面紧贴在焊点处。电烙铁与水平面大约成60°角。以便于熔化的锡从烙铁头上流到焊点上。

3）熔化钎料：当焊件加热到能熔化钎料的温度后将焊锡丝置于焊点，钎料开始熔化并润湿焊点。

4）移开焊锡：当熔化一定量的焊锡后将焊锡丝移开。

5）移开电烙铁：当焊锡完全润湿焊点后移开电烙铁，注意移开电烙铁的方向应该是大致45°的方向。用镊子转动引线，确认不松动，然后可用斜口钳剪去多余的引线。

上述过程，对一般焊点而言时间大约 2~3s。各步骤之间停留的时间，对保证焊接质量至关重要，只有通过实践才能逐步掌握。

使用电烙铁要配置烙铁架，一般放置在工作台右前方，电烙铁用后一定要稳妥放于烙铁架上，并注意导线等物品不要接触烙铁头。

若条件允许，可采用恒温电烙铁，如图 10-21 所示。恒温电烙铁利用温度控制器进行温度控制，当烙铁头温度达到设定值时就停止加热，可以提高焊接质量并延长电烙铁的寿命。

（5）虚焊与焊接质量　虚焊是焊点处只有少量锡焊，造成元器件接触不良，电路时通时断。假焊是指表面上好像焊住了，但实际上并没有焊上，有时用手一拔，引线就可以从焊点中拔出。这两种情况将给电子制作的调试和检修带来极大的困难。只有经过大量的、认真的焊接实践，才能避免这两种情况出现。

图 10-21 恒温电烙铁

焊接电路板时，一定要控制好时间。焊接时间太长，电路板将被烧焦或造成铜箔脱落。从电路板上拆卸元器件时，可将电烙铁头贴在焊点上，待焊点上的锡熔化后，再将元器件拔出。

焊接时，应保证每个焊点达到以下标准：

1）焊接牢固、接触良好。

2）从焊点形状和外表看，焊点应呈半球状且高度略小于半径，不应该太鼓或者太扁。外表应该光滑均匀，锡点光亮，圆滑而无毛刺，没有明显的气孔或凹陷。

3）锡量适中，锡和被焊物融合牢固。

若达不到上述标准，容易造成虚焊或者假焊。在一个焊点同时焊接几个元器件的引线时，更应该注意焊点的质量。图 10-22 所示为焊接质量示意图。

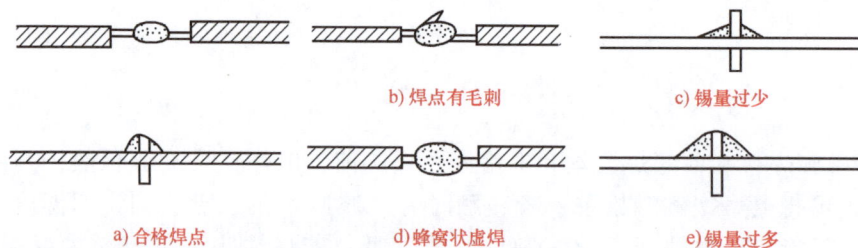

b) 焊点有毛刺   c) 锡量过少

a) 合格焊点   d) 蜂窝状虚焊   e) 锡量过多

图 10-22   焊接质量示意图

（6）拆焊技能

1）元器件的拆焊方法：拆焊元器件所用电烙铁的烙铁头应锉得尖一些，使得烙铁头接触焊点时不会接触到印制电路板的其他部分。拆焊时，用烙铁头接触印制电路板背面的焊点的同时，要用镊子夹住印制电路板正面的元器件引脚，当发现焊锡开始熔化时，用镊子慢慢把引脚拉出通孔。如果拉出引脚的过程不顺利，应使烙铁头暂时撤离焊点，以防过多的热量传到元器件内部。

2）拆焊操作原则：为防止失误，拆焊过程中还应遵循以下操作原则：①最好每次只拆下一个元器件。拆下元器件时应记下每个脚的焊接位置。当引脚数目较多或者对这种元器件的引脚排列方式不太熟悉时，应在每个引脚上贴上胶布，写上记号。②如果不得已必须拆下较多的元器件，一定要给每个元器件分别做上记号。③如果测量结果表明该元器件没有故障，应及时把它焊到印制电路板上。

3）注意事项：①严格控制加热的温度和时间，以免将元器件烫坏或使焊盘脱胶；②不要用力过猛，元器件的引脚封装并不是非常坚固的，操作时不可过分用力拉、摇、扭，以免损坏焊盘和元器件。

实训 10.1　二极管整流、滤波电路

1. 实训目的

1）学习二极管单相桥式整流电路、滤波电路的连接。

2）观察单相桥式整流、滤波电路的输入、输出波形。

3）测定其输入、输出电压间的量值关系。

2. 所用仪器设备

1）万用表 1 台。

2）示波器 1 台。

3）电源变压器 1 台。

4）实验通用电路板 1 块。

5）整流二极管若干。

6）电容 1 个。

7）电感 1 个。

8）滑动变阻器 1 个。

9）电流表 1 块。

3. 实验电路板图及实验电路

1）二极管单相桥式整流、滤波实验电路如图 10-23 所示。

2）实验电路板如图 10-24 所示。

3）电源变压器实物如图 10-25 所示。

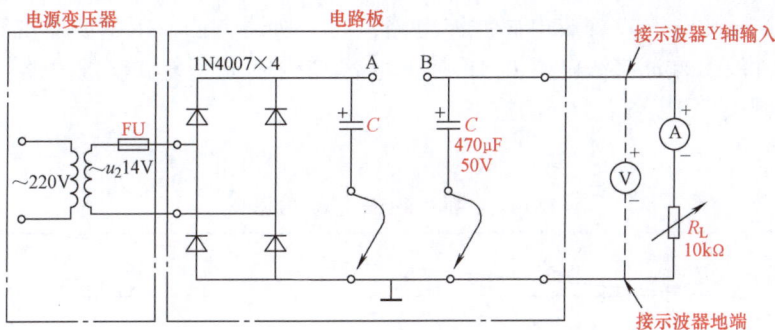

图 10-23　实验电路

4. 实训内容及步骤

（1）选取　用万用表检测二极管后选用 4 只正常的二极管。

（2）安装　按实验电路板图在通用电路板上正确安装元器件，组成桥式整流、滤波电路。

（3）连接　按实验电路图正确连接组成实验电路，即将电源变压器二次侧加到整流电路输入端，将滑动变阻器串接电流表后并接在整流电路输出端。

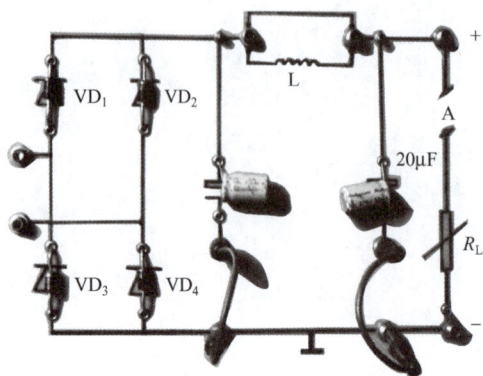

图 10-24　实验电路板

图 10-25　电源变压器

（4）测试

1）测试无滤波整流电路的步骤：①断开电容 C，短接电路中 AB 两端点，且将滑动变阻器 R_L 调至中间值，检查无误后通电源；②调节 R_L，使输出端电流表读数 $I_L = 0.1A$，用万用表交流电压档测试 u_2 值，记录于表 10-1 中；③用万用表直流电压档测试输出电压值 U_o，记录于表 10-1 中；④将示波器的旋钮或按键设置合适位置，用探头搭接在整流电路输入端（电源变压器二次侧），观察输入电压 u_2 的波形并记录在表 10-2 中；⑤把探头搭接在整流电路输出端（即 R_L 两端），观察输出电压 U_o 的波形（注意探头的接法），并记录在表 10-2 中。

2）测试滤波整流电路的步骤：①将 AB 端短接，再接上电容 C 构成电容滤波电路，同上所述方法，用万用表分别测试 u_2、U_o；用示波器观察并记录 u_2、U_o 的波形；②将 AB 端间接入电感 L，断开电容 C 构成电感滤波电路，同上所述方法，用示波器观察并记录 u_2、U_o 的波形；③将 AB 端间接入电感 L，再接上电容 C 构成 π 型复式滤波电路，同上所述方法，用示波器观察并记录 u_2、U_o 的波形。

5. 数据表

表 10-1　桥式整流、滤波数据表

电　　路	u_2	U_o	U_o/u_2
桥式整流电路			
桥式整流 C 滤波			

表 10-2　桥式整流滤波输出波形记录表

测试端	输入 u_2	输出 U_o			
		整流	整流 C 滤波	整流 L 滤波	整流 π 型滤波
波形					

6. 思考题

1. 在 LC 复式滤波电路中，将电容 C 接在 A 点和 B 点，两种滤波效果有何不同？为什么？

2. 若想观察到半波整流的输出电压波形，示波器的探头应搭接在哪两端点？

实训 10.2　单结晶体管触发的晶闸管调光电路的安装与调试

1. 实训目的

1）掌握电子焊接工具的使用方法及焊接技能。

2）掌握晶闸管、稳压管、电容器、电阻器、单结晶体管、二极管等电子元器件的识别和测试。

3）熟悉单结晶体管触发的晶闸管调光电路的组成和工作原理。

4）设计、安装并调试晶闸管调光电路，并锻炼自己制作电子产品的能力和独立思考问题的能力。

2. 所用仪器设备

1）电烙铁 1 个。

2）焊锡丝若干。

3）晶闸管调光电路所需元器件、配件等（见表 10-3 所列元器件清单）。

4）焊接辅助工具（尖嘴钳、斜口钳、镊子和小刀等）1 套。

5）示波器 1 台。

6）数字万用表 1 块。

7）直流稳压电源 1 台。

表 10-3　晶闸管调光电路元器件清单

序号	材料名称	型号规格	单位	数量
1	晶闸管	0802	只	2
2	电源变压器	220V/36V，30V·A 以下即可	只	1
3	整流二极管	1N4007	只	6
4	稳压二极管	WD135	只	1
5	电容器	$0.22\mu F$	只	1
6	电阻器	$100\Omega,300\Omega,1.5k\Omega,1.5k\Omega$（均为 1/4W）	只	各 1
7	单结晶体管	BT33	只	1
8	电位器	$50k\Omega$	只	1
9	面包板	单孔 C　100mm×120mm	块	1
10	电路连接线	$0.12mm^2$	m	1
11	绝缘导线	BVR-0.75	m	若干
12	白炽灯泡	220V，15W，带灯座	套	1

3. 单结晶体管触发的晶闸管调光电路的组成和工作原理

如图 10-26 所示为单结晶体管触发的晶闸管调光电路，电路分为主电路和控制电路两部分，主电路由二极管 VD_5、VD_6 和晶闸管 VT_1、VT_2 构成单相半控桥式整流电路，其输出的直流可调电压作为灯泡 EL 的电源。改变 VT_1、VT_2 控制极脉冲电压的相位，即改变 VT_1、VT_2 控制角的大小，便可改变输出直流电压的大小，进而改变灯泡 EL 的亮度。控制电路由单结晶体管触发电路构成，其作用是为 VT_1、VT_2 的控制极提供触发脉冲电压。调节电位器 RP 的大小可改变触发脉冲的相位。脉冲形成是梯形同步电压，经 RP、R_4 对 C 充电，电容 C 两端电压上升到单结晶体管的峰点电压 U_P 时，单结晶体管由截止变为导通，由电容 C 通过 e-b_1、R_3 放电。放电电流在电阻 R_3 上产生一组尖顶脉冲电压，由 R_3 输出一组触发脉冲，其中第一个脉冲使晶闸管触发导通，后面的脉冲对晶闸管的工作没有影响。随着电容 C 的放电，当电容两端电压下降至单结晶体管谷点电压 U_V 时，单结晶体管重新截止；电容 C 重新充电，重复上述过程，R_3 上又输出一组尖顶脉冲电压。这个过程反复进行。当梯形电压过零点时，电容 C 两端电压也为零，因此电容每一次连续充放电的起点，就是电源电压过零点。这样就保证输出脉冲电压频率和电源频率同步。

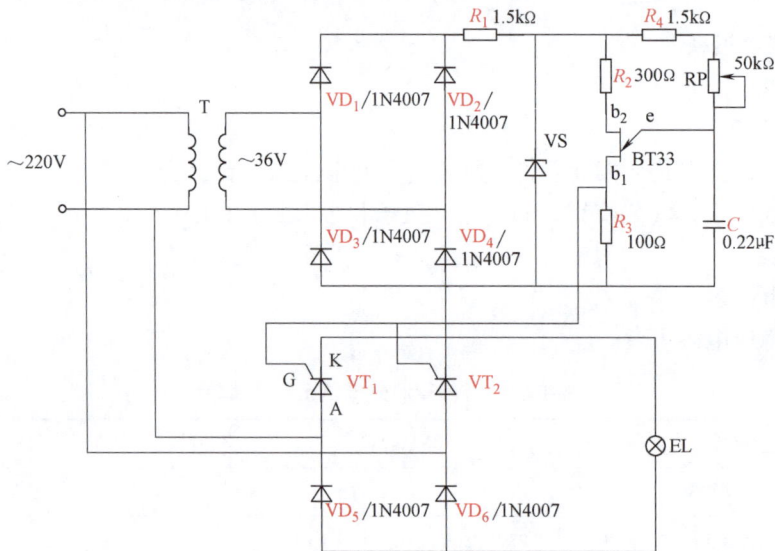

图 10-26 单结晶体管触发的晶闸管调光电路

4. 实训内容及步骤

（1）元器件测试 对照元器件清单，认真查对元器件及配件的数量，并用万用表检测晶闸管、稳压管、电容器、电阻器、单结晶体管、二极管等电子元器件的质量。

（2）读图 看懂原理图，熟悉各部分作用。

（3）安装

1）在面板上根据电路图合理安排元器件位置。

2）安装元器件，按照焊接方法对元器件进行表面清洁和镀锡处理、焊接、焊点检查；确认无虚焊、假焊、漏焊、错焊等，进入调试阶段。

（4）调试 安装完毕的电路经检查确认无误后，接通电源进行调试。先调试控制电路，然后再调试主电路。控制电路的调试步骤是：在控制电路接上电源后，先用示波器观察稳压管两端的电压波形，应为梯形波；再观察电容器两端的电压波形，应为锯齿波；最后调节电位器 RP，锯齿波的频率有均匀的变化。主电路的调试步骤是：用调压器给主电路加一个低电压（40～50V），用示波器观察晶闸管阳、阴极之间的电压波形。波形上有一部分是一条平线，它是晶闸管的导通部分；调节电位器 RP，波形中平线的长度随之变化，表示晶闸管导通角可调，电路工作正常。否则要检查原因，排除故障后，重新调试。待检查无误后，给主电路加工作电压，灯泡 EL 发光。调节 RP，当增大 RP 时，则灯泡 EL 变暗；当减小 RP 时，则 EL 变亮，说明电路工作正常。

大国工匠英雄谱之十

在平凡中非凡，在尽头处超越的维修工——王树军

在世界上最繁忙的重型柴油机生产线上，平均每 95s 就有一台大功率低能耗的发动机下线。王树军，一个普通的维修工，"闯进"国外高精尖装备维修的"禁区"，针对国外产品的设计缺陷，突破进口生产线的技术封闭，生产出我国自主研发的大功率低能耗发动机。让中国在重型柴油机领域和世界最强者站在了同一条水平线上。

本章小结

1. 整流电路是把交流电能转换为直流电能的电路。其原理是利用二极管的单向导电性，把大小方向都变化的交流电转变成只有大小变化的脉动直流电。

2. 半波整流电路是一种最简单的、除去半周、留下半周的整流电路。其输出的直流电压平均值，等于输入的交流电压有效值的 0.45 倍，即 $U_o = 0.45U_2$。

3. 桥式整流电路由 4 只二极管连接成桥式结构。在输出端得到一个完整的、全波脉动直流电压波形。其输出电压的大小，是半波整流电压的 2 倍，即 $U_o = 0.9U_2$。

4. 可控整流电路是将交流电变换为电压大小可以调节的直流电的电路。其输出电压的大小为 $U_o = 0.45U_2 \dfrac{1 + \cos\alpha}{2}$。

5. 滤波电路是一种采取滤除或抑制交流分量的方法，从而获得脉动更小的直流电的电路，有电容滤波和电感滤波两种。

6. 复式滤波通常由电容和电感组成，常见的有 Γ 型和 Π 型两种，其滤波效果较电容或电感滤波更好。

7. 稳压电路是能使输出的直流电压基本保持恒定的电路。最简单的稳压电路是硅稳压管并联型稳压电路。

8. 常用的焊接工具有：电烙铁、焊锡丝、助焊剂和尖嘴钳、斜口钳、镊子和电工刀等。

9. 焊接前，要先清除焊接部位氧化层，然后给元器件镀锡。

10. 焊接时，要保证每个焊点焊接牢固，接触良好，要保证焊接质量。

11. 拆焊时，严格控制加热的温度和时间，以免将元器件烫坏或使焊盘脱胶。

第4篇

▶▶▶ 数字电子技术

第11章 基本逻辑门和组合逻辑门电路

11.1 数字电路基础知识

11.1.1 数字信号与数字电路

1. 数字信号

电子电路中的电信号分为模拟信号和数字信号，模拟信号是一种在时间和数量上都连续的电信号，正弦波信号就是典型的模拟信号。数字信号是一种在时间和数量上都离散的电信

号，它具有不连续和突变的特性，因而也
称为脉冲信号。数字信号的波形称为脉冲
波，常见的脉冲波有矩形波、尖峰波、锯
齿波、阶梯波等，如图 11-1 所示。

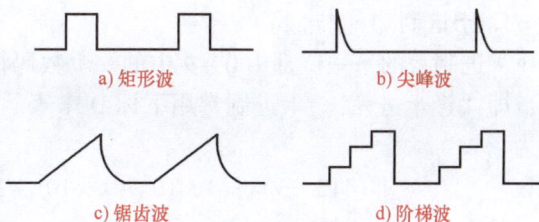

a) 矩形波　　　　b) 尖峰波

c) 锯齿波　　　　d) 阶梯波

图 11-1　常见的几种脉冲波

理想的矩形脉冲波形如图 11-2a 所
示。矩形脉冲有正脉冲和负脉冲之分，脉
冲跃变后的值比初始值高的称为正脉冲，
低的称为负脉冲。脉冲从起始值开始突变的一边称为脉冲前沿，也称上升沿；脉冲从峰值变
为起始值的一边称为脉冲后沿，也称下降沿。图中 U_m 称为脉冲幅值，t_w 称为脉冲宽度，T
称为脉冲周期。实际的矩形脉冲波形如图 11-2b 所示。

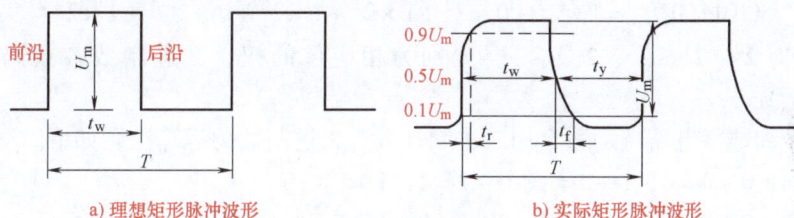

a) 理想矩形脉冲波形　　　　　　　b) 实际矩形脉冲波形

图 11-2　矩形脉冲波形

从图 11-2 所示波形可知，数字信号具有如下特点：

1）只具有高电平和低电平两种状态。

2）如果用 1 和 0 代表高、低两种电平，则一组脉冲可以看成是 1、0 表示的一串数
字量。

3）可以用高、低电平表示自然界中各种物理量的有无、强弱、高低的相互关系，只要
按照一定的关系建立起某种逻辑关系式，就可以实现判断、推理、计算和记忆等。

2. 数字电路

数字电路是用来处理数字信号的，它利用脉冲的有无以及脉冲的多少代表某种特定的信
息或数量。根据数字信号的特点，数字电路结构形式有以下特点：

1）高、低电平的数字量，可以用开关的通断来实现。因此，数字电路是一系列开关电
路，这种电路容易实现，电路简单。

2）在研究自然界各种物理量的关系时，可以建立起符合某种逻辑关系的逻辑关系式，
实现这些逻辑关系的电路称为逻辑电路。把逻辑电路按照一定的方式组合起来，可以构成大
的数字电路系统。

3）由于只考虑信号的有无、数目，无须考虑信号的大小，因此数字电路抗干扰能力强，
可靠性高；用晶体管构成开关电路时，晶体管工作在截止或饱和状态，这样功耗低。

在数字电路中，把电路的"1"态称为逻辑"1"，"0"态称为逻辑"0"。若规定高电
平为逻辑"1"，低电平为逻辑"0"，则称为正逻辑；反之则称为负逻辑。本书采用正逻辑。

11.1.2　十进制与二进制

记数的方法叫数制，它是多位数码中每一位的构成方法和低位向高位的进位规则。常用
的数制有十进制和二进制。

1. 十进制

十进制数的每一位都由 0 ~ 9 中的一个数码构成，计数的基数为十，超过 9 要向高位进位，即"逢十进一"。十进制常用下标 D 来表示，如 412.36 表示为 $(412.36)_D$，也可以描述为

$$(412.36)_D = 4 \times 10^2 + 1 \times 10^1 + 2 \times 10^0 + 3 \times 10^{-1} + 6 \times 10^{-2}$$

其中，10^2、10^1、10^0 分别为百位、十位、个位的权，10^{-1}、10^{-2} 分别为小数点后第一位、第二位的权，十进制数各数码的权值是 10 的幂。

2. 二进制

二进制数的每一位仅为 0 或 1 这两种数码，计数的基数为二，低位向相邻高位按"逢二进一"进位。二进制数常用下标 B 来表示，如 1011.01 表示为 $(1011.01)_B$，也可以描述为

$$(1011.01)_B = 1 \times 2^3 + 0 \times 2^2 + 1 \times 2^1 + 1 \times 2^0 + 0 \times 2^{-1} + 1 \times 2^{-2}$$

其中，2^3、2^2、2^1、2^0、2^{-1}、2^{-2} 分别为相应位的权，二进制数各数码的权值是 2 的幂。

数字信号和数字电路特别适合用二进制计数。二进制数的运算法则如下。

加法法则：$0 + 0 = 0$；$1 + 0 = 1$；$0 + 1 = 1$；$1 + 1 = 10$。

乘法法则：$0 \times 0 = 0$；$1 \times 0 = 0$；$0 \times 1 = 0$；$1 \times 1 = 1$。

3. 二—十进制的转换

（1）二进制数转换为十进制数　二进制数转换为十进制数，只要将它按权位展开，并求出各项的和，即可得到所对应的十进制数。

例 11-1　将二进制数 $(1010.01)_B$ 转换为十进制数。

解：

$$(1010.01)_B = 1 \times 2^3 + 0 \times 2^2 + 1 \times 2^1 + 0 \times 2^0 + 0 \times 2^{-1} + 1 \times 2^{-2} = (10.25)_D$$

（2）十进制数转换为二进制数　十进制数的整数部分和小数部分需分别进行转换，再将结果排列在一起，得出完整的结果。

整数部分采用"除 2 取余数法"，即将整数部分逐次除以 2（基数），依次记下余数，直至商为 0。第一个余数为二进制数的最低位，最后一个余数为二进制数的最高位。

例 11-2　将十进制数 $(29)_D$ 转换成二进制数。

解：

```
2|29      余数
2|14 …… 1   低位
2|7  …… 0    ↑
2|3  …… 1   读数方向
2|1  …… 1
 0   …… 1   高位
```

所以 $(29)_D = (11101)_B$

小数部分采用"乘 2 取整法"，即将小数部分连续乘以 2（基数），取积的整数部分作为二进制的小数。首次乘积的整数为所得二进制小数的最高位，第二次乘积的整数为次高位，依次进行，直至满足转换精度要求为止。

例 11-3　将十进制数 $(0.723)_D$ 转换为二进制数（要求精确到小数点后第 4 位）。

解：

```
        0.723        整数
    ×      2
    ─────────
       1.446    ……1   最高位
       0.446
    ×      2            读
    ─────────           数
       0.892    ……0    方
    ×      2            向
    ─────────
       1.784    ……1    ↓
       0.784
    ×      2
    ─────────
       1.568    ……1   最低位
```

所以 $(0.723)_D \approx (0.1011)_B$

例 11-4　将十进制数 $(13.375)_D$ 转换为二进制数。

解： 整数部分 13

```
    2|13         余数
    ─────
    2|6  …… 1    低位
    ─────
    2|3  …… 0     ↑
    ─────
    2|1  …… 1    读数方向
    ─────
      0  …… 1    高位
```

小数部分 0.375

```
        0.375        整数
    ×      2
    ─────────
       0.750    ……0   最高位
       0.750           读
    ×      2           数
    ─────────          方
       1.500    ……1    向
       0.500           ↓
    ×      2
    ─────────
       1.000    ……1   最低位
```

所以 $(13.375)_D = (1101.011)_B$

11.1.3　码制及 8421BCD 码

数字系统的信息有两类：一类是数值信息，另一类是文字图形符号，表示非数值的其他事物。对于后一类信息，常用按一定规律编制的各种代码来代表，这一规律称为码制。

对数字系统而言，使用最方便的是按二进制数编制代码。如在用二进制数码表示一位十进制数的 0~9 这十个状态时，经常采用 8421BCD 码。

8421BCD 码是最常用的一种有权码，其 4 位二进制码从高位至低位的权依次为 2^3、2^2、2^1、2^0，即为 8、4、2、1，故称为 8421BCD 码。按 8421BCD 码编码的 0~9 与用 4 位二进制数表示的 0~9 完全一样，是一种人机联系时广泛使用的中间形式。

需要注意的是：8421BCD 码中不允许出现 1010~1111 六种组合，因为没有十进制数字符号与其对应。用 8421BCD 码制编制的代码见表 11-1。

1. 8421BCD 码与十进制数之间的转换

8421BCD 码与十进制数之间的转换是按位进行的，即十进制数的每一位与 4 位二进制编码对应。例如：

$$(258)_D = (0010\ 0101\ 1000)_{8421BCD码}$$

$$(0001\ 0010\ 0000\ 1000)_{8421BCD码} = (1208)_D$$

表 11-1　8421BCD 码制代码表（10 以内）

十进制数	代　　码			
	D	C	B	A
0	0	0	0	0
1	0	0	0	1
2	0	0	1	0
3	0	0	1	1
4	0	1	0	0
5	0	1	0	1
6	0	1	1	0
7	0	1	1	1
8	1	0	0	0
9	1	0	0	1
权	8	4	2	1

2. 8421BCD 码与二进制的区别

例如：　　　　　$(28)_D = (11100)_B = (00101000)_{8421BCD码}$

想一想、做一做

1. 做个调查，看看实际生活中哪些地方用数字信号？哪些地方用模拟信号？举例说明。

2. 试一试，仿照二、十进制的表示，你能写出八进制吗？十六进制吗？

11.2　基本逻辑门电路

数字电路从工作状态而言，与前述放大电路不同，数字电路中的晶体管通常总是工作在稳定的截止或饱和状态。这种状态称为晶体管的开关特性。所以有时又把数字电路称为开关电路。

开关电路有两个特点：第一，它的通断状态由输入控制信号决定。也就是说，只有满足一定条件时开关才能接通。对信号而言，它好像设在电路中的门，当满足一定条件时，门自动开启，让信号通过；当不满足一定条件时，门自动关闭，信号不能通过。所以这种开关电路称为门电路。第二，开关电路的输出与输入之间存在一定的逻辑关系，故门电路又称为逻辑门电路。

11.2.1　三种基本逻辑关系

所谓逻辑，是指事物本身的规律性，即事物的条件与结果之间的因果关系。基本的逻辑关系有三种，即与逻辑、或逻辑和非逻辑。

（1）与逻辑关系　与逻辑关系是当决定一个事件的条件全部具备时，此事件才能发生，只要有一个不满足，事件就不发生，又称逻辑与。如图 11-3a 所示，由两个开关 S_1、S_2 串联控制灯泡 HL 的电路，只有当 S_1、S_2 都闭合时（条件全部具备），灯泡才亮（事件发生）。

（2）或逻辑关系　或逻辑关系是在决定一个事件的诸条件中，有一个或一个以上具备，此事件就会发生，只有当所有条件都不满足，事件才不发生，又称逻辑或。如图 11-3b 所示，两个开关 S_1、S_2 并联控制灯泡 HL 的电路，只要 S_1 或 S_2 有一个闭合（具备任何一个条件），灯泡就亮（事件发生）。

（3）非逻辑关系　非逻辑表示否定或相反的关系，即当决定一个事件的条件满足时，此事件不发生，不满足时，事件发生。如图 11-3c 所示，当开关 S 闭合时（条件具备），灯泡不亮（事件不发生）；而开关 S 断开时（条件不具备），灯泡发亮（事件发生）。

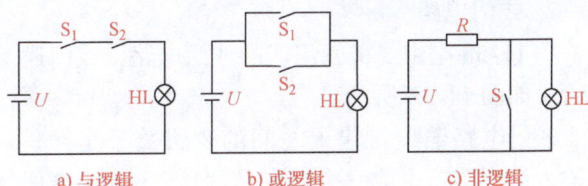

a) 与逻辑　　b) 或逻辑　　c) 非逻辑

图 11-3　由开关组成的逻辑电路

11.2.2　基本逻辑门电路

能够实现与、或、非逻辑关系的电路分别称为与门、或门、非门电路。它们是组成各种逻辑电路的基本逻辑门。

1. 与门电路

由二极管组成的与门电路如图 11-4a 所示。A、B、C 是它的三个输入端（条件），Y 是输出端（事件）。与门的逻辑符号如图 11-4b 所示。

若以"0"表示条件不满足或事件不发生，"1"表示条件满足或事件发生。与门电路的输出端（Y）与输入端（A、B、C）之间的逻辑关系是：当 A、B、C 中任一端或几端为"0"态时输出便是"0"态；只有当输入全为"1"态时输出才为"1"态，即具有与逻辑关系。与逻辑可概括为"有 0 出 0，全 1 出 1"。

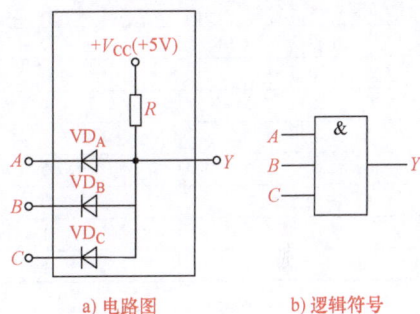

a) 电路图　　b) 逻辑符号

图 11-4　二极管与门电路及与门逻辑符号

与门的逻辑功能也可以用逻辑状态表和逻辑表达式描述。表 11-2 是与门逻辑状态表，式(11-1) 是与门逻辑表达式。

表 11-2　与门逻辑状态表

输　入			输　出
A	B	C	Y
0	0	0	0
0	0	1	0
0	1	0	0
0	1	1	0
1	0	0	0
1	0	1	0
1	1	0	0
1	1	1	1

$$Y = A \cdot B \cdot C \tag{11-1}$$

式（11-1）与普通代数的乘式相似，故逻辑与又称逻辑乘。式中"·"即逻辑乘号（有的文献上用"×"或"∧"，也可省略而直书 ABC）。但需指出，逻辑乘与代数乘不同，其变量仅表示某种逻辑状态（"1"态或"0"态）而不表示具体的数值。

2. 或门电路

图 11-5a 是由二极管组成的或门电路，或门逻辑符号如图 11-5b 所示。

或门电路输出与输入之间的逻辑关系是：只要输入端中有一个或一个以上是"1"态，输出便是"1"态；只有输入全是"0"态时，输出才是"0"态，即具有或逻辑关系。或逻辑可概括为"有1出1，全0出0"。

表 11-3 是或门逻辑状态表，式（11-2）是或门逻辑表达式。

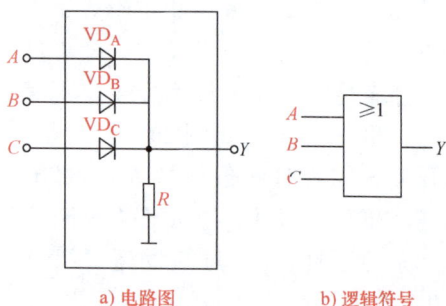

a) 电路图　　　b) 逻辑符号

图 11-5　二极管或门电路及或门逻辑符号

表 11-3　或门逻辑状态表

输　入			输　出
A	B	C	Y
0	0	0	0
0	0	1	1
0	1	0	1
0	1	1	1
1	0	0	1
1	0	1	1
1	1	0	1
1	1	1	1

$$Y = A + B + C \tag{11-2}$$

式（11-2）与普通代数和式相似，故逻辑或又称逻辑加。当然，逻辑加与代数和仅是形式相似，二者的含义是不同的。

3. 非门电路

图 11-6a 所示是由晶体管组成的非门电路，又称反相器，图 11-6b 所示是非门逻辑符号，输出端上的小圆圈表示非的意思。

非门电路的输出端（Y）与输入端（A）的逻辑状态相反，A 为"1"态时 Y 为"0"态，A 为"0"态时 Y 为"1"态，即具有逻辑非的关系。非逻辑可概括为"入0出1，入1出0"。

表 11-4 所示为非门逻辑状态表。式（11-3）所示为其逻辑表达式，即

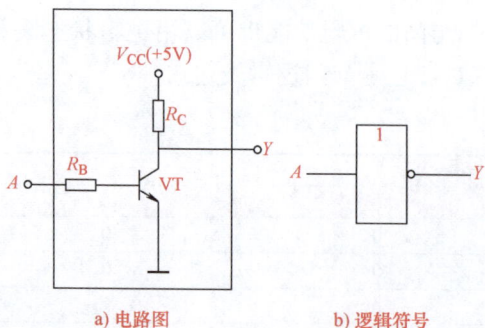

a) 电路图　　　b) 逻辑符号

图 11-6　非门电路和非门逻辑符号

$$Y = \bar{A} \tag{11-3}$$

表 11-4 非门逻辑状态表

输 入	输 出
A	Y
1	0
0	1

11.2.3 复合逻辑门电路

把基本逻辑门进行适当的组合，便可组成复合逻辑门。

1. 与非门

用一级与门和一级非门连接便组成一级与非门，其逻辑结构图如图 11-7a 所示。

显然，当输入端全为"1"态时，与门输出端 Y' 为"1"态，非门输出端 Y 为"0"态。当输入端中有一端或几端为"0"态时，Y' 端为"0"态，Y 端为"1"态。所以与非门的逻辑功能概括为："有 0 出 1，全 1 出 0"。其逻辑状态表见表 11-5，逻辑表达式为式(11-4)。

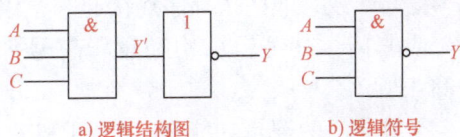

a) 逻辑结构图   b) 逻辑符号

图 11-7 与非门逻辑结构图及逻辑符号

表 11-5 与非门逻辑状态表

输 入			输 出
A	B	C	Y
0	0	0	1
0	0	1	1
0	1	0	1
0	1	1	1
1	0	0	1
1	0	1	1
1	1	0	1
1	1	1	0

$$Y = \overline{Y'} = \overline{ABC} \tag{11-4}$$

通常由与非门做成单独的逻辑组件，在电路中用图 11-7b 所示的逻辑符号表示。

2. 或非门

由一级或门与一级非门连接起来便组成一级或非门，其逻辑结构如图 11-8a 所示。图 11-8b 所示是或非门逻辑符号。

根据或门和非门逻辑功能不难得出：当输入全为"0"态时输出为"1"态；当输入有一个或几个为"1"态时输出为"0"态。所以或非门的逻辑功能概括为"有 1 出 0，全 0 出 1"。它的逻辑状态表见表 11-6，其逻辑表达式为式(11-5)。

$$Y = \overline{A + B + C} \tag{11-5}$$

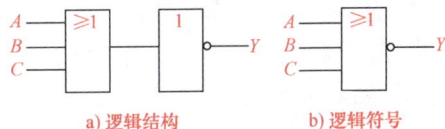

a) 逻辑结构   b) 逻辑符号

图 11-8 或非门逻辑结构及逻辑符号

表 11-6　或非门逻辑状态表

输　入			输　出
A	B	C	Y
0	0	0	1
0	0	1	0
0	1	0	0
0	1	1	0
1	0	0	0
1	0	1	0
1	1	0	0
1	1	1	0

3. 与或非门

把与、或、非门按顺序连接起来便组成与或非门，其逻辑结构和逻辑符号如图 11-9 所示。

与或非门的逻辑功能是：A、B 和 C、D 任何一组全为"1"时 Y 为"0"，A、B 和 C、D 每一组都有"0"时 Y 为"1"。它的逻辑表达式是

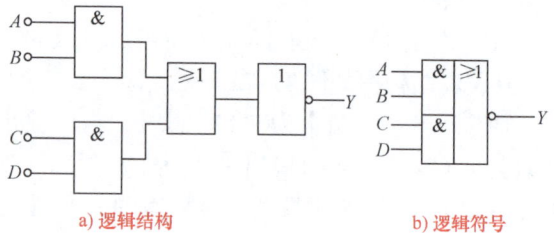

a) 逻辑结构　　　　b) 逻辑符号

图 11-9　与或非门逻辑结构及逻辑符号

$$Y = \overline{AB + CD} \tag{11-6}$$

与或非门的逻辑功能也可以用逻辑状态表来描述。

4. 异或门和同或门

异或门电路的逻辑功能是：当两个输入变量 A、B 的状态相同时（同为 1 或 0），输出为 0；当 A、B 状态相异时（一个为 0，另一个为 1），输出为 1。简言之，"相异出 1，相同出 0"。其逻辑表达式为

图 11-10　异或门逻辑符号

$$Y = A\overline{B} + \overline{A}B = A \oplus B \tag{11-7}$$

异或门的逻辑符号如图 11-10 所示。异或门的逻辑状态表见表 11-7。

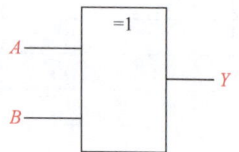

表 11-7　异或门和同或门逻辑状态表

输　入		异或门输出	同或门输出
A	B	Y	Y
0	0	0	1
0	1	1	0
1	0	1	0
1	1	0	1

同或门电路的逻辑功能是：当两个输入变量 A、B 的状态相同时（同为 1 或 0），输出为 1；当 A、B 状态相异时（一个为 0，另一个为 1）输出为 0。简言之，"相同出 1，相异出 0"。其逻辑表达式为

$$Y = \overline{A}\,\overline{B} + AB = A \odot B \tag{11-8}$$

同或门的逻辑符号如图 11-11 所示。同或门的逻辑状态见表 11-7。

与或非门

比较异或门和同或门的逻辑状态表可知，同或逻辑和异或
逻辑互为非的关系。即

$$A \oplus B = \overline{A \odot B}$$
$$A \odot B = \overline{A \oplus B}$$

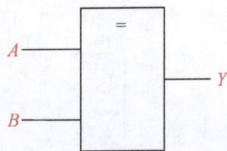

(11-9)

图 11-11 同或门逻辑符号

11.2.4 TTL 门电路与 CMOS 门电路

用二极管、晶体管组成的门电路称为分立元件门电路。这种门电路的缺点是使用元件多、体积大、工作速度低、可靠性差、带负载能力较弱。

集成电路是指将晶体管、电阻、电容及连接导线等集中制作在一块很小的半导体硅片（亦称芯片）上加以封装，构成具有一定功能的电路。根据电路结构的不同，集成电路可由晶体管组成，或由绝缘栅型场效应晶体管组成。前者的输入级和输出级均采用晶体管，故称为晶体管-晶体管逻辑电路，简称 TTL 电路。后者为金属-氧化物-半导体场效应晶体管逻辑电路，简称 MOS 电路，其中应用最广的是 CMOS 电路。

与分立元件门电路相比，TTL 门电路具有速度快、可靠性高和微型化等优点。CMOS 门电路具有允许的电源电压范围宽、抗干扰能力强、功耗低、驱动能力强等优点。目前分立元件门电路已被集成电路替代。

数字集成电路的芯片外形，目前大多采用双列直插式外形封装，也有做成扁平式的，如图 11-12 所示。芯片引脚主要有 14 引脚和 16 引脚两种，正确的识读方法是将芯片放置为图 11-13 所示位置，即芯片正面（有字的一面）朝上，有凹口（或标志"·"）一侧置于左方，引脚依次自左下方开始沿逆时针方向向上数，标号分别为引脚 1，引脚 2，引脚 3，……，引脚 14（或引脚 16，16 引脚芯片）。其中，左上角引脚 14（或引脚 16）一般为直流电源端，右下角引脚 7（或引脚 8）为接地端。

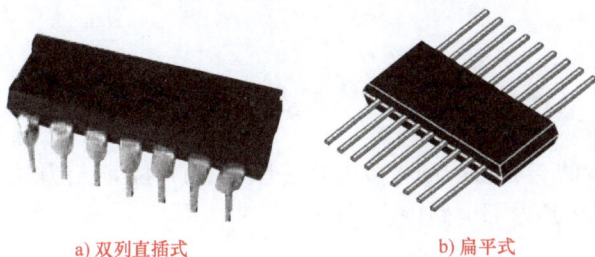

a) 双列直插式 b) 扁平式
图 11-12 集成电路的外形

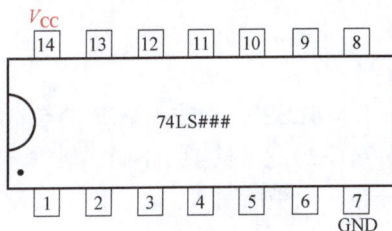

图 11-13 14 引脚芯片的引脚分布

常用 74LS 系列门电路的引脚分布介绍如下：

1. 74LS08 2 输入端四"与门"

74LS08 是一个具有四个"2 个输入端的与门"的集成电路芯片。图 11-14 所示为其引脚分布。

2. 74LS32 2 输入端四"或门"

74LS32 是一个具有四个"2 个输入端的或门"的集成电路芯片。图 11-15 所示为其引脚分布。

3. 74LS00 2 输入端四"与非门"

74LS00 是一个具有四个"2 个输入端的与非门"的集成电路芯片。图 11-16 所示为其引脚分布。

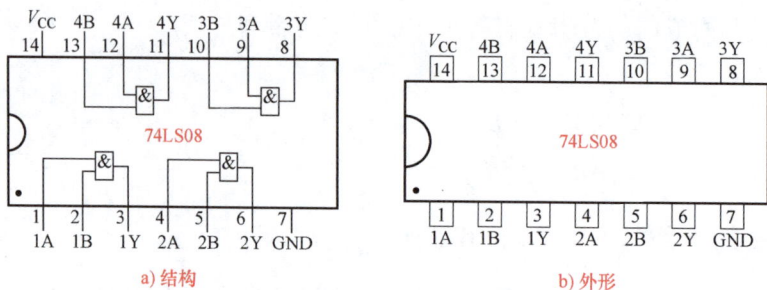

a) 结构　　　　　b) 外形

图 11-14　2 输入端四"与门"引脚分布

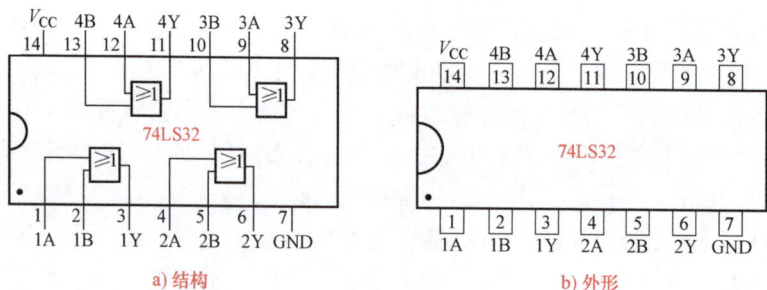

a) 结构　　　　　b) 外形

图 11-15　2 输入端四"或门"引脚分布

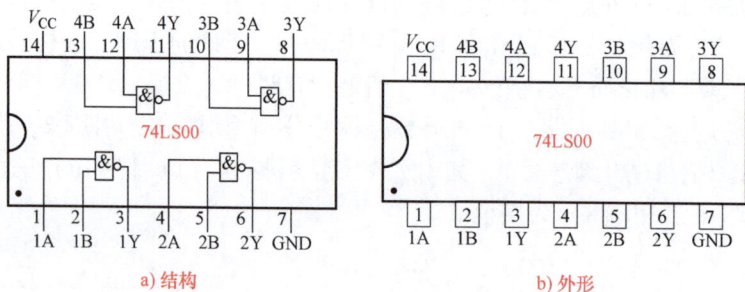

a) 结构　　　　　b) 外形

图 11-16　2 输入端四"与非门"引脚分布

4. 74LS20　4 输入端二"与非门"

74LS20 是一个具有两个"4 个输入端的与非门"的集成电路芯片。图 11-17 所示为其引脚分布。图中缩写 NC 表示该引脚没有连接到内部电路中。

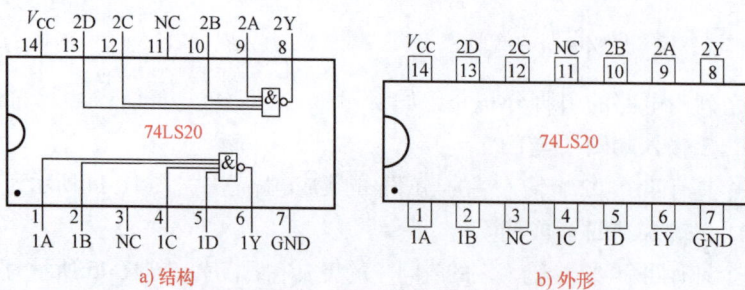

a) 结构　　　　　b) 外形

图 11-17　4 输入端二"与非门"引脚分布

5. 74LS04　六反相器（"反相器"即"非门"）。

74LS04 是一个具有六个反相器（即"非门"）的集成电路芯片。图 11-18 所示为其引脚分布。

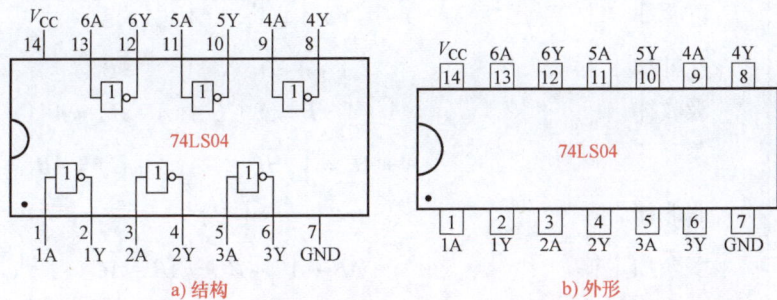

a) 结构　　　　　　　　　　　b) 外形

图 11-18　六反相器（非门）引脚分布

💡 **想一想、做一做**

1. 日常生活中有很多与、或、非逻辑关系的例子，试列举一些。

2. 除了书中所列型号的 TTL 集成芯片外，还有很多，试将其引脚分布做个收集归纳。

11.3　组合逻辑门电路

基本逻辑和复合逻辑门电路是最简单、最基本的逻辑单元。在实际中，完成实际功能的组合逻辑电路就是由这些逻辑单元组合而成的。

组合逻辑电路的特点是，电路在任一时刻的输出状态仅取决于该时刻电路的输入信号，而与信号作用前电路原来的状态无关。输入（逻辑变量 A、B、C……）与输出（逻辑变量 Y）之间存在着一一对应的逻辑函数关系，也就构成了逻辑函数。逻辑函数常用的表示方法有状态表、表达式、逻辑图等。

11.3.1　逻辑函数表达式的化简

组合逻辑电路的逻辑函数往往很复杂，分析时需要进行化简。

1. 逻辑代数的基本公式和基本定律

逻辑代数的基本公式和基本定律如下：

（1）基本公式

$$A+0=A \qquad A \cdot 1 = A$$
$$A+1=1 \qquad A \cdot 0 = 0$$
$$A+\overline{A}=1 \qquad A \cdot \overline{A} = 0$$

（2）基本定律

交换律 $\qquad A+B=B+A \qquad A \cdot B = B \cdot A$

结合律 $\qquad A+B+C=(A+B)+C=A+(B+C)$

$$A \cdot B \cdot C = (A \cdot B) \cdot C = A \cdot (B \cdot C)$$

重叠律	$A + A = A$	$A \cdot A = A$
互补律	$A + \overline{A} = 1$	$A \cdot \overline{A} = 0$
吸收律	$A + A \cdot B = A$	$A(A + B) = A$
	$A + \overline{A}B = A + B$	$A(\overline{A} + B) = AB$
非非律	$\overline{\overline{A}} = A$	
多余项定律	$AB + \overline{A}C + BC = AB + \overline{A}C$	
反演律（摩根定律）	$\overline{A + B} = \overline{A} \cdot \overline{B}$	
	$\overline{A \cdot B} = \overline{A} + \overline{B}$	

2. 逻辑函数的化简

（1）应用基本公式$(A + \overline{A} = 1)$　对于两个相同变量的逻辑项，只有一个取值不同（一项以原变量形式出现，另一项以反变量形式出现），我们称为逻辑相邻项。如AB与$A\overline{B}$，ABC与$\overline{A}BC$都是相邻关系。如果函数存在相邻项，可应用$A + \overline{A} = 1$的关系，将它们合并为一项，同时消去一个变量。

例 11-5　化简逻辑函数$Y = ABC + AB\overline{C} + A\overline{B}$。

解：原式$= AB(C + \overline{C}) + A\overline{B} = AB + A\overline{B} = A(B + \overline{B}) = A$

（2）应用吸收律$(A + A \cdot B = A$或$A + \overline{A}B = A + B)$　利用它们可以消去逻辑函数式中某些多余项和多余因子。

例 11-6　化简逻辑函数$Y = \overline{A}B + \overline{A}BCD$。

解：原式$= \overline{A}B(1 + CD) = \overline{A}B$

例 11-7　化简逻辑函数$Y = AB + \overline{A}C + \overline{B}C$。

解：原式$= AB + (\overline{A} + \overline{B})C = AB + \overline{AB}C = AB + C$

解式中应用了反演律$\overline{A \cdot B} = \overline{A} + \overline{B}$。

（3）应用互补律$(A + \overline{A} = 1)$　反复利用$A + \overline{A} = 1$可使函数得以简化。

例 11-8　化简逻辑函数$Y = AB + A\overline{B} + \overline{A}\overline{B} + \overline{A}B$。

解：原式$= A(B + \overline{B}) + \overline{A}(\overline{B} + B) = A + \overline{A} = 1$

（4）应用反演律$(\overline{A + B} = \overline{A} \cdot \overline{B}$或$\overline{A \cdot B} = \overline{A} + \overline{B})$　利用$\overline{A + B} = \overline{A} \cdot \overline{B}$或$\overline{A \cdot B} = \overline{A} + \overline{B}$可使函数得以转型。

例 11-9　将与或式$Y = AC + \overline{A}\overline{B}$转变为与非式。

解：原式$= \overline{\overline{AC + \overline{AB}}} = \overline{\overline{AC} \cdot \overline{AB}}$

11.3.2　逻辑电路图与逻辑表达式的转换

1. 已知逻辑函数表达式列真值表、画逻辑图

由逻辑函数表达式转换为真值表时，只要将输入变量的各种可能取值代入表达式，求相应的函数值，并将输入变量值与函数值一一对应地列成表格，即得该函数的真值表。

画逻辑图时，根据给定函数表达式将各部分由前往后、由里到外地根据其逻辑关系用逻辑符号连接起来即可。

例 11-10　已知逻辑函数 $Y = AB + \overline{B}\,\overline{C}$，列出真值表并画出逻辑图。

解：将三变量 A、B、C 的八种取值分别代入函数式，求得与之对应的函数值，并列成表格形式，即得该函数的真值表见表 11-8。逻辑图如图 11-19 所示。

表 11-8　例 11-10 的真值表

A	B	C	Y
0	0	0	1
0	0	1	0
0	1	0	0
0	1	1	0
1	0	0	1
1	0	1	0
1	1	0	1
1	1	1	1

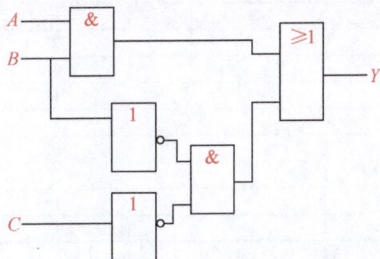

图 11-19　例 11-10 的逻辑图

2. 已知逻辑图写出逻辑函数表达式

根据给定逻辑图的连接方式以及每个门的逻辑功能，将各部分关系由前向后、由里到外地用逻辑表达式和运算符号表示。

例 11-11　如图 11-20 所示逻辑电路，请写出其对应的逻辑函数表达式。

解：由前向后写出每一级的表达式，最后一级表达式即为函数 Y 的表达式。

$$Y_1 = \overline{AB} \quad Y_2 = \overline{B + C}$$

$$Y = Y_1 \cdot Y_2 = \overline{AB} \cdot \overline{B + C}$$

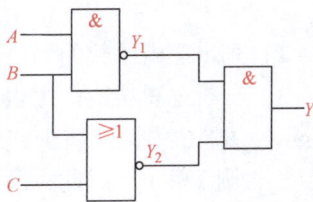

图 11-20　例 11-11 逻辑电路

11.3.3　组合逻辑电路的分析

通过组合逻辑电路的逻辑图，确定逻辑功能的过程叫作组合逻辑电路的分析，其一般步骤：

1）根据逻辑图写出输出端的逻辑表达式，一般从输入到输出逐级写。

2）根据需要对逻辑表达式进行变换和化简，得出最简式。

3）根据最简式列出真值表。

4）根据真值表和最简式，确定其逻辑功能。

其步骤用框图表示如图 11-21 所示。

图 11-21　组合逻辑电路分析步骤框图

例 11-12　分析图 11-22 所示电路的逻辑功能。

解：1）根据逻辑图写出输出函数的逻辑表达式为 $Y = A \oplus B \oplus C$

2）根据逻辑表达式列出逻辑函数的真值表，见表 11-9。

3）根据表达式和真值表分析其逻辑功能。由表 11-9 可看出，在三个输入变量 A、B、C 中，有奇数个 1 时，输出 Y 为 1，否则 Y 为 0。因此，图 11-22 所示电路为三位判奇电路，也称奇校验电路。

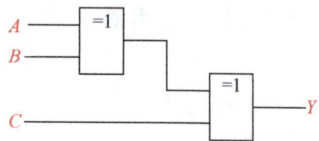

图 11-22　例 11-12 逻辑电路图

表 11-9　例 11-12 逻辑电路真值表

输　入			输　出
A	B	C	Y
0	0	0	0
0	0	1	1
0	1	0	1
0	1	1	0
1	0	0	1
1	0	1	0
1	1	0	0
1	1	1	1

例 11-13　分析图 11-23 所示电路的逻辑功能。

解：1）根据逻辑图写出输出函数的逻辑表达式为

$$Y_1 = \overline{AB} \quad Y_2 = \overline{BC} \quad Y_3 = \overline{AC}$$

$$Y = \overline{Y_1 Y_2 Y_3} = \overline{\overline{AB} \cdot \overline{BC} \cdot \overline{AC}}$$

$$Y = AC + BC + AB$$

2）列出逻辑函数的真值表，见表 11-10。

3）分析逻辑功能。由表 11-10 可看出，在三个输入变量 A、B、C 中，有两个或三个输入为 1 时，则输出 Y 为 1，否则 Y 为 0。因此，图 11-23 所示电路为三变量多数表决组合电路，可由此制成三人表决器。

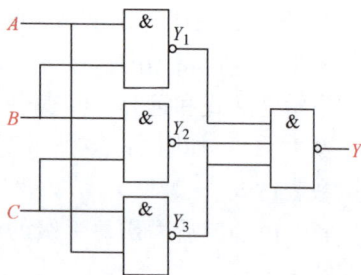

图 11-23　例 11-13 逻辑电路图

表 11-10　例 11-13 逻辑电路真值表

输　入			输　出
A	B	C	Y
0	0	0	0
0	0	1	0
0	1	0	0
0	1	1	1
1	0	0	0
1	0	1	1
1	1	0	1
1	1	1	1

11.3.4　编码器与译码器

1. 编码器

广义上讲，用文字、符号或数码来表示特定对象都可称为编码。例如，为考生编考号、为电话用户分配电话号码等都是编码。用十进制数或文字符号的编码难以用电路实现，所以在数字系统中广泛采用二进制编码。

用二进制代码表示文字、符号或者数码等特定对象的过程，也称为编码。实现编码功能的逻辑电路，称为编码器。根据被编码信号的不同特点和要求，编码器可分为二进制编码器、二-十进制编码器和优先编码器等。下面只介绍二进制编码器。

用 n 位二进制代码对 2^n 个信号进行编码的电路，称为二进制编码器。以 8 线—3 线编码器为例来说明。

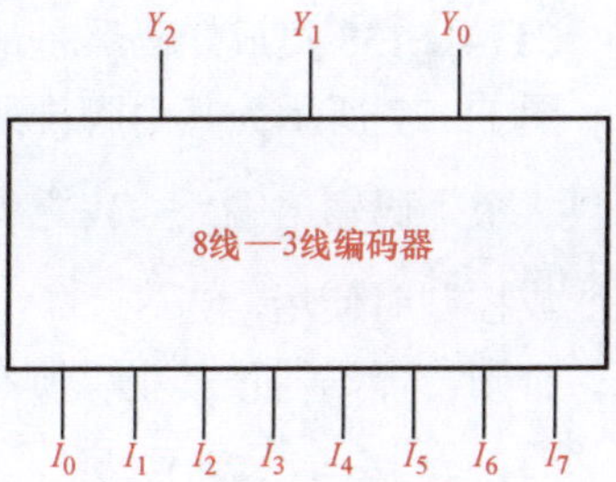

图 11-24 所示为 8 线—3 线编码器。其输入为 8 个需要编码的输入信号，输出 Y_2、Y_1、Y_0 为三位二进制代码，故称为 8 线—3 线编码器。

图 11-24　8 线—3 线编码器示意图

编码器的输出逻辑函数为

$$\begin{cases} Y_0 = \overline{\overline{I_1} \cdot \overline{I_3} \cdot \overline{I_5} \cdot \overline{I_7}} \\ Y_1 = \overline{\overline{I_2} \cdot \overline{I_3} \cdot \overline{I_6} \cdot \overline{I_7}} \\ Y_2 = \overline{\overline{I_4} \cdot \overline{I_5} \cdot \overline{I_6} \cdot \overline{I_7}} \end{cases} \tag{11-10}$$

由此可列出 8 线—3 线编码器的真值表见表 11-11。由表可知，图 11-24 所示编码器在任何时刻只能对一个输入信号进行编码，不允许有两个或两个以上的输入信号同时请求编码，否则输出编码将发生混乱。即 $I_0 \sim I_7$ 这 8 个编码信号是相互排斥的。

表 11-11　8 线—3 线编码器的真值表

输　　入								输　出		
I_0	I_1	I_2	I_3	I_4	I_5	I_6	I_7	Y_2	Y_1	Y_0
1	0	0	0	0	0	0	0	0	0	0
0	1	0	0	0	0	0	0	0	0	1
0	0	1	0	0	0	0	0	0	1	0
0	0	0	1	0	0	0	0	0	1	1
0	0	0	0	1	0	0	0	1	0	0
0	0	0	0	0	1	0	0	1	0	1
0	0	0	0	0	0	1	0	1	1	0
0	0	0	0	0	0	0	1	1	1	1

2. 译码器

译码是编码的逆过程，是把二进制代码所表示的特定信息翻译出来。译码与编码的关系如图 11-25 所示。能够实现译码功能的电路称为译码器。常用的译码器有二进制译码器、二-十进制译码器和显示译码器等。

（1）二进制译码器　二进制译码器的输入数目 n、输出端数目 m 满足关系 $m = 2^n$，分为 2 线—4 线译码器、3 线—8 线译码器、4 线—16 线译码器等。下面以 3 线—8 线译码器为例来说明。

图 11-26 所示为 3 线—8 线译码器。输入是三位二进制代码、有八种状态，八个输出端分别对应其中一种输入状态，故称为 3 线—8 线译码器。

图 11-25　译码与编码关系

CT74LS138 集成译码器是最为常用的 TTL 集成 3 线—8 线译码器，属于中规模集成电路。图 11-27 所示为其引脚排列图。它除了有三个译码输入端（又称地址输入端）A_2、A_1、A_0，八个译码输出端 $\overline{Y}_0 \sim \overline{Y}_7$ 之外，它还有三个控制端（又称使能端）S_1、$\overline{S}_2$、$\overline{S}_3$，作为扩展功能或控制时使用。当 $S_1 = 1$、$\overline{S}_2 + \overline{S}_3 = 0$（$S_1 = 1$，$\overline{S}_2$ 和 $\overline{S}_3$ 均为 0）时，译码器处于工作状态。否则，译码器被禁止，所有的输出端被封锁在高电平。

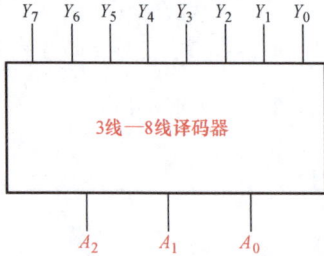

图 11-26 3 线—8 线译码器示意图

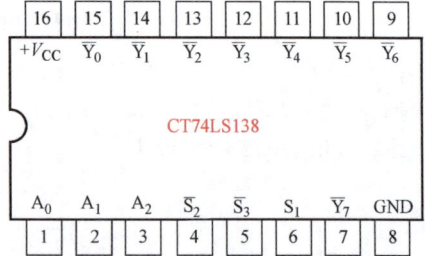

图 11-27 CT74LS138 芯片引脚排列图

表 11-12 是 3 线—8 线译码器 CT74LS138 的真值表。

表 11-12 3 线—8 线译码器 CT74LS138 的真值表

使能		输 入			输 出							
S_1	$\overline{S}_2 + \overline{S}_3$	A_2	A_1	A_0	$\overline{Y}_0$	$\overline{Y}_1$	$\overline{Y}_2$	$\overline{Y}_3$	$\overline{Y}_4$	$\overline{Y}_5$	$\overline{Y}_6$	$\overline{Y}_7$
×	1	×	×	×	1	1	1	1	1	1	1	1
0	×	×	×	×	1	1	1	1	1	1	1	1
1	0	0	0	0	0	1	1	1	1	1	1	1
1	0	0	0	1	1	0	1	1	1	1	1	1
1	0	0	1	0	1	1	0	1	1	1	1	1
1	0	0	1	1	1	1	1	0	1	1	1	1
1	0	1	0	0	1	1	1	1	0	1	1	1
1	0	1	0	1	1	1	1	1	1	0	1	1
1	0	1	1	0	1	1	1	1	1	1	0	1
1	0	1	1	1	1	1	1	1	1	1	1	0

（2）二–十进制显示译码器

半导体数码管是一种半导体发光器件，七段数码管是将十进制数码管分成七个字段，每段为一个发光二极管，如图 11-28a 所示。

将多只 LED 的阴极连在一起即为共阴极接法，而将多只 LED 的阳极连在一起即为共阳极接法，如图 11-28b、c 所示。以共阴极为例，如把阴极接地，在相应段的阳极接上正电源，该段即会发光。当然，LED 的电流通常较小，一般均需在回路中接上限流电阻。假如将 "a" "b" "d" "e" 和 "g" 端接上正电源，其他端接地或悬空，那么 "a" "b" "d" "e" 和 "g" 对应段将发光，此时，数码管将显示数字 "2"，其他字符的显示原理类似。

图 11-29 是中规模集成二-十进制译码器芯片 74LS247（OC）。

图中，$A_3 \sim A_0$ 是四位 8421BCD 码输入端，$Y_a \sim Y_g$ 为驱动七段数码管的七个输出，为低电平输出。LT、BI/RBO 和 RBI 三端为控制端。

图 11-30 所示是 74LS247（OC）译码器与共阳极数码管的连接图。

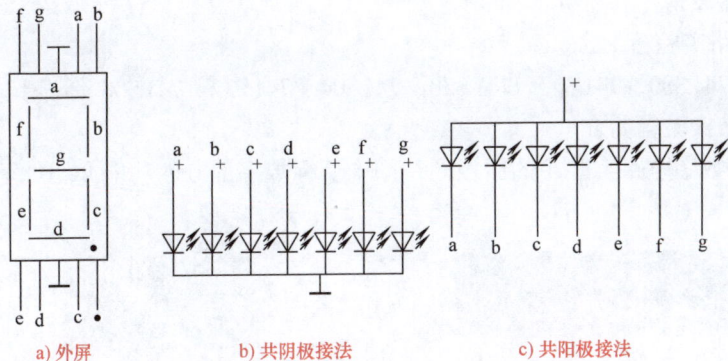

a) 外屏　　　　　　b) 共阴极接法　　　　　c) 共阳极接法

图 11-28　七段数码管外屏及内部电路接法

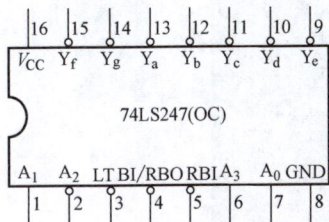

图 11-29　集成二-十进制译码器芯片

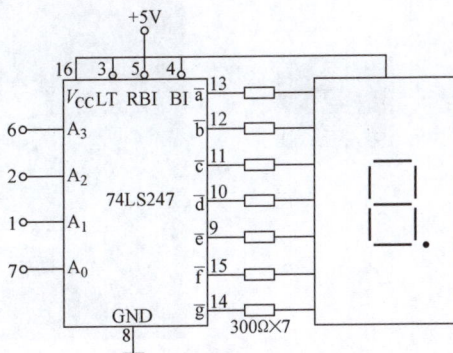

图 11-30　74LS247 与数码管的连接图

想一想、做一做

1. 想一想，逻辑代数与普通代数有什么异同？
2. 试分析，图 11-31 所示逻辑电路的逻辑功能。

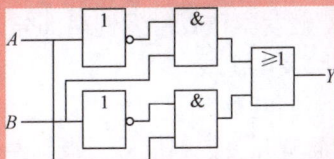

图 11-31　逻辑电路

实训 11　TTL 门功能测试

1. 实训目的

1）熟悉基本 TTL 逻辑门电路的功能。

2）了解常用 74LS 系列门电路的引脚分布。

3）掌握基本 TTL 逻辑门功能测试方法。

2. 所用仪器设备

1）数字电路实验箱 1 台。

2）集成块 74LS00、74LS02、74LS20、74LS04、74LS32、74LS08 等若干。

3. 数字电路实验箱简介

图 11-32 为数字电路实验箱的面板图，图中所标数字部分的功能介绍如下。

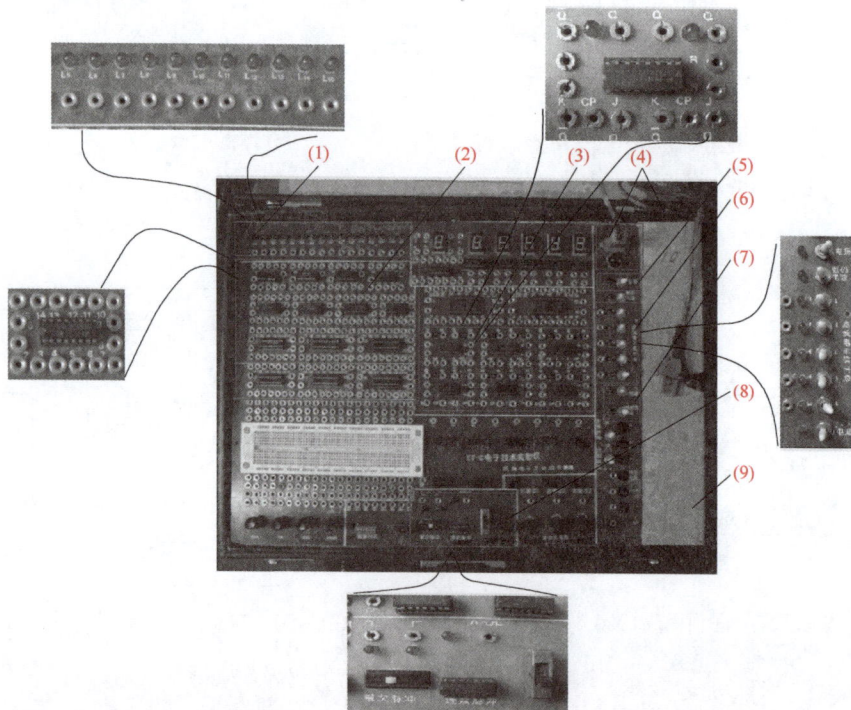

图 11-32　数字电路实验箱

（1）为输出信号端：红灯下有插孔，当输出为 1 时，红灯亮，输出为 0 时灯灭。

（2）为门电路测试区：有 14 引脚和 16 引脚两部分，引脚处有插孔，可连接导线。

（3）为触发器测试区：有 JK 触发器和 D 触发器两部分，输出端有 Q 和 $\overline{Q}$ 两端。

（4）为电源插座、插头、保险及电源线。

（5）为电源开关：通断实验箱的电源。

（6）为输入信号端：插孔侧面有开关控制信号，扳到左侧红灯亮，意为输入 1，扳到右侧灯灭，意为输入 0。

（7）为数码电路控制开关：控制触发器测试区的电源通断。

（8）为脉冲信号区：输入连续或间断脉冲信号，有手动和自动连续两种。

（9）为导线盒：内装有连接电路的导线若干。

4. 实训内容及步骤

（1）与门功能测试　将 74LS08 集成片插入实验箱面板门电路测试区孔座中，用导线将引脚 1、引脚 2（输入端）与输入信号端相连；引脚 3 与输出信号端相连。用开关控制输入信号，组成 00、01、10 和 11 四个输入组合，观察输出状态（灯的亮灭），填入表 11-13 中。对于其他输入、输出组合仿上述测试方法。

（2）或门功能测试　将 74LS32 集成片插入实验箱面板门电路测试区孔座中，用导线将引脚 1、引脚 2（输入端）与输入信号端相连；引脚 3 与输出信号端相连。用开关控制输入信号。组成 00、01、10 和 11 四个输入组合，观察输出状态（灯的亮灭），填于表 11-13 中。

同理可进行与非门（74LS00 或 74LS20）、非门（74LS04）、异或门（74LS86）的功能测试。

表 11-13　门电路逻辑功能测试表

输入		输　出								
		与门		或门		与非门		非门		异或门	
A	B	$Y=AB$	灯亮情况	$Y=A+B$	灯亮情况	$Y=\overline{AB}$	灯亮情况	$Y=\overline{A}$	灯亮情况	$Y=A\oplus B$	灯亮情况
0	0										
0	1										
1	0										
1	1										

5. 注意事项

1）TTL 门电路的输入端若不接信号，则视为高电平。在拔出集成块时，必须使用专用拨块器切不可用手拔块，并且须切断电源。

2）在实验时，当电路须改接连线时，不得在通电情况下进行操作。需先切断电源，改接连线完成后，再通电进行实验。

大国工匠英雄谱之十一

油田的"土发明家"——谭文波

谭文波坚守大漠戈壁 20 多年，被称为油田的"土发明家"。他冒着生命危险研制出电动液压地层封闭技术，实现了中国自主产权技术，也是世界首创的新技术，打破了地层封闭工具都要从国外引进的局面，也为世界石油技术实现了一次重大革新。

本章小结

1. 模拟信号是一种在时间和数量上都连续的电信号，数字信号是一种在时间和数量上都离散的电信号，它具有不连续和突变的特性。

2. 数字电路是一系列逻辑开关电路的组合，数字电路抗干扰能力强、可靠性高、功耗低。

3. 十进制与二进制是常用的数制，两者可以相互转换。

4. 码制是用按一定规律编制的各种代码来代表文字图形符号等一类信息的方式。8421BCD 码是最常用的一种有权码，其 4 位二进制码从高位至低位的权依次为 2^3、2^2、2^1、2^0。

5. 逻辑是指事物本身的规律性，即事物的条件与结果之间的因果关系。三种基本逻辑关系是与逻辑关系，又称逻辑与；或逻辑关系，又称逻辑或；非逻辑关系，又称逻辑非，表示否定或相反的关系。

6. 能够实现与、或、非逻辑关系的电路分别称为与门、或门、非门电路。它们是组成各种逻辑电路的基本逻辑门。

7. 基本逻辑门进行适当的组合，便可组成复合逻辑门。常见的有与非门、或非门、与或非门、异或门和同或门。

8. TTL 和 CMOS 集成电路都是指将晶体管、电阻、电容及连接导线等集中制作在一块很小的半导体硅片（亦称芯片）上加以封装，构成具有一定功能的电路。

TTL 门电路具有速度快、可靠性高和微型化等优点。CMOS 电路具有允许的电源电压范围宽、抗干扰能力强、功耗低、驱动能力强等优点。

9. 常用 74LS 系列门电路有 2 输入端四"与门"74LS08、2 输入端四"或门"74LS32、2 输入端四"与非门"74LS00、4 输入端二"与非门"74LS20 和六反相器（即"非门"）74LS04。

10. 组合逻辑电路的逻辑函数运用逻辑代数的基本公式和定律进行化简。逻辑函数表越简单，对应的电路就越简单。

11. 已知组合逻辑电路的逻辑图，确定逻辑功能的过程叫作组合逻辑电路的分析。

12. 用二进制代码表示文字、符号或者数码等特定对象的过程，称为编码。实现编码功能的逻辑电路，称为编码器。用 n 位二进制代码对 2^n 个信号进行编码的电路，称为二进制编码器。

13. 译码是编码的逆过程，是把二进制代码所表示的特定信息翻译出来。

14. 数码管是一种半导体发光器件，其基本单元是发光二极管（LED）。

第12章　时序逻辑电路

▶ **本章导读**

知识目标

1. 了解基本 RS 触发器的电路组成。

2. 了解同步 RS 触发器的特点、时钟脉冲的作用及其逻辑功能。

*3. 熟悉 JK 触发器的电路图符号、逻辑功能和边沿触发方式的特点。

*4. 熟悉 D 触发器的电路图符号和逻辑功能。

5. 了解寄存器的功能、基本构成和常见类型，再结合集成移位寄存器典型产品的应用，了解其功能及工作过程。

6. 了解计数器的功能及计数器的类型，理解二进制、十进制等典型集成计数器的外特性。

技能目标

1. 通过实验，体验 RS 触发器和同步 RS 触发器所能实现的逻辑功能。

2. 通过实验，体验 JK 触发器和 D 触发器所能实现的逻辑功能。

3. 通过实验，搭接十进制计数器的电路。

思政目标

培养学生爱党、爱国、爱人民；遵纪守法、崇德向善；有较强的集体意识和团队合作精神；具有探索未知、追求真理的责任感和使命感；培养学生精益求精的大国工匠精神。

12.1　触发器

时序逻辑电路简称时序电路，是指在任一时刻，电路的输出状态不仅取决于该时刻的输入状态，还与前一时刻电路的状态有关的逻辑电路。它主要由存储电路和组合电路两部分组成。组合电路的基本单元是门电路，存储电路的基本单元是触发器。

在数字控制系统和计算系统中需要具有记忆功能的各种逻辑部件。触发器是组成这类逻辑部件的基本逻辑单元。因为它有两种稳定工作状态（0 态和 1 态），故又称为双稳态触发器。它的工作特点是：

1）能根据输入信号将触发器置成 0 或 1 态。

2）当受到外部信号触发时，触发器可由一种稳定状态转换为另一种稳定状态。

3）当外部信号消失后，触发器状态保持不变，即被置成的 0 或 1 态能保存下来，触发器具有"记忆"功能。

根据逻辑功能不同，触发器可分为 RS 触发器、JK 触发器、D 触发器等。

12.1.1 基本 RS 触发器

基本 RS 触发器由两个与非门输入和输出交叉耦合组成，如图 12-1a 所示。图中 Q 和 $\bar{Q}$ 是两个输出端，在触发器处于稳定状态时，它们的输出状态相反。通常称 $Q=0$、$\bar{Q}=1$ 时触发器的状态为 0 态，$Q=1$、$\bar{Q}=0$ 时触发器的状态为 1 态。$\bar{S}_D$、$\bar{R}_D$ 是两个输入端。

图 12-1b 所示是基本 RS 触发器的逻辑符号，图中 $\bar{S}_D$、$\bar{R}_D$ 端上的小圆圈表示触发器须用负脉冲（0 电平）触发才可能改变触发器状态。$\bar{Q}$ 端上的小圆圈表示 $\bar{Q}$ 端与 Q 端状态相反。

若以 Q^n 代表输入信号作用前触发器的状态（原态），Q^{n+1} 代表输入信号作用后触发器的状态（新态），×号表示状态不定。则基本 RS 触发器的输出与输入之间的逻辑关系真值表见表 12-1。表中显示，基本 RS 触发器有以下状态：

1）当 $\bar{S}_D=\bar{R}_D=0$ 时，G_1 门和 G_2 门都因输入有 0 出 1 而暂时为 1 态。但当 $\bar{S}_D$、$\bar{R}_D$ 端负脉冲同时消失时，G_1 门和 G_2 门的输出形成不定态，触发器会出现逻辑混乱或错误。所以，这种输入状态是不允许的，必须禁止，称为禁止输入组合。

2）当 $\bar{S}_D=0$、$\bar{R}_D=1$ 时，由于 $\bar{S}_D=0$，G_1 门输出为 $Q=1$，而 $\bar{Q}=0$。此时触发器状态为 1 态，故称 $\bar{S}_D$ 端为置 1 端或称为置位端。

3）当 $\bar{S}_D=1$、$\bar{R}_D=0$ 时，由于 $\bar{R}_D=0$，G_2 门输出为 $\bar{Q}=1$，而 $Q=0$。此时触发器状态为 0 态，故称 $\bar{R}_D$ 端为置 0 端或称为复位端。

2）、3）两项表明，当输入 $\bar{S}_D \ne \bar{R}_D$ 时，输出状态值 Q 与 $\bar{R}_D$ 的输入值相同，即 $Q=\bar{R}_D$。

4）当 $\bar{S}_D=\bar{R}_D=1$ 时，G_1 门和 G_2 门的输出将取决于各自的原始状态，故输出将保持原态即 Q^n。

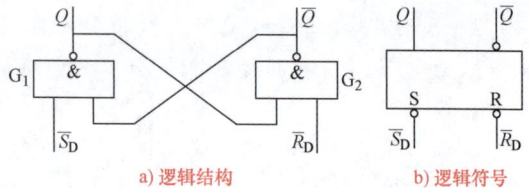

a) 逻辑结构   b) 逻辑符号

图 12-1 基本 RS 触发器

表 12-1 基本 RS 触发器的逻辑功能

$\bar{S}_D$	$\bar{R}_D$	Q^n	Q^{n+1}	功能说明
0	0	0	×}×	不定态(禁止)
0	0	1	×	
0	1	0	1}$\bar{R}_D$	置1(置位)
0	1	1	1	
1	0	0	0}$\bar{R}_D$	置0(复位)
1	0	1	0	
1	1	0	0}Q^n	维持原态
1	1	1	1	

12.1.2 同步 RS 触发器

在数字系统中常需要用一个像时钟一样准确的控制信号来控制同一电路中各个触发器的翻转时刻，即只有当控制信号到来时，输入信号才能进入电路起作用。这样的控制信号通常称为时钟脉冲（简称 CP 脉冲）。具有时钟脉冲控制信号的 RS 触发器称为钟控 RS 触发器，又称同步 RS 触发器。

图 12-2 所示是同步 RS 触发器逻辑图和
逻辑符号。它由四个与非门组成，其中 G_1 门
和 G_2 门构成基本 RS 触发器，G_3 门和 G_4 门
组成导引电路。$\overline{S}_D$ 和 $\overline{R}_D$ 分别是直接置 1 端和直
接置 0 端，用来预置触发器的原始状态，触发
器工作时使其悬空；S 端和 R 端是信号输入端，
用来输入触发信号；CP 端是时钟脉冲输入端。
时钟脉冲是一系列正脉冲，用以控制触发器翻
转的时刻。所谓同步，是指触发器的状态只有
在时钟脉冲作用时才可能翻转。

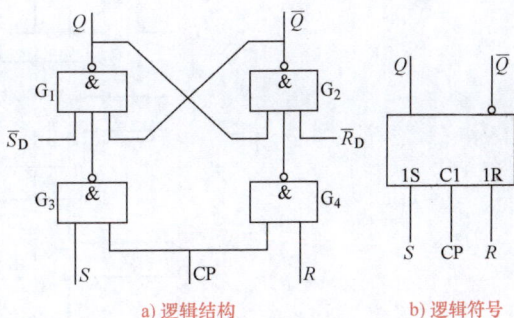

a) 逻辑结构　　　b) 逻辑符号

图 12-2　同步 RS 触发器

在时钟脉冲到来之前，CP = 0，G_3 门和 G_4 门被关闭，S 端和 R 端的输入信号不能通过
G_3 门和 G_4 门去控制触发器的状态。因此，CP = 0 时触发器状态不变。

时钟脉冲到来时，CP = 1，G_3 门和 G_4 门均被打开，S 端和 R 端的输入信号就能够通过
导引门去触发基本 RS 触发器，具体情况如下：

1）$S = 0$、$R = 0$ 时，触发器的状态不变。

2）$S = 0$、$R = 1$ 时，触发器输出端 $Q = 0$，$\overline{Q} = 1$，即同步 RS 触发器置 0。

3）$S = 1$、$R = 0$ 时，触发器输出端 $Q = 1$，$\overline{Q} = 0$，即同步 RS 触发器置 1。

4）$S = 1$、$R = 1$ 时，触发器的状态处于不定态。因此，$S = 1$、$R = 1$ 是一对禁止输入组
合，使用时应避免出现这种情况。

上述 2）、3）两项表明，当输入 $S \neq R$ 时，输出状态值 Q 与 S 的输入值相同，即 $Q = S$。
同步 RS 触发器的逻辑功能见表 12-2。

表 12-2　同步 RS 触发器的逻辑功能

S	R	Q^n	Q^{n+1}	功能说明
0	0	0	$\left.\begin{matrix}0\\1\end{matrix}\right\}Q^n$	维持原态
0	0	1		
0	1	0	$\left.\begin{matrix}0\\0\end{matrix}\right\}S$	置0（复位）
0	1	1		
1	0	0	$\left.\begin{matrix}1\\1\end{matrix}\right\}S$	置1（置位）
1	0	1		
1	1	0	$\left.\begin{matrix}\times\\\times\end{matrix}\right\}\times$	不定态（禁止）
1	1	1		

例 12-1　在同步 RS 触发器中，输入的 CP、S、R 的波形如图 12-3 所示，画出输出 Q 和
$\overline{Q}$ 的波形，设触发器的初始状态 $Q = 0$。

解：如图 12-3 中所画出的 Q 和 $\overline{Q}$ 波形。

* 12.1.3　JK 触发器

JK 触发器有多种类型，从组成和工作方式等方面都有所不同。常见的有同步 JK 触发
器、主从 JK 触发器和边沿 JK 触发器。除了对时钟脉冲 CP 的触发方式不同外，各类 JK 触
发器 J、K、Q^n 和 Q^{n+1} 之间的逻辑关系则是完全相同的。JK 触发器的逻辑功能见表 12-3。

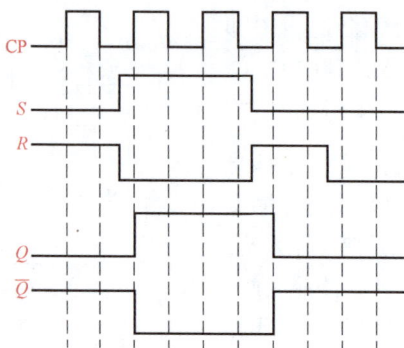

图 12-3　RS 触发器输出波形

表 12-3　JK 触发器的逻辑功能

J	K	Q^n	Q^{n+1}	功能说明
0	0	0	0 $\Big\}Q^n$	维持原态
0	0	1	1	
0	1	0	0 $\Big\}J$	置0（复位）
0	1	1	0	
1	0	0	1 $\Big\}J$	置1（复位）
1	0	1	1	
1	1	0	1 $\Big\}\overline{Q^n}$	翻转（计数）
1	1	1	0	

同步 JK 触发器的缺陷是会出现随输入数据发生变化输出出现多次状态翻转即"空翻"现象的可能，"空翻"会导致节拍混乱和工作不稳定。

主从 JK 触发器的触发过程，在一个 CP 脉冲作用下分为主、从触发器两个工作阶段，可以有效克服"空翻"。

实际中用得最多的是边沿 JK 触发器，它的触发方式为边沿触发，有上升沿触发和下降沿触发两种，如图 12-4 所示。实际中边沿 JK 触发器多见于下降沿触发方式，输出仅在时钟脉冲的下降沿这一"瞬间"发生变化，即输出由下降沿这一"瞬间"的前一"瞬间"的输入信号决定。其他时间段输出将维持前一瞬间状态不变。

图 12-5 所示为边沿 JK 触发器的逻辑符号。图中 CP 信号端画"△"表示边沿触发器，画圈表示下降沿触发，不画圈表示上升沿触发。$\overline{S}_D$ 和 $\overline{R}_D$ 分别是直接置 1 端和直接置 0 端。

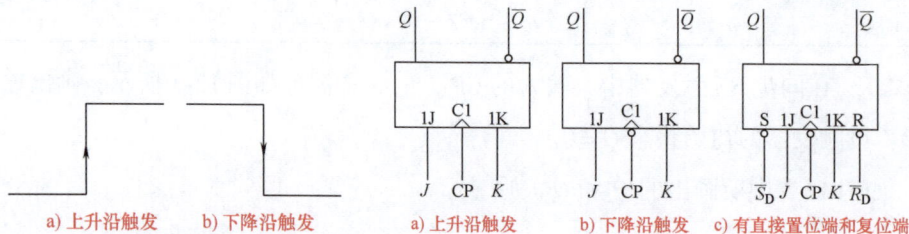

图 12-4　时钟脉冲的边沿触发形式

图 12-5　边沿 JK 触发器的逻辑符号

例 12-2　在 CP 脉冲信号下降沿触发的边沿 JK 触发器中，输入的 CP、J、K 的波形如图 12-6所示，画出输出 Q 和 $\overline{Q}$ 的波形，设触发器的初始状态 $Q=0$。

解： 如图 12-6 中所画出的 Q 和 $\overline{Q}$ 波形。

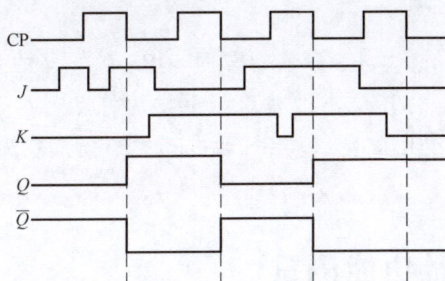

图 12-6　CP 下降沿触发的边沿 JK 触发器输出波形

* 12.1.4　D 触发器

D 触发器也有多种类型，以边沿触发形式触发的 D 触发器称为边沿 D 触发器，也称为维持-阻塞边沿 D 触发器。图 12-7 所示为边沿 D 触发器的逻辑符号。边沿 D 触发器常见于上升沿触发情况，其逻辑功能见表 12-4。

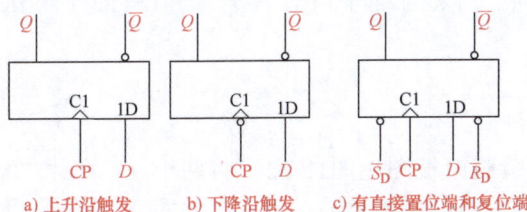

a) 上升沿触发　　　b) 下降沿触发　　　c) 有直接置位端和复位端

图 12-7　边沿 D 触发器的逻辑符号

表 12-4 表明，D 触发器在接收一个时钟脉冲上升沿或下降沿一瞬间，其输出状态与时钟脉冲到来前 D 端的状态一致，即 $Q^{n+1} = D^n$。其他时间段输出将维持前一瞬间状态不变。

表 12-4　D 触发器的逻辑功能

D	Q^n	Q^{n+1}	功能说明
0	0	0 ⎫	置0
0	1	0 ⎭ D	（复位）
1	0	1 ⎫	置1
1	1	1 ⎭ D	（置位）

例 12-3　在 CP 脉冲信号上升沿触发的边沿 D 触发器中，输入的 CP、D 的波形如图 12-8 所示，画出输出 Q 和 $\overline{Q}$ 的波形，设触发器的初始状态 $Q = 1$。

解： 如图 12-8 中所示 Q 和 $\overline{Q}$ 的波形。

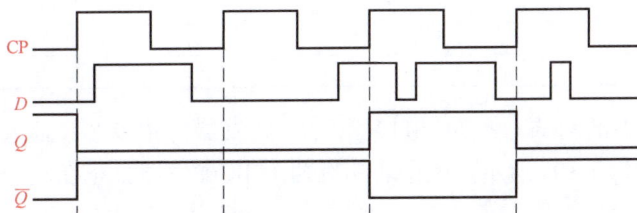

图 12-8　CP 上升沿触发的边沿 D 触发器输出波形

想一想、做一做

1. 想一想，基本 RS 触发器与同步 RS 触发器的主要差异是什么？
2. 想一想，你能说出"边沿"触发的特点吗？
3. 说说看，JK 触发器和 RS 触发器的不同点在哪里？

＊实训 12.1　触发器功能测试

1. 实训目的

1）熟悉并掌握 RS 触发器的构成、工作原理和功能测试方法。

2）学会正确使用 JK、D 触发器集成芯片。

2. 所用仪器设备

1）数字电路实验箱1台。

2）集成块：74LS00（2 输入端四与非门）1 片，74LS112（双 JK 触发器）1 片，74LS74（双 D 触发器）1 片。

3. 实训内容及步骤

（1）RS 触发器的测试

1）在实验箱内（实验箱面板图见图11-32）将两个 TTL 与非门首尾相接构成的基本 RS 触发器的电路，如图 12-9 所示。其中，将输入 $\overline{S}_D$、$\overline{R}_D$ 端接于输入端（指示灯）端钮，输出 Q、$\overline{Q}$ 端接于输出端（指示灯）端钮。

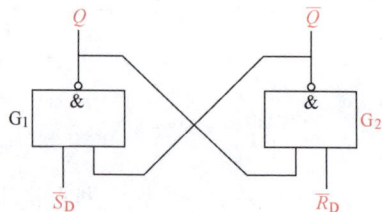

图 12-9　基本 RS 触发器连接图

2）按 00、01、10、11 的顺序在 $\overline{S}_D$、$\overline{R}_D$ 端加信号（灯亮为 1、灭为 0），观察并记录触发器的 Q、$\overline{Q}$ 端的状态（灯的亮、灭情况），将结果填入表 12-5 中，并说明在上述不同输入状态下，触发器执行的什么功能？

其中，当 $\overline{S}_D$、$\overline{R}_D$ 都接低电平时，观察 Q、$\overline{Q}$ 端的状态。当 $\overline{S}_D$、$\overline{R}_D$ 同时由低电平跳为高电平时，注意观察 Q、$\overline{Q}$ 端的状态，重复 3～5 次看 Q、$\overline{Q}$ 端的状态是否相同，以正确理解"不定"态的含义。

表 12-5　RS 触发器的测试数据表

$\overline{S}_D$	$\overline{R}_D$	Q	$\overline{Q}$	逻辑功能
0	0			
0	1			
1	0			
1	1			

＊（2）JK 触发器的测试　将 74LS112（双 JK 触发器）集成芯片插入实验箱面板触发器测试区孔座中，如图 12-10a 所示。图中表明有两个 JK 触发器分布在左、右两边，选用其中之一即可。

用导线将 J 和 K 两插孔（输入端）与输入信号端（如图 12-10b 所示）相连，触发器输出 Q、$\overline{Q}$ 端与输出信号端（如图 12-10c 所示）相连。连接 CP 脉冲信号端插孔于脉冲信号区的下降沿单次脉冲插孔，如图 12-11 所示。触发器的 $\overline{S}_D$、$\overline{R}_D$ 端悬空。

分别观察输入信号为 00、01、10 和 11 四个输入组合时，当给出 CP 脉冲下降沿信号后的输出状态（灯的亮灭）。

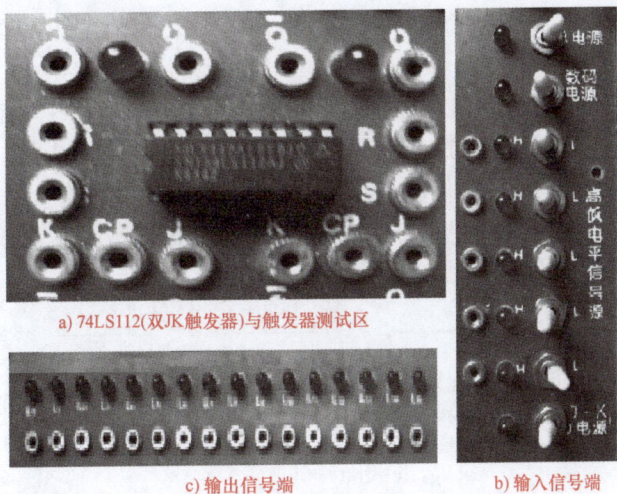

a) 74LS112(双JK触发器)与触发器测试区

c) 输出信号端　　　　b) 输入信号端

图 12-10　实验箱面板触发器测试区与输入、输出信号端

*（3）D 触发器的测试　将 74LS74（双 D 触发器）集成片插入实验箱面板触发器测试区孔座中，如图 12-12 所示。图中表明有两个 D 触发器分布在左、右两边。选用其中之一即可。

用导线将 D 插孔（输入端）与输入信号端相连，触发器输出 Q、$\overline{Q}$ 端与输出信号端相连。CP 脉冲信号端插孔连于脉冲信号区的上升沿单次脉冲插孔。触发器的 $\overline{S}_D$、$\overline{R}_D$ 端悬空。

分别观察输入信号组成 0、1 两个输入组合时，当给出 CP 脉冲上升沿信号后的输出状态（灯的亮灭）。

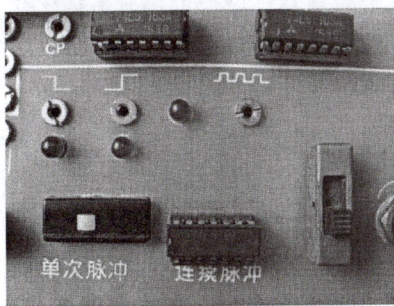

图 12-11　实验箱面板脉冲信号区

图 12-12　74LS74（双 D 触发器）芯片

12.2　寄存器

在数字系统中，经常需要一种逻辑部件把参与运算的数码暂时存放起来，然后根据需要

取出来进行必要的处理和运算，这种用来暂存一下数码或运算结果的逻辑部件称为寄存器。凡是具有记忆功能的触发器都能寄存数码。一个触发器只能存放一位二进制数码，因此 n 个触发器就可以组成存放 n 位二进制数的寄存器。

寄存器按其功能不同，可分为数码寄存器和移位寄存器。

12.2.1　数码寄存器

数码寄存器是并行输入、并行输出的寄存器。图 12-13 所示是由 D 触发器组成的四位数码寄存器，其工作原理如下：

首先在清零端 Cr 加一负脉冲，使各触发器置 0 态，清除寄存器中原有数码，准备接收新的数码。若要寄存数码 "1101"，先将待存数码置入各个相应的输入端，使 $D_3 = 1$、$D_2 = 1$、$D_1 = 0$、$D_0 = 1$，然后在寄存指令端 CP 加一正脉冲，数码便并行存入寄存器，而使 $Q_3 = 1$、$Q_2 = 1$、$Q_1 = 0$、$Q_0 = 1$。因为 D 触发器的状态由其 D 端的电平来决定，所以事先不用清零。

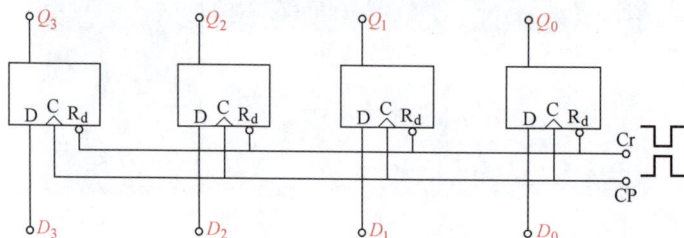

图 12-13　四位数码寄存器

常用的中规模集成数码寄存器有四位、八位等多种类型。例如四位数码寄存器有 T451、T3175 等，八位数码寄存器有 T4373、T4377 等。

12.2.2　移位寄存器

移位寄存器除了具有存放数码的功能外，还具有使数码在寄存器中单向移位（左移或右移）或双向移位（既能左移也能右移）的功能。所谓移位，就是每当来一个移位脉冲，触发器的状态便向左或右的邻位触发器转移，而使寄存的数码在移位脉冲的控制下依次进行移位。移位是一种重要的逻辑功能，在进行二进制加法运算、乘法运算以及在一些输入、输出电路中都需要这种移位功能。下面以左移位寄存器为例来说明移位寄存器的工作原理。

图 12-14 所示是由 D 触发器组成的四位左移位寄存器，左面触发器的输入端 D 依次接到右面邻近触发器的输出端 Q，待存数码 N 由右边最低位触发器 F_0 的输入端 D_0 输入。若寄存的数码为 "1101"，则可按移位脉冲（即时钟脉冲）的工作节拍从高位到低位依次送到 D_0 端。设寄存器的初始状态为 "0000"。第一个待存数码为 1，所以 $D_0 = 1$，当第一个移位脉冲的上升沿到来时，F_0 翻转为 1，其他触发器状态不变，寄存器的状态变为 "0001"。第二个待存数码为 1，所以 $D_0 = 1$，而 $D_1 = Q_0 = 1$，当第二个移位脉冲的上升沿到来时，寄存器变为 "0011" 状态。第三个待存数码为 0，所以 $D_0 = 0$，而 $D_1 = 1$、$D_2 = 1$，在第三个移位脉冲作用下，寄存器变为 "0110" 状态。第四个待存数码是 1，所以 $D_0 = 1$，而 $D_1 = 0$，$D_2 = 1$，$D_3 = 1$，在第四个移位脉冲作用下，寄存器变为 "1101" 状态。由此可见，经过四次移位就把一串数码 1101 从右向左移入寄存器中。上述移位过程的示意图如图 12-15 所示。

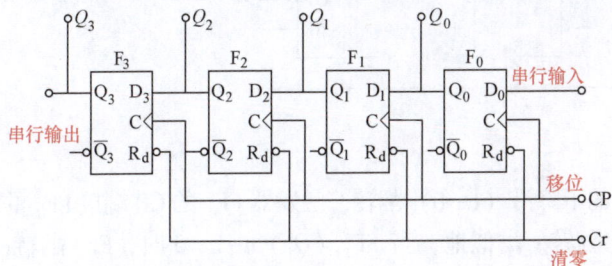

图 12-14　用 D 触发器组成的四位左移寄存器

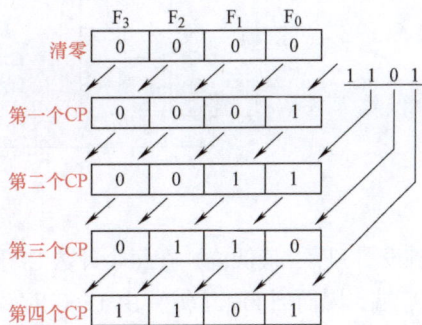

图 12-15　移位示意图

如果从 $Q_3 \sim Q_0$ 端取出数码，称为并行输出。若从 Q_3 端取出数码，则为串行输出，这时，需要再输入四个移位脉冲，所存的数码"1101"便从 Q_3 端逐位取出。

综上所述，寄存器存放数码的方式有并行输入和串行输入两种。并行输入方式就是将数码从对应的输入端同时输入到寄存器中，而串行输入方式则是将数码从一个输入端逐位输入到寄存器中。从寄存器中取出数码也有并行输出和串行输出两种方式。并行输出的数码在对应的输出端同时出现，而串行输出的数码在末位输出端逐位出现。

集成移位寄存器是由触发器再加上一些控制门组成的中规模集成电路，常用的有四位和八位的移位寄存器。例如，T453 为四位双向移位寄存器，在其几个控制端上加不同的电平，可以分别实现左移、右移、并行置数、保持存数和清除五种功能，使用起来非常方便。

想一想、做一做

1. 想一想，几个触发器能够组成一个八位二进制数码寄存器？

2. 想一想，若将数码 101101 寄存于某移位寄存器中，需几个移位脉冲波后才能实现？

12.3　计数器

计数器是一种累计脉冲个数的逻辑部件。计数器不仅用于计数，而且还可用作定时、分频和程序控制等，用途极为广泛。

计数器可按多种方式来分类。按计数过程数字增减趋势可分为加法计数器、减法计数器以及可逆计数器。按照进制方式不同，可分为二进制计数器和非二进制计数器。根据各计数单元动作的次序，可将计数器分为同步计数器和异步计数器两大类。

12.3.1　异步二进制加法计数器

图 12-16 所示是由 4 个 JK 触发器构成的四位二进制（十六进制）异步加法计数器，图中各级触发器的 J 端和 K 端都为 1（或悬空），均处于计数状态；$\overline{R}_D$ 端为计数器的清零端。

计数器的工作原理：计数之前，计数器清零，即使 $\overline{R}_D = 0$，则 $Q_3 Q_2 Q_1 Q_0 = 0000$。计数开始，

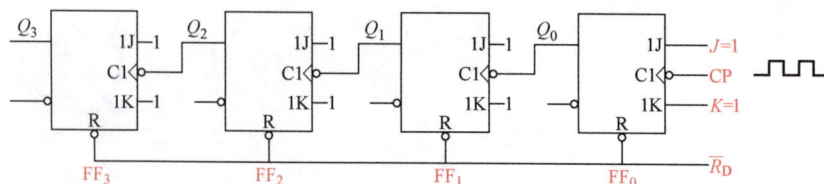

图 12-16　异步二进制加法计数器

触发器 FF$_0$（最低位）在每个计数 CP 脉冲的下降沿（1→0）翻转，触发器 FF$_1$ 的 CP 端接 FF$_0$ 的 Q_0 端，因而当 FF$_0$（Q_0）由 1→0 时，FF$_1$ 翻转。类似地，当 FF$_1$（Q_1）由 1→0 时，FF$_2$ 翻转；FF$_2$（Q_2）由 1→0 时，FF$_3$ 翻转。这种通过低位触发器逐个向高一位触发器输出进位脉冲而使触发器逐级翻转的计数器称为异步计数器。其状态表见表 12-6，图 12-17 所示为其波形图。

表 12-6　二进制加法计数器的状态表

输入 CP 脉冲序号	计数器状态			
	Q_3	Q_2	Q_1	Q_0
0（初态）	0	0	0	0
1	0	0	0	1
2	0	0	1	0
3	0	0	1	1
4	0	1	0	0
5	0	1	0	1
6	0	1	1	0
7	0	1	1	1
8	1	0	0	0
9	1	0	0	1
10	1	0	1	0
11	1	0	1	1
12	1	1	0	0
13	1	1	0	1
14	1	1	1	0
15	1	1	1	1

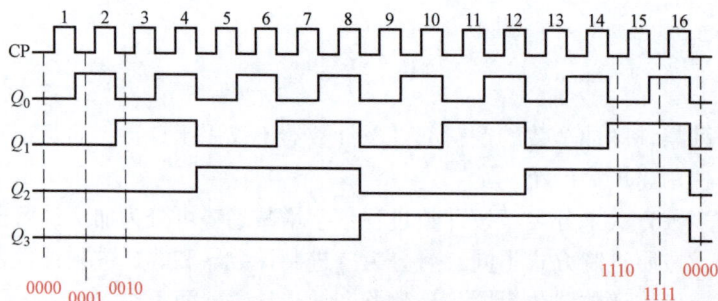

图 12-17　四位二进制加法计数器状态波形图

由图 12-17 所示波形可看出，每个触发器状态波形的频率为其相邻低位触发器状态波形频率的 1/2，即对输入脉冲进行二分频。所以，相对于计数输入脉冲而言，FF$_0$、FF$_1$、FF$_2$、FF$_3$ 的输出脉冲分别是二分频、四分频、八分频、十六分频。因此，这种计数器也可以作为分频器使用。显然，n 位二进制计数器具有 2^n 分频功能。

12.3.2 集成计数器

在实际工程应用中，一般很少使用小规模的触发器去拼接各种计数器，而是直接选用集成计数器。例如，74LS161 是具有异步清零功能的可预置数四位二进制同步计数器。图 12-18 为其逻辑符号，图 12-19 为其引脚排列图，表 12-7 为其逻辑状态表。

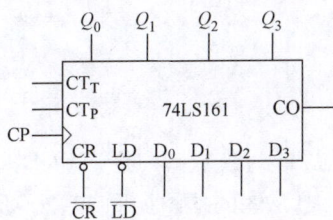

图 12-18 74LS161 的逻辑符号

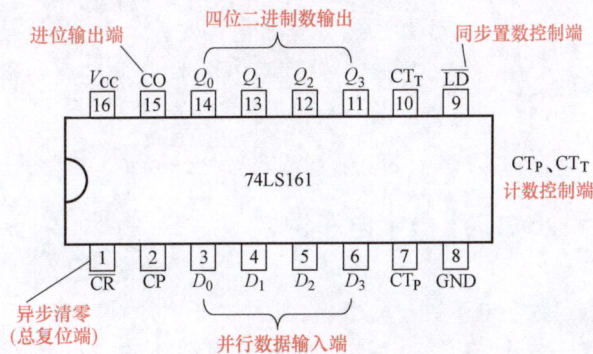

图 12-19 74LS161 的引脚排列图

表 12-7 74LS161 的逻辑状态表

输入									输出					说明
$\overline{CR}$	$\overline{LD}$	CT_P	CT_T	CP	D_3	D_2	D_1	D_0	Q_3	Q_2	Q_1	Q_0	CO	
0	×	×	×	×	×	×	×	×	0	0	0	0	0	异步置 0
1	0	×	×	↑	d_3	d_2	d_1	d_0	d_3	d_2	d_1	d_0		$CO = CT_T \cdot Q_3Q_2Q_1Q_0$
1	1	1	1	↑	×	×	×	×	计		数			$CO = Q_3Q_2Q_1Q_0$
1	1	0	×	×	×	×	×	×	保		持			
1	1	×	0	×	×	×	×	×	保		持		0	

74LS161 具有下列功能：

1. 异步置 0 功能

当 $\overline{CR}$（低电平有效）= 0 时，立即置 0，即 $Q_3Q_2Q_1Q_0 = 0000$。

2. 同步并行置数功能

当 $\overline{CR}$ = 1 时（不异步置 0）时；$\overline{LD}$（低电平有效）= 0 时；且当同步信号 CP 上升沿到来时；并行输入数据 $D_3 \sim D_0$ 被置入计数器，即 $Q_3Q_2Q_1Q_0 = d_3d_2d_1d_0$。

3. 计数功能

当 $\overline{LD} = \overline{CR} = 1$（不异步置 0、不同步置数）时；$CT_T = CT_P = 1$（不保持时）；CP 端输入计数脉冲（上升沿有效）时，计数器进行二进制加法计数。

4. 保持功能

当 $\overline{LD} = \overline{CR} = 1$（不异步置 0、不同步置数）时；且 $CT_T \cdot CT_P = 0$ 时，计数器保持原来的状况不变。进位输出信号 $CO = CT_T \cdot Q_3Q_2Q_1Q_0$。

如 $CT_P = 0$、$CT_T = 1$，则 $CO = Q_3Q_2Q_1Q_0$，即 CO 不变；如 $CT_P = 1$、$CT_T = 0$，则 CO = 0，即 CO 为低电平。

除以上功能外，74LS161 以十六进制异步清零同步置数的计数功能为基础，利用其级联，可以构成任意进制的计数器。

想一想、做一做

1. 仿照四位二进制（十六进制）异步加法计数器，你能画出三位二进制异步加法计数器的电路图吗？它的计数进制是多少呢？

2. 试一试，用 D 触发器来组成一个四位二进制异步加法计数器，画出电路图和状态表。

>>> 小知识｜数字电子钟

数字电子钟是一个将"时""分""秒"显示于人的视觉的计时装置，广泛应用于家庭、车站、码头、剧场、办公室等公共场所。数字电子钟逻辑电路图的框图如图 12-20 所示，它一般由振荡器、分频器、"时、分、秒"计数器、译码器及显示器等部分组成。其基本原理是用石英晶体振荡器加分频器产生一个符合精度要求的、某个固定频率的（1Hz）标准秒信号送入"秒计数器"，"秒计数器"采用 60 进制计数器，每累计 60s 发出一个"分脉冲"信号，该信号将作为"分计数器"的时钟脉冲。"分计数器"也采用 60 进制计数器，每累计 60min，发出一个"时脉冲"信号，该信号将被送到"时计数器"。"时计数器"采用 24 进制计时器，可实现对一天 24h 的累计。译码显示电路将"时"、"分"、"秒"计数器的输出送到七段显示译码驱动器译码驱动，通过六个七段 LED 显示器显示出来。数字电子钟逻辑电路图的框图如图 12-20 所示。

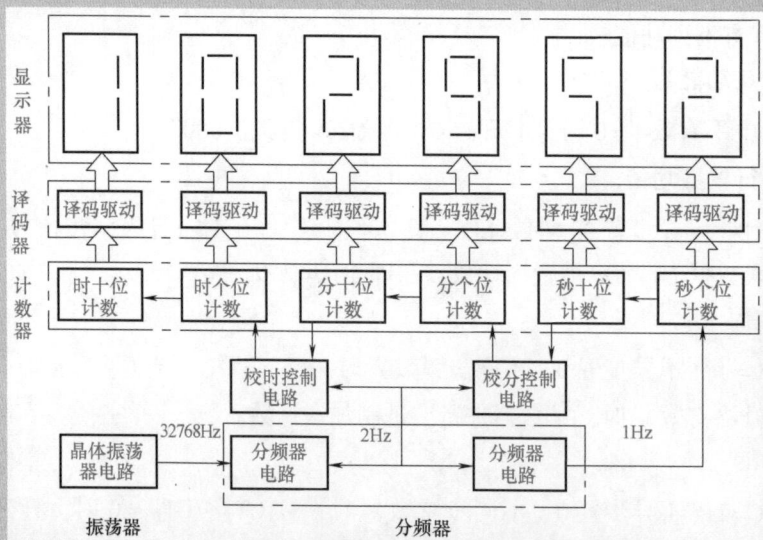

图 12-20　数字电子钟逻辑电路图的框图

实训 12.2　计数、译码、显示电路

1. 实训目的

1）熟悉集成计数器 74LS161 逻辑功能的测试方法。

2）熟悉由集成计数器 74LS161（四位二进制同步计数器）构成十进制计数器的连接方法。

3）熟悉 74LS47 BCD 译码器和共阳极七段显示器的使用方法。

2. 所用仪器设备

1）数字电路实验箱 1 台。

2）集成块：74LS00（2 输入端四与非门）1 片，74LS161（集成计数器）2 片，74LS47（BCD 码七段译码器）1 片。

3）七段发光二极管显示器 1 部。

3. 实验原理

1）在满足 $\overline{LD} = \overline{CR} = 1$、$CT_T = CT_P = 1$ 的条件下，计数器 74LS161 在 CP 端输入计数脉冲（上升沿有效）时，进行二进制加法计数。

2）如图 12-21 所示，由集成计数器 74LS161 和与非门 74LS00 经外围连接可构成十进制计数器。连接方法：把 $\overline{LD}$ 改为由输出端 Q_0、Q_3 组成的与非门输出控制。其计数原理：当计数到 $Q_0 = 1$、$Q_3 = 1$，即 $Q_3 Q_2 Q_1 Q_0 = 1001$（十进制数 9）时，与非门输出 0，$\overline{LD} = 0$，这时计数器在下一个脉冲第 10 个脉冲到来后输出 $Q_3 Q_2 Q_1 Q_0 = d_3 d_2 d_1 d_0 = 0000$。计数结束，以 10 为一个循环，变成一个十进制计数器。表 12-8 为其计数状态顺序表。

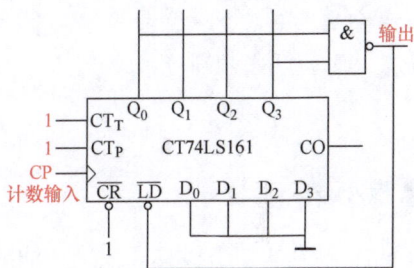

图 12-21　由 74LS161 构成十进制计数器

表 12-8　十进制计数器计数状态顺序表

计数顺序	计数器状态			
	Q_3	Q_2	Q_1	Q_0
0	0	0	0	0
1	0	0	0	1
2	0	0	1	0
3	0	0	1	1
4	0	1	0	0
5	0	1	0	1
6	0	1	1	0
7	0	1	1	1
8	1	0	0	0
9	1	0	0	1
无效状态	1	0	1	0
	1	0	1	1
	1	1	0	0
	1	1	0	1
	1	1	1	0
	1	1	1	1

4. 实训内容及步骤

1）测试 74LS161 的计数逻辑功能（二进制加法计数），CP 选用试验箱内手动单次脉冲或 1Hz 正方波，输出接实验箱中的发光二极管显示。

2）按图 12-21 组装十进制计数器，并接入译码显示电路（实验箱上已将译码器芯片和数码管连接好，实验时只要将十进制计数器的输出端 $Q_3 Q_2 Q_1 Q_0$ 直接连接到译码器的相应输入端 DCBA，即可显示数字 0～9），如图 12-22 所示。时钟选择 1Hz 正方波。观察电路的自动计数、译码、显示过程。

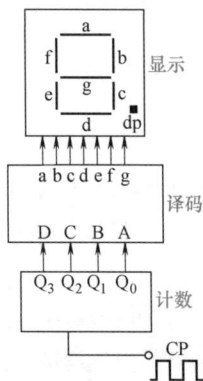

图 12-22　计数、译码、显示接口图

5. 实验结果分析

1）写出用灯的亮、灭所表示的 74LS161 的二进制加法计数逻辑状态表。

2）绘出十进制计数器的输入 CP 和输出 $Q_3 Q_2 Q_1 Q_0$ 的波形。

大国工匠英雄谱之十二

让风化的历史暗香浮动、绚烂重生的"文物修复界泰斗"——李云鹤

今已年近 90 岁高龄的李云鹤是国内石窟整体异地搬迁复原成功的第一人，也是国内运用金属骨架修复、保护壁画获得成功的第一人。他修复壁画近 4000m²，修复塑像 500 余身，取得了多项研究成果。

本章小结

1. 触发器是组成具有记忆功能的各种逻辑部件的基本逻辑单元，又称为双稳态触发器。它有两种稳定工作状态（0 态和 1 态）。它的工作特点：①能根据输入信号将触发器置成 0 或 1 态；②当受到外部信号触发时，触发器可由一种稳定状态转换为另一种稳定状态；③当外部信号消失后，触发器状态保持不变，即被置成的 0 或 1 态能保存下来，触发器具有"记忆"功能。

2. 根据逻辑功能不同，触发器可分为 RS 触发器、JK 触发器、D 触发器等。

3. 基本 RS 触发器是构成各种触发器的基础，它不受时钟脉冲 CP 的控制。

4. 同步 RS 触发器又称为钟控 RS 触发器，它受时钟脉冲信号 CP 的控制。RS 触发器的共同点是都含有不确定态。

5. JK 触发器、D 触发器都可分为三种类型，即同步触发器、主从触发器、边沿触发器。边沿触发又分为上升沿和下降沿触发两种。

6. 时序逻辑电路简称时序电路，是指在任一时刻，电路的输出状态不仅取决于该时刻的输入状态，还与前一时刻电路的状态有关的逻辑电路。它主要由存储电路和组合电路两部分组成。组合电路的基本单元是门电路，存储电路的基本单元是触发器。

7. 寄存器是用来暂存数码或运算结果的逻辑部件，需要时可取出来进行必要的处理和运算。一个触发器只能存放一位二进制数码。n 个触发器可以组成存放 n 位二进制数的寄存器。

8. 计数器是一种累计脉冲个数的逻辑部件。计数器不仅用于计数，而且可用作定时、分频和程序控制等，用途极为广泛。

9. 计数器按照计数过程中数字增减趋势可分为加法计数器、减法计数器以及可逆计数器。按照进制方式不同可分为二进制计数器和非二进制计数器。按照各计数单元动作的次序，可将计数器分为同步计数器和异步计数器两大类。

参 考 文 献

[1] 人力资源和社会保障部教材办公室. 电子技术基础 [M]. 5 版. 北京：中国劳动社会保障出版社，2014.

[2] 郎佳红. 电工电子技术与应用 [M]. 北京：中国电力出版社，2018.

[3] 秦曾煌. 电工学 [M]. 7 版. 北京：高等教育出版社，2009.

[4] 黄淑琴，赵亚平. 电工电子技术应用 [M]. 北京：机械工业出版社，2018.

[5] 刘晓志，肖军. 电工与电子技术学习辅导及习题解答 [M]. 北京：科学出版社，2020.

[6] 丁卫民. 电工学与工业电子学 [M]. 2 版. 北京：机械工业出版社，2014.

[7] 邱关源. 电路 [M]. 5 版. 北京：高等教育出版社，2006.

[8] 杨辉，黄邓平，王丽萍. 低压电工上岗证技能训练 [M]. 北京：机械工业出版社，2019.

[9] 李春茂. 电子技术基础 [M]. 2 版. 北京：机械工业出版社，2015.

电工电子技术与技能 第3版
习题与模拟试卷

班　级：＿＿＿＿＿＿＿＿＿＿

姓　名：＿＿＿＿＿＿＿＿＿＿

学　号：＿＿＿＿＿＿＿＿＿＿

机械工业出版社

目　录

习题 ┈┈┈ 1

第 1 章　认识电能与安全用电 ┈┈┈┈┈┈┈┈┈┈┈┈┈┈┈┈┈┈ 1

第 2 章　直流电路 ┈┈┈┈┈┈┈┈┈┈┈┈┈┈┈┈┈┈┈┈┈┈┈┈┈┈ 2

第 3 章　电容与电感 ┈┈┈┈┈┈┈┈┈┈┈┈┈┈┈┈┈┈┈┈┈┈┈┈ 6

第 4 章　正弦交流电路 ┈┈┈┈┈┈┈┈┈┈┈┈┈┈┈┈┈┈┈┈┈┈ 7

第 5 章　用电技术 ┈┈┈┈┈┈┈┈┈┈┈┈┈┈┈┈┈┈┈┈┈┈┈┈┈┈ 10

第 6 章　常用电器 ┈┈┈┈┈┈┈┈┈┈┈┈┈┈┈┈┈┈┈┈┈┈┈┈┈┈ 10

第 7 章　三相异步电动机的基本控制 ┈┈┈┈┈┈┈┈┈┈┈┈ 13

第 8 章　常用半导体器件 ┈┈┈┈┈┈┈┈┈┈┈┈┈┈┈┈┈┈┈┈ 14

第 9 章　放大电路与集成运算放大器 ┈┈┈┈┈┈┈┈┈┈┈┈ 16

第 10 章　整流、滤波及稳压电路 ┈┈┈┈┈┈┈┈┈┈┈┈┈┈ 19

第 11 章　基本逻辑门和组合逻辑门电路 ┈┈┈┈┈┈┈┈┈┈ 21

第 12 章　时序逻辑电路 ┈┈┈┈┈┈┈┈┈┈┈┈┈┈┈┈┈┈┈┈ 25

模拟试卷 ┈┈┈┈┈┈┈┈┈┈┈┈┈┈┈┈┈┈┈┈┈┈┈┈┈┈┈┈┈┈┈┈┈ 27

模拟试卷（1） ┈┈┈┈┈┈┈┈┈┈┈┈┈┈┈┈┈┈┈┈┈┈┈┈┈┈┈ 27

模拟试卷（2） ┈┈┈┈┈┈┈┈┈┈┈┈┈┈┈┈┈┈┈┈┈┈┈┈┈┈┈ 29

第1章　认识电能与安全用电

1-1　安全用电主要包括哪几方面？

1-2　人体触电方式有哪几种？

1-3　人体触电后的危险程度与哪些因素有关？

1-4　如习题图 1-1 所示，直流发电机的两根端线都不接地（如城市无轨电车用 600V 的直流电），当人体与单根端线接触时，是否会触电？

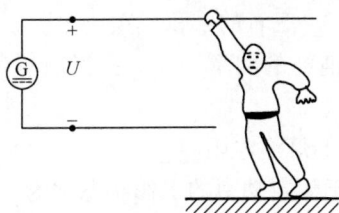

习题图 1-1

1-5　我国规定的安全电压为多大？在危险工作场所一般应采用多大的电压供电？

1-6　一般触电事故发生的原因主要有哪几方面？怎样才能防止触电事故的发生？

1-7　8W 荧光灯点燃时，灯管两端的电压大约为 60V，如果用两手分别接触灯管的两端，有没有危险？

1-8　试从安全用电的观点分析习题图 1-2a、b 两种电灯与开关的接法中哪一种比较合理？

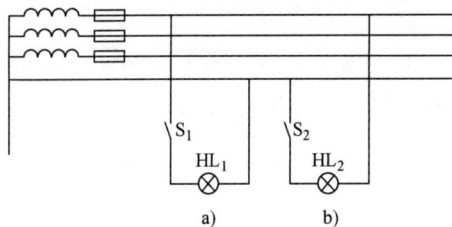

习题图 1-2

1-9　在特别潮湿的场所和进行锅炉内部检修时所使用的灯，其电压为什么不应超过 12V？

1-10　为什么鸟停在一根高压裸电线上不会触电，而站在地上的人碰到 220V 的单根电线却有触电危险？

1-11 触电后应怎样进行急救？触电者呼吸或心跳停止后是否可以断定已经死亡，如不是应该如何处理？

第2章 直流电路

一、填空题

2-1 电流所通过的路径称为_____，它具有通路、断路和_____三种状态。由电源、连接导线、开关和_____等4部分组成。

2-2 电源是一种_____装置，它可将_____转换为电能。

2-3 负载是一种_____设备，它可将_____转换为其他形式的能量。

2-4 电流的实际方向指_____移动的方向。

2-5 当选择不同的参考点时，电路中各点电位的大小_____，而任意两点间的电压大小_____。

2-6 已知某电路中 A 点电位 $V_A = 10V$，B 点电位 $V_B = 0V$，则 AB 两点电压 $U_{AB} = $_____V。

2-7 电流通过导体使其发热的现象称为_____。

2-8 通电导体的发热量与_____、导体的电阻、_____三者的乘积成正比。

2-9 当电源电压一定时，若负载电阻减小，则负载消耗的功率_____；当通过负载的电流一定时，若负载电阻减小，则负载消耗的功率_____。

2-10 额定电压相同的照明用白炽灯泡，额定功率大的灯泡电阻_____。

2-11 负载在额定功率下的使用状态称为_____，低于额定功率的工作状态称为_____，高于额定功率的工作状态称为_____。一般情况下不允许出现负载工作于_____状态。

2-12 电阻串联时其等效电阻总是_____其中任意一个电阻值，电阻并联时，等效电阻总是_____其中任意一个电阻值。

2-13 有 R_1、R_2 两个电阻，阻值分别为15Ω和45Ω，串联后接入某电路中总电阻为_____Ω，通过两个电阻中的电流之比为_____，两个电阻两端的电压之比为_____。

2-14 将一个5Ω的定值电阻与一滑动变阻器串联接在3V的电路中，已知定值电阻两端的电压是1V，那么通过滑动变阻器的电流是_____A，此时变阻器接入电路的电阻为_____Ω。

2-15 在习题图2-1待测电路中所示的"○"中，填上适当的电学仪表符号，并标出表的正、负极。①表测的是_____的_____，②表测的是_____的_____。

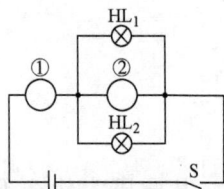
习题图2-1

2-16 通过电压表的电流必须从它的_____接线柱流入，_____接线柱流出，因此电压表的"＋"接线柱必须连在被测电路靠近电源_____极的一端，否则指针会_____。

2-17　习题图 2-2 中所示的电压表有_____个接线柱，_____个量程。图中所选电压表量程为_____，刻度盘每个大格表示_____ V，每个小格表示_____ V，指针所指位置表示_____ V。

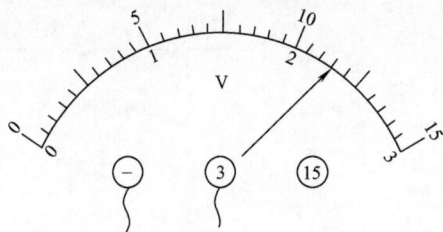

习题图 2-2

2-18　习题图 2-3 所示的电路中，能用电压表测出灯 HL_2 两端电压的电路图是_____，能测出两盏灯两端总电压的电路图是_____；请在选出的电路图上标出电压表的"＋""－"接线柱。

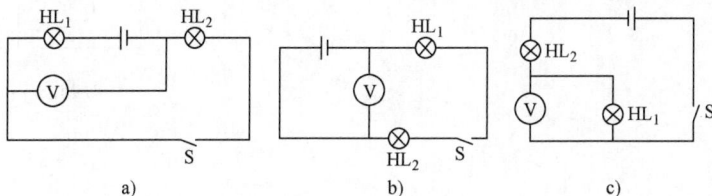

习题图 2-3

二、判断题

2-19　电流的实际方向即为自由电子流动的方向。　　　　　　　　　　　　（　　）

2-20　电路中某点的电位，即为该点与参考点间的电压。　　　　　　　　　（　　）

2-21　电流通过电阻产生电压降。　　　　　　　　　　　　　　　　　　　（　　）

2-22　导线越粗越短，其电阻值越大。　　　　　　　　　　　　　　　　　（　　）

2-23　电气设备在额定功率下的工作状态称为轻载。　　　　　　　　　　　（　　）

2-24　电阻串联时，电阻值小的电阻通过的电流大。　　　　　　　　　　　（　　）

2-25　电阻并联时，电阻值大的电阻通过的电流小。　　　　　　　　　　　（　　）

2-26　将"220V，60W"的灯泡接在 110V 的电源上使用，其功率将下降为原来的50%。　　　　　　　　　　　　　　　　　　　　　　　　　　　　　　　（　　）

三、选择题

2-27　习题图 2-4 所示是用同种材料制成的长度相同的两段导体 A 和 B，下列说法正确的是（　　）。

A. A 段两端的电压大，通过的电流大

B. B 段两端的电压大，通过的电流大

C. A 段两端的电压大，A，B 中的电流一样大

D. A、B 两端的电压一样大，A、B 中的电流一样大

习题图 2-4

2-28　习题图2-5中，电源的电压是6V，电压表的示数是2V，则灯 HL_1 两端的电压是多少（　　）。

A. 2V　　　　B. 4V　　　　C. 6V　　　　D. 8V

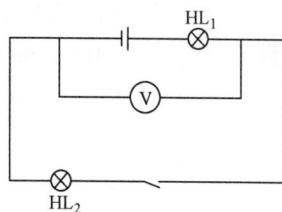

习题图2-5

2-29　习题图2-6所示各电路元器件的连接均正确，甲、乙为两个电表，则（　　）。

A. 甲为电流表，乙为电压表　　B. 甲为电压表，乙为电流表

C. 甲、乙都为电流表　　　　　D. 甲、乙都为电压表

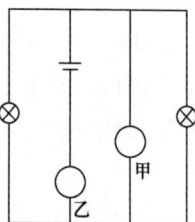

习题图2-6

2-30　在习题图2-7所示的待检电路中，开关S闭合后，发现电压表的指针仍指"零"，（电源完好），则不可能出现的问题是（　　）。

A. HL_2 的灯丝断了，其他完好

B. HL_1 的灯丝断了，其他完好

C. 灯 HL_1 发生短路了

D. 电压表因接线柱不牢而断开

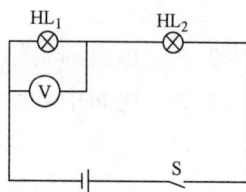

习题图2-7

四、简答题

2-31　电路都由哪些基本部分组成？说明各组成部分的主要作用。

2-32　电路的工作状态有几种？分别说明各种状态下电路的特征。

2-33　线性电阻元件的伏安关系是怎样的？

2-34　试在习题图2-8所示电路中绘出电流、电动势、电源端电压的方向，并回答通过电流表 A_1 和 A_2 的电流是否相等？B、C、D各点的电位高低如何？

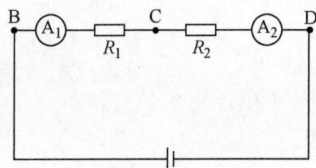

习题图 2-8

五、分析计算题

2-35　一个标明 220V、25W 的灯泡，如果把它接在 110V 的电源上，这时它消耗的功率是多少（假定灯泡的电阻是线性的）？

2-36　有两只灯泡：一只是 110V、100W，另一只是 110V、40W。问：（1）哪只灯泡的电阻大？（2）如将两只灯泡串联，接在 220V 的电路中，则哪只灯泡所承受的电压小于额定值？哪一只灯泡较亮？（3）如将两只灯泡并联，接在 110V 的电路中，则又是哪一只灯泡较亮？

2-37　如习题图 2-9 所示，列出电路中各节点的 KCL 节点电流方程和各网孔的电压方程。

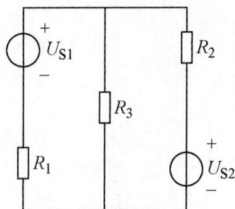

习题图 2-9

2-38　习题图 2-10a、b、c 中电压表分别测量的是哪两端电压？电路图上标出电压表的"＋""－"接线柱。

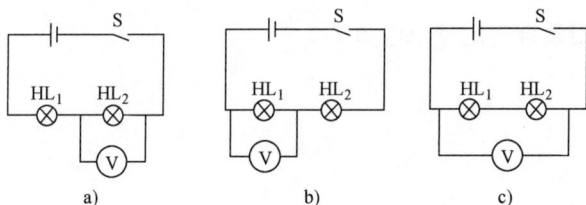

习题图 2-10

2-39　习题图 2-11 所示的电路中，电阻 R_1 和 R_3 的示数分别为 5Ω 和 10Ω，电压表 V_1 和 V_2 的读数分别为 3V 和 4V，请推算出电阻 R_2、电源电压 U 和电流表 A 的值。

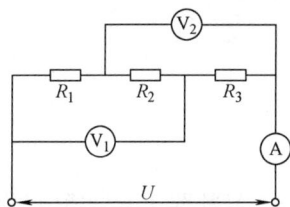

习题图 2-11

2-40　如习题图 2-12 所示，已知：$U_{s1} = 18\text{V}$，$U_{s2} = 9\text{V}$，$R_1 = 1\Omega$，$R_2 = 1\Omega$，$R_3 = 4\Omega$，试应用支路电流法求解各支路电流。

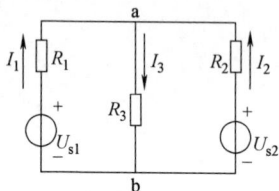

习题图 2-12

2-41　如习题图 2-13 所示，已知：$U_{s1} = 110\text{V}$，$U_{s2} = 80\text{V}$，$R_1 = 10\Omega$，$R_2 = 20\Omega$，$R_3 = 10\Omega$，试应用支路电流法求解各支路电流。

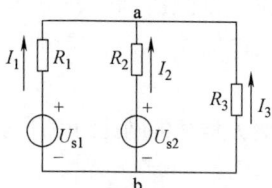

习题图 2-13

2-42　如习题图 2-14 所示，试用戴维南定理求电流 I。

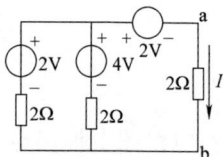

习题图 2-14

2-43　如习题图 2-15 所示，试用戴维南定理求电流 I。

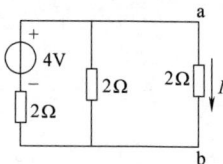

习题图 2-15

2-44　如习题图 2-12 所示电路，已知：$U_{s1} = 9\text{V}$，$U_{s2} = 6\text{V}$，$R_1 = 2\Omega$，$R_2 = 2\Omega$，$R_3 = 2\Omega$，试应用叠加定理求解各支路电流。

第 3 章　电容与电感

3-1　工业上应用的磁通，都是用通电的线圈使铁心磁化的。习题图 3-1 是通电磁化磁铁的图示。试用右手定则判断线圈通电后磁极的极性（或根据磁极的极性判断电流方向）。

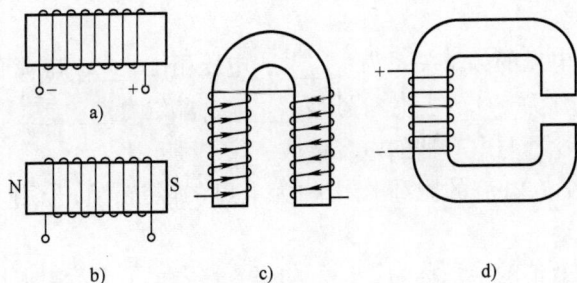

习题图 3-1

3-2　在习题图 3-2 中，方框内为一均匀磁场。AB 为一可移动的直导线，当以外力使其向右移动时，将产生一个方向如图所示的感应电流。求磁场中磁感应强度 B 的方向。

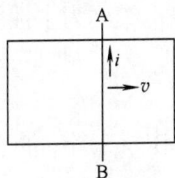

习题图 3-2

3-3　$C = 5\mu F$ 的电容器充电结束时电流 $i = 0$，电容上的电压为 10V。求此时电容储存的电场能量 ω_C。

第 4 章　正弦交流电路

一、填空题

4-1　我国工农业生产及生活中使用的工频交流电的频率和周期为_____、_____。

4-2　两个同频率正弦量的相位差为 180°时，称它们为_____。

4-3　正弦交流电的有效值为最大值的_____倍。

4-4　在纯电阻电路中，电流与电压的频率关系为_____，电流与电压的相位_____，电流与电压的有效值符合欧姆定律。

4-5　有功功率又称_____，用符号 P 表示，单位为_____。

4-6　某白炽灯工作时电阻值为 484Ω，当其两端加有 220V 的电压时，此白炽灯的有功功率应为_____ W。

4-7　在纯电感电路中，电流与电压的频率_____，电压相位_____电流相位 90°。

4-8　电感对交流电的阻碍作用称为_____，用符号 X_L 表示，单位是_____。

4-9　感抗与电源频率成_____比。

4-10　在纯电容电路中，电流与电压的频率关系为_____，电压相位_____电流90°。

4-11　电容对交流电的阻碍作用称为_____，其符号是_____，单位为_____。

4-12　容抗与电源频率成_____比，与电容器的电容量成_____比。

4-13　交流电路中实际元件对交流电流的阻碍作用称为电路的阻抗，符号用_____表示。

4-14　交流电路端电压与电流有效值的乘积称为_____功率，它表示了交流电源_____的大小。

4-15　要提高感性电路的功率因数，可采用在电路两端_____的方法。

4-16　在电源视在功率一定时，提高功率因数的意义在于提高_____的利用率和提高_____。

4-17　大小相等，_____相同，_____互差120°的电动势称为三相对称电动势。

4-18　从三相交流发电机的三个线圈始端 U_1、V_1、W_1 引出的输电线称为_____。三个线圈末端 U_2、V_2、W_2 连接在一起的点称为_____点，从此点引出的输电线称为中性线。若此点接大地则称为中心点，此线称为_____，这种供电方式称为_____制。

4-19　三相对称负载作星形联结时，线电压为相电压的_____。

4-20　因为三相对称负载作星形联结时_____电流为零，所以可将中线去掉，将三相四线制供电方式改为_____制供电方式。

4-21　三相对称负载作三角形联结时，线电流是相电流的_____。

4-22　三相四线制星形联结允许负载不对称，必须保证中线的可靠连接，中线的作用是至关重要的，一旦中线发生_____事故，将导致严重后果。为了防止意外，中线上绝对不允许安装_____或者_____。

二、判断题

4-23　纯电阻电路中，电压与电流同相位。　　　　　　　　　　　　（　　）

4-24　纯电感电路中，电流超前电压90°。　　　　　　　　　　　　（　　）

4-25　纯电容电路中，电压超前电流90°。　　　　　　　　　　　　（　　）

4-26　纯电容在直流电路中相当于短路。　　　　　　　　　　　　（　　）

4-27　纯电感在直流电路中相当于开路。　　　　　　　　　　　　（　　）

4-28　三相对称星形联结电路中，必须有中性线。　　　　　　　　（　　）

4-29　三相对称负载作三角形联结时，线电流等于相电流的。　　　（　　）

4-30　三相四线制星形联结不对称负载电路中，中性线的作用是可以保证每相不对称负载得到对称的相电压，从而保证负载可以正常工作。　　　　　　　　　　　　（　　）

4-31　三相四线制供电方式可以提供两种电压即相电压和线电压。　（　　）

三、简答题

4-32　正弦交流电的三要素是什么？

4-33　什么是正弦交流电的周期和频率？它们之间有何关系？

4-34　什么叫功率因数？为什么要提高功率因数？通常提高功率因数的方法是什么？

4-35　试述负载星形联结的三相四线制电路和三相三线制电路的异同。

4-36　什么情况下可将三相电路的计算转变为对一相电路的计算？

4-37　三相四线制不对称电路当中性线断开时对负载工作情况会产生什么影响？中性线的作用是什么？

四、分析计算题

4-38　已知一正弦交变电动势 $e = 311\sin(314t + 30°)$ V，试求：（1）最大值 E_M；（2）角频率 ω；（3）频率 f；（4）初相角 ψ；（5）周期 T；（6）有效值 E。

4-39　设有一个在 0.1s 内完成 5 个周期变化的交流电，试求：（1）周期 T；（2）频率 f；（3）角频率 ω。

4-40　已知某正弦交流电的角频率为 628rad/s，试求相应的周期和频率。

4-41　让 10A 的直流电和最大值 $I_m = 12A$ 的正弦交流电分别通过阻值相同的电阻，在一个周期内，问哪个电流的发热量大？

4-42　某正弦交流电路两端电压 $u = 220\sqrt{2}\sin(100\pi t + \pi/6)$ V，正弦交流电流 $i = 0.41\sqrt{2}\sin(100\pi t - \pi/6)$ A。分别求出：（1）电压和电流的有效值；（2）电压和电流的相位差，并作出电压和电流有效值的相量图。

4-43　在电压 $u = 220\sqrt{2}\sin(314t + \pi/3)$ V，频率为 50Hz 的交流电路中，接入一组白炽灯，其等效电阻为 $R = 11\Omega$。（1）求出电灯组取用电流的有效值；（2）写出电灯组电流的瞬时值表达式；（3）绘出电路中的电压与电流相量图。

4-44　把 $L = 50mH$ 的线圈（忽略其电阻），接在频率为 50Hz，电压为 $u = 220\sqrt{2}\sin(100\pi t - \pi/6)$ V 的交流电路中。（1）求出线圈中电流的有效值；（2）写出线圈中电流的瞬时值表达式；（3）绘出线圈中的电压与电流相量图。

4-45　把容量为 $C = 20\mu F$ 的电容器接在 $u = 100\sqrt{2}\sin(100\pi t - \pi/3)$ V 的交流电路中。（1）求容抗；（2）求出电容器中电流的有效值；（3）求电容上的无功功率。

4-46　把容量为 $C = \dfrac{1}{314} \times 10^5 \mu F$ 的电容器（忽略其电阻），接在 $u = 100\sqrt{2}\sin(100\pi t - \pi/3)$ V 的交流电路中。（1）求出电容器中电流的有效值；（2）写出电容器中电流的瞬时值表达式；（3）绘出电容器中的电压与电流相量图；（4）求电容上的无功功率。

4-47　把一个电阻为 3Ω、感抗为 4Ω 的线圈接到电压有效值 $U = 50V$ 的交流电源上。求：（1）线圈的阻抗；（2）电路中的电流；（3）求电路中的 P、Q 和 S；（4）电路的功率因数；（5）以电流为参考量作电压三角形。

4-48　某线圈接在电压为 20V 的直流电源上，测得流过线圈的电流为 1A；当把它接到频率为 50Hz、电压有效值为 120V 的正弦交流电路中，测得流过线圈的电流为 0.3A。求线圈的直流电阻和电感量。

4-49　将电感为 51mH，电阻为 12Ω 的线圈接到一交流电源上，其电源的电压有效值 $U = 220V$，角频率 $\omega = 314rad/s$。求：（1）线圈的阻抗；（2）电路中的电流；（3）电路中的 P、Q 和 S；（4）电路的功率因数；（5）以电流为参考相量，画出线圈上电压、电流及电阻电压和电感电压的相量图。

4-50　已知某发电机的额定电压为 10000V，视在功率为 30 万 kW。

（1）用该发电机向额定电压为 380V，有功功率为 190kW、功率因数为 0.5 的工厂供电，能供多少个工厂？

（2）若把各工厂的功率因数提高到1，又能供多少个工厂用电？

4-51　有一三相对称负载，其各相电阻等于1Ω，负载的额定相电压为220V，现将它接成星形，接在线电压为380V的三相电源上，求相电流、线电流和总功率。

4-52　对称三相负载为 R，接于三相对称星形联结电源，线电压为 U_L，试比较负载作三角形和星形联结时，下列各量的关系：

相电流 $I_{P\triangle}$ = _____，I_{PY} = _____，$I_{P\triangle}/I_{PY}$ = _____；

线电流 $I_{L\triangle}$ = _____，I_{LY} = _____，$I_{L\triangle}/I_{LY}$ = _____；

功率 $P_\triangle$ = _____，P_Y = _____，$P_\triangle/P_Y$ = _____。

第 5 章　用 电 技 术

5-1　简述电力供电系统主要包括哪些环节。

5-2　发电的类型主要有哪些？

5-3　发电过程从能量角度看实际是_____转变为_____的过程。

5-4　保护接地适用于三相电源中性线_____的情况。

5-5　一些金属外壳的家用电器（如电风扇、电冰箱等）使用三脚插头和插座，而一些非金属外壳的电器（如电视机、收音机）却只用两脚插头和插座，试说明其原因。

5-6　试分析习题图 5-1a、b、c 三个三孔插座的接线方法是否正确？

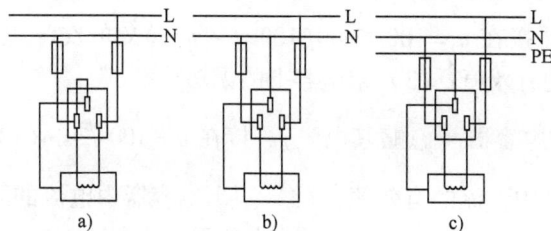

习题图 5-1

5-7　安装剩余电流保护器后的电动工具，如果机体接触其他带电体时，剩余电流保护器是否也能起保护作用？

第 6 章　常 用 电 器

一、填空题

6-1　自耦变压器的输入、输出端不仅存在_____联系，也存在_____联系。

6-2 变压器主要由_____和_____组成。

6-3 _____是变压器的基本工作原理。

6-4 若变压器的 $N_1 > N_2$，则 U_1 _____ U_2、I_1 _____ I_2。

6-5 变压器是既能改变_____大小，又能维持其_____不变的静止电气设备。

6-6 为了_____，变压器铁心采用硅钢片叠成。

6-7 交流异步电动机主要由_____和_____构成。

6-8 三相异步电动机的定子绕组有_____和_____两种连接方式。

6-9 旋转磁场的转速称为_____。

6-10 三相笼型异步电动机又称_____式电动机。

6-11 异步电动机的"异步"的意思是指转子转速总是_____同步转速。

6-12 _____是指工作在直流 1200V、交流 1000V 以下的各种电器。

6-13 电器按照它的动作性质，可分为_____和_____。

6-14 _____是按照信号或某个物理量的变化而自动动作的电器。

6-15 _____是通过人力操纵而动作的电器。

6-16 电器按照它的职能，可分为_____和_____。

6-17 熔断器有_____、_____和_____等几种形式。

6-18 热继电器是一种_____电器。它利用_____而动作，用来保护电动机，以免电动机因过载而损坏。

二、判断题

6-19 电压互感器二次绕组不允许开路，电流互感器二次绕组不允许短路。   （   ）

6-20 在易燃、易爆场所的照明灯具，应使用密闭型或防爆型灯具，在多尘、潮湿和有腐蚀性气体的场所的灯具，应使用防水防尘型。   （   ）

6-21 电源相线可直接接入灯具，而开关可控制中性线。   （   ）

6-22 螺口灯头的相线应接于灯口中心的舌片上，中性线接在螺纹口上。   （   ）

6-23 荧光灯电路中，开关、镇流器、灯座、辉光启动器等均为并联。   （   ）

6-24 开关不能安装在相线上，必须安装在灯具电源侧的中性线上，确保开关断开时灯具不带电。   （   ）

6-25 电动机的绝缘等级，表示电动机绕组的绝缘材料和导线所能耐受温度极限的等级。如 120（E）级绝缘其允许最高温度为 120℃。   （   ）

三、选择题

6-26 要测量额定电压为 380V 的交流电动机绕组绝缘电阻，应选用额定电压为（   ）的绝缘电阻表。

A. 250V   B. 500V   C. 1000V

6-27 按下复合按钮时（   ）。

A. 常开触点先闭合   B. 常闭触点先断开   C. 常开触点、常闭触点同时动作

6-28 在电动机的继电器接触器控制电路中，热继电器的功能是实现（   ）。

A. 短路保护   B. 零压保护   C. 过载保护

6-29 热继电器的双金属片弯曲是由于（   ）。

A. 机械强度不同   B. 热膨胀系数不同   C. 温差效应

6-30　改变三相异步电动机的旋转磁场方向就可以使电动机（　　）。

A. 停速　　　　　　　　B. 减速　　　　　　　　C. 反转

6-31　对于理想变压器，下列说法正确的是（　　）。

A. 变压器可以改变直流电压

B. 变压器是根据互感原理制成的

C. 变压器可以改变交变电流的频率

6-32　下列电器中属于保护类电器的是（　　）。

A. 按钮　　　　　　　　B. 热继电器　　　　　　C. 交流接触器

四、简答题

6-33　铁磁性物质为什么能被磁化？

6-34　铁磁性物质的磁化曲线是怎样的？

6-35　铁磁性物质分为哪几类，各有何特点？

6-36　变压器也能改变直流电的电压，是吗？为什么？

6-37　欲制作一个 220V/110V 的小型变压器，能否一次侧绕 2 匝，二次侧绕 1 匝，为什么？

6-38　变压器的额定容量为什么标以视在功率，而不标以有功功率？

6-39　某电动机型号为 Y100L-4，试说明其含义。

6-40　三相异步电动机旋转磁场的转速和哪些因素有关？请写出其表达式。

6-41　三相异步电动机的转子转速为什么不能和同步转速相同？

6-42　何谓常开触点和常闭触点？

6-43　一个按钮的常开触点和常闭触点有可能同时闭合和同时断开吗？

6-44　请画出刀开关、熔断器、交流接触器、按钮、热继电器和时间继电器的电路图形符号和文字符号。

6-45　热继电器为什么不能做短路保护？

五、分析计算题

6-46　一台变压器，一次绕组匝数 $N_1 = 500$，二次绕组匝数 $N_2 = 25$，一次侧外加电压 $U_1 = 220V$，求二次开路电压 U_2。

6-47　一台变压器，一次绕组匝数 $N_1 = 500$，二次绕组匝数 $N_2 = 25$，若二次侧负载电流 $I_2 = 20A$，求一次电流 I_1。

6-48　单相变压器的一次电压为 $U_1 = 3300V$，其电压比 $K = 15$，求二次电压 U_2；当二次电流 $I_2 = 60A$ 时，求一次电流 I_1。

6-49　已知一电流互感器的电流比 $I_1/I_2 = 400/5$，二次电流表量程为 5A。

（1）若电流表的读数为 4.2A 时，一次电流是多少？

（2）如果将互感器的二次侧短路，互感器的一次电流有无变化？对互感器使用有无影响？

6-50　一只 11W 的节能灯与一只 60W 的白炽灯亮度相当，若按 1kW·h 电电费 0.52 元、每天使用 5h 计算，一年（365 天）中每只节能灯比白炽灯节约多少电费？

6-51　单相变压器一次绕组接在 220V 交流电源上，其二次绕组空载输出电压为 110V，若二次绕组为 400 匝，求一次绕组匝数。

6-52　在我国，一台 $p=3$ 的三相异步电动机的同步转速是多大？$p=5$ 呢？

6-53　一台三相异步电动机定子绕组的 6 个出线端分别为 U_1—U_2、V_1—V_2 和 W_1—W_2，如习题图 6-1 所示。试分别画出丫联结和△联结的接线图。

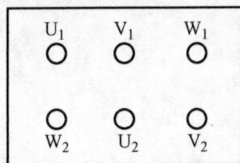

习题图 6-1

6-54　一台三相异步电动机，电源频率 $f=50\text{Hz}$ 旋转磁场转速 $n_1=1500\text{r/min}$，这台电动机为几极电动机？

第 7 章　三相异步电动机的基本控制

7-1　何谓"自锁触点"？

7-2　什么是失电压保护？如何实现失电压保护？

7-3　何谓"互锁保护"？

7-4　什么是过载保护？

7-5　为什么电动机控制电路中已装有接触器，还要装一只电源开关？它们的工作任务有何不同？

7-6　电动机电路中的热继电器是按电动机的额定电流整定的。为什么在起动时，起动电流是额定电流的 4~7 倍，热继电器并不动作？而在运行时，当电流大于额定电流值，热继电器却会因过载而动作？

7-7　电动机主电路中已装有熔断器，为什么还要再装热继电器？它们的作用有何不同？在照明电路、电热设备电路中，为什么一般只装熔断器而不装热继电器？

7-8　在习题图 7-1 中，如果将电源开关下面的三个熔断器改装到电源开关上面的电源线上是否合适？为什么？

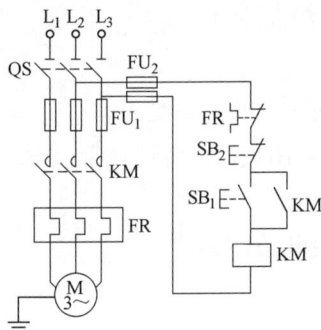

习题图 7-1

7-9　习题图 7-2a、b 的控制电路是否可用？若不可用，请说明理由。

7-10　试绘出可在三处不同位置对同一台电动机进行"起动""停止"的控制电路。

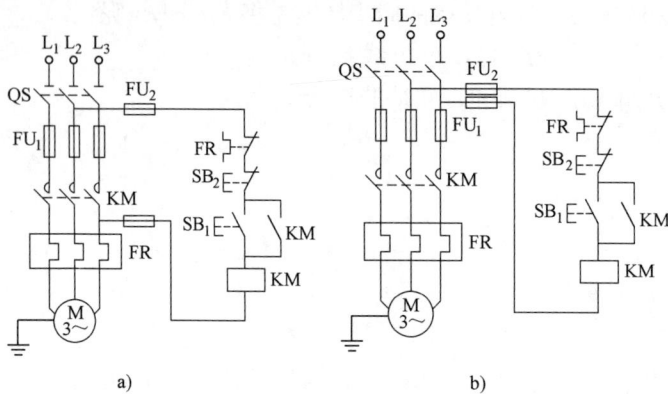

习题图 7-2

第8章　常用半导体器件

一、填空题

8-1　二极管由_____个 PN 结构成，二极管的主要特性是_____。

8-2　当二极管的阳极电位高于阴极电位_____V 时，硅二极管处于_____状态。

8-3　当二极管的阳极电位低于阴极电位，二极管处于_____状态。

8-4　稳压二极管必须工作在_____区，必须与_____电阻配合使用。

8-5　合理选择二极管的两个主要参数是_____和_____。

8-6　晶体管由_____个 PN 结构成，晶体管具有_____和_____作用。

8-7　晶体管的三种工作状态是_____、_____和_____。

8-8　晶体管按其结构分为_____和_____两种类型。

8-9　晶体管的三个电极分别称为_____、_____和_____。

8-10　NPN 型晶体管工作于放大区时，三个电极电位的关系是 V_C _____ V_B _____ V_E。

8-11　NPN 型晶体管工作于饱和区时，三个电极电位的关系是 V_C _____ V_B _____ V_E。

8-12　PNP 型晶体管工作于放大区时，三个电极电位的关系是 V_C _____ V_B _____ V_E。

8-13　晶体管三个极的电流分配关系为_____。

8-14　晶体管工作于放大区时，集电极电流和基极电流之间的关系是 $I_C =$ _____。

8-15　测得 NPN 型硅晶体管 $U_{BE} = -0.3V$、$U_{BC} = -10V$，可判定该晶体管工作于_____状态。

8-16　普通晶闸管的导通条件是_____，关断条件是_____。

二、判断题

8-17　二极管导通时，电流是从正极流入、从负极流出。　　　　　　　　（　　）

8-18　稳压二极管正常工作时，应使其工作于反向击穿状态。　　　　　　（　　）

8-19　普通二极管在使用时，不能反向击穿。　　　　　　　　　　　　　（　　）

8-20　晶体管的电流放大实质是基极小电流控制集电极大电流。　　　　　（　　）

8-21　发光二极管在正向导通时才发光。　　　　　　　　　　（　　　）

8-22　死区即指二极管的正向不导通性。　　　　　　　　　　（　　　）

8-23　晶体管具有电流放大作用。　　　　　　　　　　　　　（　　　）

8-24　晶体管具有电压放大作用。　　　　　　　　　　　　　（　　　）

8-25　晶体管也能做开关。　　　　　　　　　　　　　　　　（　　　）

8-26　晶体管既能放大直流电流，又能放大交流电流。　　　　（　　　）

8-27　用万用表检测二极管、晶体管时必须使用欧姆档。　　　（　　　）

8-28　晶体管处于饱和状态时相当于一只断开的开关。　　　　（　　　）

8-29　晶体管处于截止状态时相当于一只闭合的开关。　　　　（　　　）

三、选择题

8-30　半导体二极管阳极的电位为8V、阴极电位为10V，则该管处于（　　　）。

A. 反偏　　　　　　　　　B. 正偏　　　　　　　　C. 零偏

8-31　用万用表 $R \times 1k\Omega$ 档测试二极管，若红表笔接正极、黑表笔接负极时，读数为50kΩ；换用黑表笔接正极、红表笔接负极时，读数为1kΩ，则这只二极管的情况是（　　　）。

A. 内部已断路不能用　　　　　　B. 内部已短路不能用

C. 没有坏，但性能不好　　　　　D. 性能良好

8-32　在习题图8-1a～d中，指示灯不会亮的是（　　　）。

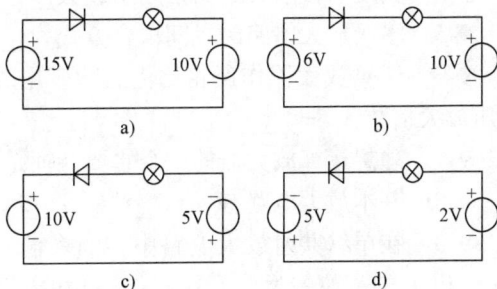

习题图8-1

8-33　在一个正常工作的放大电路上，测得某晶体管管脚对地电压分别为 -6V、-6.2V和-9V，则可判断晶体管为（　　　）。

A. PNP型硅管　　　　　　B. PNP型锗管　　　　　C. NPN型硅管

8-34　当晶体管 $U_{CE} = 10V$ 不变、基极电流从 $20\mu A$ 增大到 $25\mu A$ 时，集电极电流从2mA增大到2.6mA，则该管的电流放大系数 β 为（　　　）。

A. 120　　　　　　　　　B. 100　　　　　　　　C. 104

四、简答题

8-35　如果把二极管的阳极接到1.6V电源的正极，把阴极接到电源的负极，二极管是否能正常工作？

8-36　PN结是怎样形成的？PN结的单向导电性指的是什么？

8-37　如何用万用表判断二极管的正负极与二极管的好坏？

8-38 晶体管的电流放大作用的含义是什么？

8-39 晶闸管的导通条件是什么？导通后流过晶闸管的电流取决于什么？导通后的晶闸管要关断，条件是什么？

8-40 晶闸管和二极管、晶体管相比在特性上有何异同？

五、分析计算题

8-41 已知放大电路中，有一 NPN 型晶体管，测得其集电极电流 I_C 为 2mA，发射极电流 I_E 为 2.02mA，试求基极电流 I_B 和晶体管的电流放大系数 β。

8-42 放大电路中的晶体管的 3 个电极对地电位 $U_1 = 2.5V$、$U_2 = 6V$、$U_3 = 1.8V$。判断它是硅管还是锗管？是 NPN 型还是 PNP 型？

第9章 放大电路与集成运算放大器

一、填空题

9-1 放大电路的静态值是指_____、_____、_____。

9-2 放大电路的静态工作点设置必须恰当，工作点过高可能产生_____失真，工作点过低可能产生_____失真。

9-3 共集电极放大电路的特点是_____、_____、_____和_____。

9-4 共发射极放大电路常用来放大_____。

9-5 多级放大电路的级间耦合方式为_____、_____和_____。

9-6 运算放大器作反相比例运算应用时，u_o 和 u_i 的关系是_____，其闭环电压放大倍数 $A_{uf} = $_____。

9-7 理想运算放大器的三个主要特征是_____、_____和_____。

9-8 基本放大电路有_____、_____、_____三种组态。

9-9 在单级共射放大电路中，如果输入为正弦波形，用示波器观察 u_o 和 u_i 的波形，则 u_o 和 u_i 的相位差为_____；当为共集电极电路（射极输出器）时，则 u_o 和 u_i 的相位差为_____。

9-10 由理想运放的条件推出两个重要结论：一是两输入端的电流等于_____，称为_____；二是两输入端之间的电位差等于_____，称为_____。

9-11 集成运放某放大器两种基本的比例运算电路是_____和_____运算电路。

9-12 反相比例运算放大器当 $R_f = R_1$ 时，称作_____器，同相比例运算放大器当 $R_f = 0$，且 R_1 为无穷大时称作_____器。

二、判断题

9-13 在基本共发射极放大电路中，若晶体管的 β 增大一倍，其他元器件及参数不变，则电压放大倍数也相应地增大一倍。　　　　　　　　　　　（　　）

9-14 共发射极电压放大电路的输出信号与输入信号同相位。　　　　　（　　）

9-15 放大电路只要设置了静态工作点，输出就不会失真。　　　　　　（　　）

9-16 放大电路必须是交、直流混合电路。　　　　　　　　　　　　　（　　）

9-17 放大电路有集电极电阻 R_C，才有电压放大作用。　　　　　　　（　　）

三、选择题

9-18　放大电路的静态工作点设置偏高，则输出将产生（　　）的非线性失真现象。

A. 饱和失真　　　　　　　B. 截止失真　　　　　　　C. 交越失真

9-19　放大电路的静态工作点设置偏低则输出将产生（　　）的非线性失真现象。

A. 饱和失真　　　　　　　B. 截止失真　　　　　　　C. 交越失真

9-20　电路如习题图 9-1 所示，当 $u_i = 1V$ 时，u_o 为（　　）。

A. 1V　　　B. 2V　　　C. $+U_{om}$　　　D. $-1V$

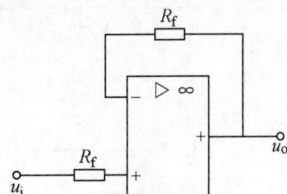

习题图 9-1

9-21　集成运放的实质是一个（　　）。

A. 直接耦合的多级放大器　　　　　　B. 单级放大器

C. 阻容耦合的多级放大器　　　　　　D. 变压器耦合的多级放大器

四、简答题

9-22　在共射放大电路中，若将电阻 R_C 短接，晶体管还能起电流放大作用吗？放大电路还能起电压放大作用吗？

9-23　负反馈将使放大电路的放大倍数降低，为什么几乎所有的放大电路都要引入负反馈？

9-24　多级放大器的级间耦合方式有几种？各有何特点？

9-25　什么是"虚短"？什么是"虚断"？

9-26　试说明分压式偏置电路静态工作点的稳定原理。

五、分析计算题

9-27　共射放大电路的几种输出电压波形与输入电压波形的对应关系如习题图 9-2a、b、c、d 所示，请问各发生什么失真？

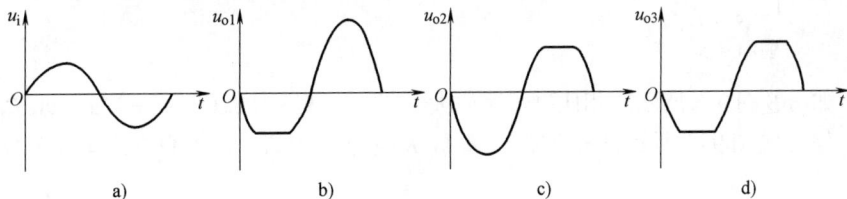

习题图 9-2

9-28　习题图 9-3a、b 所示电路是否正确，应如何改正？

9-29　放大电路如习题图 9-4 所示，$V_{CC} = 12V$，当 $R_L = 3k\Omega$、$R_C = 1.5k\Omega$，$R_B = 240k\Omega$，晶体管 $\beta = 40$，试求该电路的静态工作点。若 $r_{be} = 0.8k\Omega$，分别求空载和带载时电压放大倍数，并求输入、输出等效电阻。

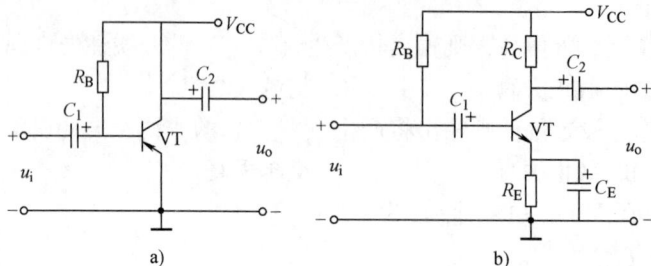

a)   b)

习题图 9-3

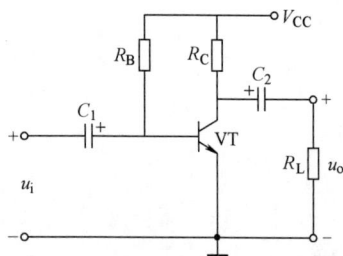

习题图 9-4

9-30 单管电压放大电路如习题图 9-4 所示，已知 $V_{CC} = 12V$，硅管 $\beta = 40$，$r_{be} = 1.2k\Omega$，$R_B = 400k\Omega$，$R_C = 5.1k\Omega$，$R_L = 2k\Omega$，试求：（1）电路的静态工作点；（2）放大器空载时的电压放大倍数；（3）放大器带载时的电压放大倍数；（4）放大器的输入电阻；（5）放大器的输出电阻；（6）若输入正弦信号电压为 10mV（有效值），问在负载上（带载）可获得的正弦信号电压的最大值为多少?

9-31 如习题图 9-5 所示反相比例运算放大电路，当 $R_1 = 20k\Omega$，$R_f = 100k\Omega$，求 u_o 与 u_i 的关系。

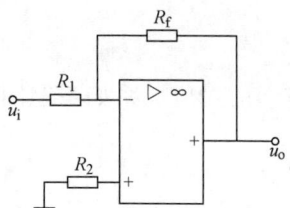

习题图 9-5

9-32 如习题图 9-5 所示反相比例运算放大电路，当 $R_f = 100k\Omega$，$u_o = 25u_i$，求 R_1 的值。

9-33 如习题图 9-6 所示同相比例运算放大电路，当 $R_1 = 20k\Omega$，$R_f = 100k\Omega$，求 u_o 与 u_i 的关系。

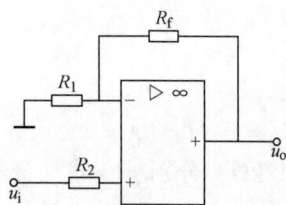

习题图 9-6

9-34　如习题图9-6所示同相比例运算放大电路，当 $R_f = 100\text{k}\Omega$，$u_o = 26u_i$，求 R_1 的值。

9-35　试用集成运放组成电路实现如下输入输出关系：$u_o = u_i$。

9-36　由运算放大器组成的加法电路如习题图9-7所示，试求输出电压 u_o。

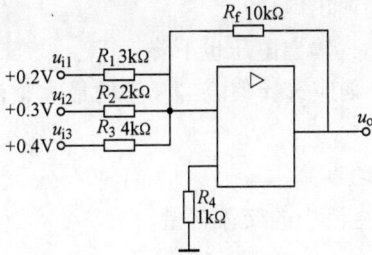

习题图 9-7

9-37　习题图9-8所示电路，输入信号 u_{i1}、u_{i2} 的波形为已知，试画出与其对应的输出信号 u_o 的波形。

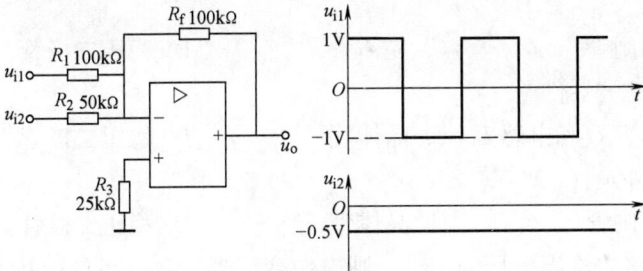

习题图 9-8

9-38　由理想运放构成的电路如习题图9-9所示，试计算输出电压 u_o 的值。

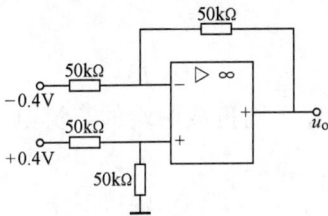

习题图 9-9

第 10 章　整流、滤波及稳压电路

一、填空题

10-1　直流稳压电源一般由_____、_____和_____三部分组成。

10-2　整流电路的功能是_____，整流元件是_____。

10-3　滤波电路的功能是_____，常用滤波元件是_____和_____。

10-4　稳压电路的功能是_____。

10-5　单相半波整流电路中，$U_o = $ _____ U_2。

10-6 单相桥式整流电路中，$U_o =$ _____ U_2。

10-7 单相桥式整流电容滤波电路中，$U_o =$ _____ U_2。

二、判断题

10-8 单相半波整流的输出电压比单相桥式整流的输出电压小。　　　　（　　）

10-9 整流输出电压加电容滤波后，电压波动减小，输出电压也下降。　（　　）

10-10 若单相桥式整流电路的输出电流为0.5A，则应选择整流二极管的最大整流电流 $I_F = 0.25A$。　　　　　　　　　　　　　　　　　　　　　　　（　　）

10-11 整流电路输出的直流不是纯直流，而是脉动直流。　　　　　　（　　）

10-12 滤波的过程实质上就是进一步消耗掉脉动直流中的交流含量。　（　　）

10-13 晶闸管常用来进行可控整流。　　　　　　　　　　　　　　　（　　）

三、选择题

10-14 能实现可控整流的器件是（　　　）。

A. 二极管　　　　　　B. 晶闸管　　　　　　C. 晶体管　　　　　　D. 稳压二极管

10-15 能实现整流的器件是（　　　）。

A. 二极管　　　　　　B. 晶闸管　　　　　　C. 晶体管　　　　　　D. 稳压二极管

10-16 直流电源中的常用滤波器件是（　　　）。

A. 二极管　　　　　　B. 电容 C 和电感 L　C. 晶体管　　　　　　D. 稳压二极管

10-17 具有稳压功能的器件是（　　　）。

A. 二极管　　　　　　B. 晶闸管　　　　　　C. 晶体管　　　　　　D. 稳压二极管

10-18 若单相桥式整流电路的输出电压为18V，则电源变压器二次绕组的电压有效值是（　　　）。

A. 20V　　　　　　　B. 18V　　　　　　　C. 24V　　　　　　　D. 9V

10-19 在单相半波整流电路中，若负载两端的直流输出电压为45V，则电源变压器二次绕组的电压有效值是（　　　）。

A. 50V　　　　　　　B. 100V　　　　　　　C. 12.5V　　　　　　D. 18V

10-20 在单相桥式整流电路中，若有一只二极管断路，则负载两端的直流电压将会（　　　）。

A. 下降　　　　　　　B. 升高　　　　　　　C. 变为零　　　　　　D. 保持不变

10-21 在单相桥式整流电容滤波电路中，若电容开路，则负载两端的直流电压将会（　　　）。

A. 下降　　　　　　　B. 升高　　　　　　　C. 变为零　　　　　　D. 保持不变

四、简答题

10-22 在单相桥式整流电路中，若有一个二极管断路，电路会出现什么现象？若有一个二极管短路，电路会出现什么现象？假若有一个二极管反接，情况将如何？如果输出端短路，又会出现什么问题？

10-23 稳压二极管稳压电路如习题图10-1所示，问：（1）若限流电阻 $R = 0$，电路会出现什么问题；（2）电阻器 R 在电路中起什么作用？

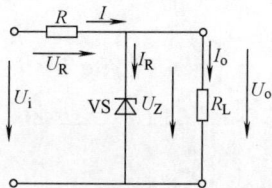

习题图 10-1

五、分析计算题

10-24　有一直流负载的电阻为 12Ω，工作电流为 2A。若采用单相桥式整流电路，试求需要的变压器二次电压值。

10-25　有一电阻性直流负载的额定电压为 12V、额定电流为 600mA，由单相 220V 交流电源供电，若采用单相桥式整流电路，试确定变压器的电压比。

10-26　单相半波整流电路如习题图 10-2 所示，按图中所给条件，试求：（1）输出电压 U_o；（2）流过二极管的平均电流 I_D 和二极管承受的最大反向电压 U_{RM}。

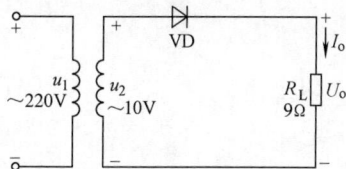

习题图 10-2

10-27　单相桥式整流电路如习题图 10-3 所示，按图中所给条件，试求：（1）输出电压 U_o；（2）二极管的平均电流 I_D 和二极管承受的最大反向电压 U_{RM}。

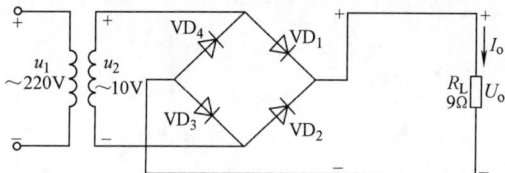

习题图 10-3

第 11 章　基本逻辑门和组合逻辑门电路

一、填空题

11-1　工程上用电子技术电路处理的电信号分为_____信号和_____信号。

11-2　逻辑电路中三种基本逻辑是_____、_____和_____。

11-3　逻辑代数中的"0"和"1"是代表两种不同的_____，而不只表示值的大小。

11-4　逻辑函数式 $Y = A + \overline{A}$，化简后结果是_____。

11-5　逻辑函数式 $Y = A + 1$，化简后结果是____。逻辑函数式 $Y = A + 0$，化简后结果是_____。

11-6　逻辑函数式 $Y = A \cdot 0$，化简后结果是_____。逻辑函数式 $Y = A \cdot 1$，化简后结

果是_____。

11-7　逻辑函数式 $Y = \bar{\bar{A}}$，化简后结果是_____。

11-8　组合逻辑电路的分析一般包括下列 4 个步骤，即_____、_____、_____和_____。

11-9　编码器是指_____。

11-10　译码器是指_____。

11-11　半导体数码管 LED 按内部发光二极管的接法可分为_____和_____两种。

11-12　译码显示器通常由_____、_____和功率驱动器三部分组成。

二、判断题

11-13　码制是指用十进制数表示数字或字符的编码方式。（　　）

11-14　或非门的逻辑功能：输入端全是低电平时，输出端是高电平；只要输入端有一个是高电平，则输出端即为低电平。（　　）

11-15　与非门的逻辑功能：输入端全是高电平时，输出端是低电平；只要输入端有一个是低电平，则输出端即为高电平。（　　）

11-16　非门只能有一个输入端。（　　）

11-17　同或门与异或门的输入变量可以是三个或三个以上。（　　）

11-18　用 8421BCD 码表示的十进制的数码 9 为 1001。（　　）

11-19　异或门的逻辑功能是"相同为 1，相异为 0"。（　　）

11-20　同或门的逻辑功能是"相同为 1，相异为 0"。（　　）

11-21　两个表达式不同的逻辑函数，如果它们的真值表相同，则这两个函数一定相同。（　　）

11-22　2 线—4 线译码器有 4 条输入线，2 条输出线。（　　）

三、选择题

11-23　8421BCD 码 1001 的十进制数是（　　）。

A. 9　　　　　　B. 4　　　　　　C. 8　　　　　　D. 6

11-24　与非功能的逻辑表达式为（　　）。

A. $Y = A \cdot B$　　B. $Y = A + B$　　C. $Y = \overline{A \cdot B}$　　D. $Y = \overline{A + B}$

11-25　逻辑函数式 $Y = G + GH$，化简后的结果是（　　）。

A. G　　　　　B. H　　　　　C. GH　　　　　D. $\bar{G}\,\bar{H}$

11-26　逻辑函数式 $Y = \overline{E + F + G}$，可以写成（　　）。

A. $Y = \overline{E \cdot F \cdot G}$　　B. $Y = \bar{E} \cdot \bar{F} \cdot \bar{G}$　　C. $Y = E + F + G$　　D. $Y = \bar{E} + \bar{F} + \bar{G}$

11-27　逻辑函数式 $F = \overline{A \cdot B \cdot C}$ 的逻辑函数值为（　　）。

A. ABC　　　　B. 0　　　　　C. 1　　　　　D. $\bar{A} + \bar{B} + \bar{C}$

11-28　将输入的二进制代码转变为对应信号输出的电路为（　　）。

A. 全加器　　　　B. 译码器　　　　C. 数据选择器　　　　D. 数据分配器

11-29　3 线—8 线译码器有（　　）。

A. 3 条输入线，8 条输出线　　　　　　B. 8 条输入线，3 条输出线

C. 2 条输入线，8 条输出线　　　　　　　D. 3 条输入线，4 条输出线

四、分析计算题

11-30　将下列二进制数转换成十进制数：

（1）$(11011)_B$；（2）$(1110011.1101)_B$；（3）$(100101.101)_B$。

11-31　将下列十进制数转换成二进制数：

（1）$(23)_D$；（2）$(81.36)_D$。

11-32　将 $(23125)_D$ 转换成 8421BCD 码。

11-33　$(35)_D = ($_____$)_B = ($_____$)_{8421BCD}$。

11-34　化简函数 $F = \overline{\overline{\overline{A}+B}+\overline{\overline{A}+\overline{B}}}$。

11-35　根据习题图 11-1 所示逻辑符号和输入波形，分别画出相应的输出波形。

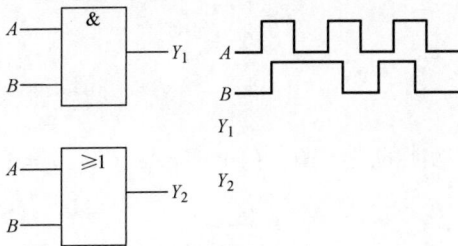

习题图 11-1

11-36　某与非门电路的两个输入量 A 和 B 的状态波形如习题图 11-2 所示，试画出其输出变量 Y 的状态波形。

11-37　某或非门电路的两个输入量 A 和 B 的状态波形如习题图 11-3 所示，试画出其输出变量 Y 的状态波形。

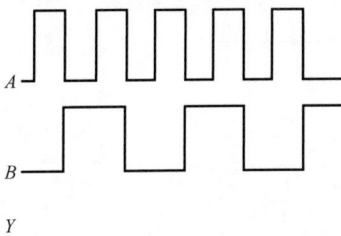

习题图 11-2

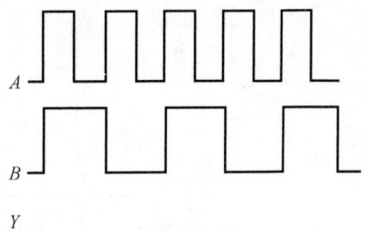

习题图 11-3

11-38　异或门和同或门逻辑符号和输入波形如习题图 11-4 所示，分别画出相应的输出波形。

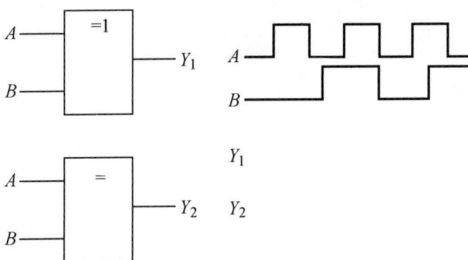

习题图 11-4

11-39 写出习题图 11-5 所示各逻辑图的逻辑表达式。

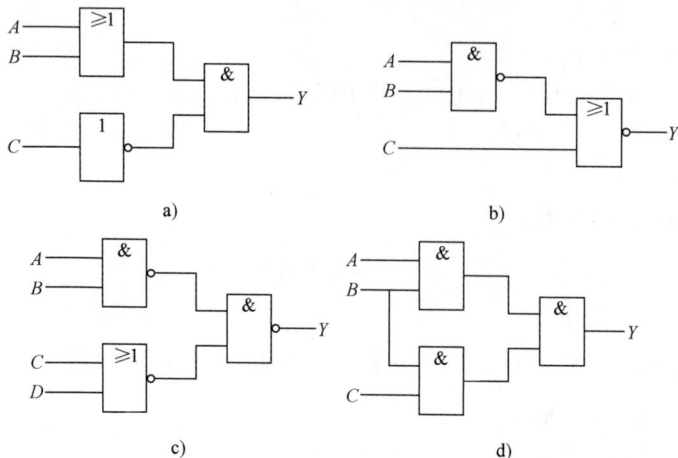

a)

b)

c)

d)

习题图 11-5

11-40 试用与非门分别组成具有下列逻辑功能的逻辑图:(1)$Y = \overline{A}$;(2)$Y = \overline{A} \cdot \overline{B}$。

11-41 画出 $Y = AB + C$ 的逻辑电路图。

11-42 画出 $Y = \overline{AB + B \oplus C}$ 的逻辑电路图。

11-43 试从习题图 11-6a、b 所示真值表,分别写出 Y 的逻辑函数表达式。

A	B	Y
0	0	0
0	1	1
1	0	1
1	1	1

a)

A	B	C	Y
0	0	0	0
0	0	1	0
0	1	0	0
0	1	1	1
1	0	0	0
1	0	1	1
1	1	0	1
1	1	1	1

b)

习题图 11-6

11-44 分析习题图 11-7 所示电路的逻辑功能。

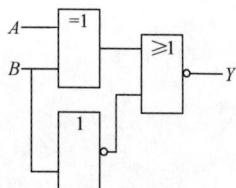

习题图 11-7

第 12 章　时序逻辑电路

一、填空题

12-1　触发器的两个稳态是＿＿＿＿＿＿＿＿＿和＿＿＿＿＿＿＿＿＿。

12-2　边沿触发器分为＿＿＿＿触发和＿＿＿＿触发两种。

12-3　JK 触发器的全功能有＿＿＿＿、＿＿＿＿、＿＿＿＿和＿＿＿＿4 种。

12-4　时序电路是由＿＿＿＿＿＿＿和＿＿＿＿＿＿＿＿＿所组成。

12-5　计数器按 CP 控制触发方式不同可分为＿＿＿＿计数器和＿＿＿＿计数器。

12-6　计数器按计数过程数字增减趋势的方式来分类，可分为＿＿＿＿＿＿＿、＿＿＿＿、＿＿＿＿和＿＿＿＿＿＿＿三种类型。

12-7　计数器按照进制方式不同，可分为＿＿＿＿＿＿＿、＿＿＿＿＿＿＿＿＿以及＿＿＿＿＿三种类型。

12-8　N 位二进制计数器具有＿＿＿＿＿分频功能。

13-9　按寄存器接收数码的方式不同可分为＿＿＿＿＿和＿＿＿＿两种。

二、判断题

12-10　时钟同步的 RS 触发器在 CP 脉冲的上升沿到来时发生翻转。（　　）

12-11　JK 触发器有置 0、置 1、保持、计数 4 种功能。（　　）

12-12　边沿触发器就是指触发器的状态在 CP 脉冲的上升沿或下降沿到来时才发生翻转。（　　）

12-13　寄存器的功能是统计输入 CP 脉冲的个数。（　　）

12-14　计数器的功能是统计输入 CP 脉冲的个数。（　　）

12-15　用 4 个触发器可以构成四位十进制计数器。（　　）

12-16　由 3 个触发器组成的二进制加法计数器，计数器最大的模为 10。（　　）

三、选择题

12-17　在基本 RS 触发器的基础上，增加两个控制门和一个控制信号，便可构成（　　）。

A. D 触发器　　　　　　　　　　B. 基本 RS 触发器

C. 时钟同步 RS 触发器　　　　　 D. JK 触发器

12-18　基本 RS 触发器没有（　　）功能。

A. 置 0　　　　　　B. 置 1　　　　　　C. 维持　　　　　　D. 翻转

12-19　时钟同步的 RS 触发器是（　　）。

A. 电平触发的触发器　　　　　　B. 上升沿触发的触发器

C. 下降沿触发的触发器　　　　　D. 主从触发器

12-20　下列电路中不属于时序电路的是（　　）。

A. 同步计数器　　　B. 异步计数器　　　C. 二-十进制译码器　　　D. 数据寄存器

12-21　二进制加法计数器从 0 计到 27 个脉冲，需要（　　）个触发器。（提示：$2^4 < 27 < 2^5$）

A. 3　　　　　　　　B. 4　　　　　　　　C. 5　　　　　　　　D. 6

四、分析题

12-22　由"与非"门构成的基本 RS 触发器的输入波形如习题图 12-1 所示，试画出在

输入波形下输出 Q、$\overline{Q}$ 端的波形，设初态为 0 态。

12-23 同步 RS 触发器的 CP、S、R 端状态波形如习题图 12-2 所示。试画出 Q、$\overline{Q}$ 端的状态波形，设初始状态为 0 态。

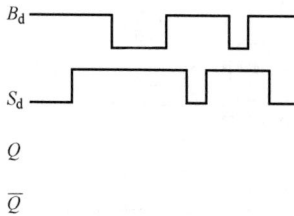

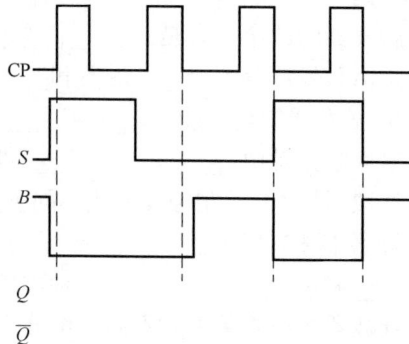

习题图 12-1   习题图 12-2

12-24 边沿 JK 触发器的 CP、J、K 端状态波形如习题图 12-3 所示。试画出 Q、$\overline{Q}$ 端的状态波形（下降沿触发），设初始状态为 0 态。

12-25 某 D 触发器（下降沿触发）输入波形如习题图 12-4 所示，试画出输出 Q、$\overline{Q}$ 端波形，设初始状态为 0 态。

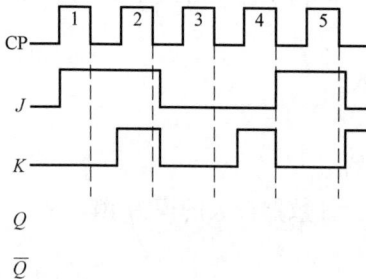

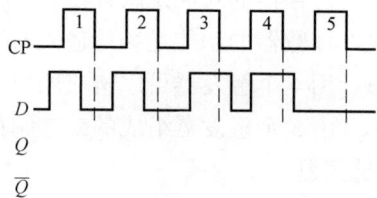

习题图 12-3   习题图 12-4

12-26 某 D 触发器（上升沿触发）输入波形如习题图 12-5 所示，试画出输出 Q、$\overline{Q}$ 端波形，设初始状态为 0 态。

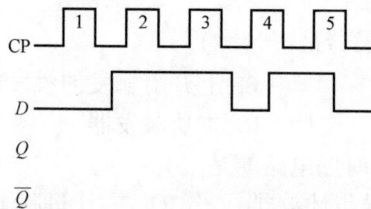

习题图 12-5

模拟试卷（1）

一、填空题（每空 1 分，共 22 分）

1. 电路的三种工作状态是_____、_____、_____。

2. PN 结的单向导电性为_____，_____。

3. 正弦交流电压 $i = 5\sqrt{2}\sin(200\pi t + 30°)$ A，其电流的最大值为_____，有效值为_____，频率为_____，周期为_____，初相角为_____，相量为_____。

4. 纯电容交流电路中，电压与电流相位关系是_____。

5. 在三相对称负载的三角形联结中，线电流与相电流的有效值关系为_____，相位关系为_____。

6. 低压电器按作用不同分为_____和_____。

7. 三相负载的连接有_____和_____两种。

8. 能实现短路保护的低压电器是_____。

9. 线电压是指_____与_____之间的电压。

10. 改变旋转磁场的方向只需_____。

二、判断题（每小题 3 分，共 18 分）

1. 电路中某点的电位，即为该点与参考点间的电压。 （　）

2. 纯电容电路中，电压超前电流 90°。 （　）

3. 开关不能安装在相线上，必须安装在灯具电源侧的中性线上，确保开关断开时灯具不带电。 （　）

4. 晶体管的电流放大实质是基极小电流控制集电极大电流。 （　）

5. 整流电路输出的直流不是纯直流，而是脉动直流。 （　）

6. 在负反馈放大电路中，放大器的开环放大倍数越大，闭环放大倍数就越稳定。

（　）

三、 如试卷图 1-1 所示，已知：$U_{S1} = 20\text{V}$，$U_{S2} = 10\text{V}$，$R_1 = 1\Omega$，$R_2 = 1\Omega$，$R = 2\Omega$。试求解各支路电流。（20 分）

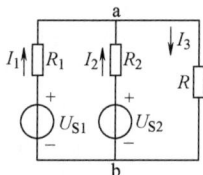

试卷图 1-1

四、如试卷图 1-2 所示，已知 $R_1 = 20\text{k}\Omega$，$R_2 = 20\text{k}\Omega // 100\text{k}\Omega$，$R_f = 100\text{k}\Omega$，求 u_o 与 u_i 的运算关系。（20 分）

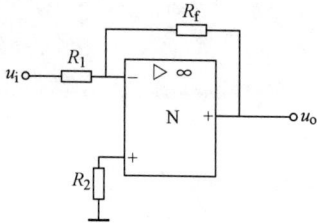

试卷图 1-2

五、某放大电路如试卷图 1-3 所示，已知晶体管 $\beta = 50$，$r_{be} = 2\text{k}\Omega$，$R_B = 300\text{k}\Omega$，$V_{CC} = 12\text{V}$，$R_C = R_L = 4\text{k}\Omega$。试计算：（1）放大器的静态工作点 I_{BQ}、I_{CQ}、U_{CEQ}；（2）求电压放大倍数 A_u（带载和不带载）；（3）求放大电路的输入电阻和输出电阻。（20 分）

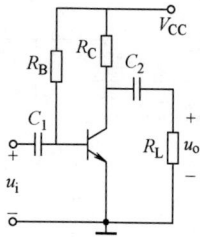

试卷图 1-3

模拟试卷（2）

一、填空题（每空 2 分，共 42 分）

1. 某金属制成的圆形均匀导线的长度为 10m，电阻为 1Ω，先将该导线均匀拉长到 20m，此时导线的电阻为_____。

2. 正弦交流电压 $u = 5\sqrt{2}\sin(100\pi t + 30°)$ V，其电压的最大值为_____，有效值为_____，角频率为_____，初相角为_____。

3. 如试卷图 2-1 所示，若 $R_1 = R_2 = R_3 = 30Ω$，则总的等效电阻为_____。

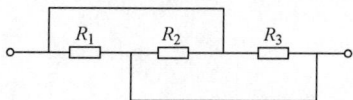

试卷图 2-1

4. 直流稳压电路由_____、_____、_____和_____ 4 个部分组成。

5. 一般情况下，硅二极管正向电压降为_____ V，锗二极管正向电压降为_____ V。

6. NPN 型晶体管的电路图符号为_____，PNP 型晶体管的电路图符号为_____。

7. 晶闸管导通条件为_____。

8. 射极输出器的三个特点为：_____、_____和_____。

9. 三相异步电动机的定子绕组有_____和_____两种连接方式。

10. 异步电动机的"异步"的意思是指转子转速总是_____同步转。

二、选择题（每空 3 分，共 12 分）

1. 要测量 380V 交流电动机绝缘电阻，应选用额定电压为（　）的绝缘电阻表。

A. 250V　　　B. 500V　　　C. 1000V　　　D. 20V

2. 按下复合按钮时（　）。

A. 常开触点先闭合　　　B. 常闭触点先断开

C. 常开触点、常闭触点同时动作　　　D. 不好判断

3. 用万用表 R×1kΩ 档测试二极管，若红表笔接正极、黑表笔接负极时，读数为 50kΩ；换用黑表笔接正极、红表笔接负极时，读数为 1kΩ，则这只二极管的情况是（　）。

A. 内部已断路不能用　　　B. 内部已短路不能用

C. 没有坏，但性能不好　　　D. 性能良好

4. 能实现整流的元器件是（　）。

A. 二极管　　　B. 电容器　　　C. 电感器　　　D. 稳压二极管

三、如试卷图 2-2 所示，已知 $R_B = 280kΩ$，$R_C = 4kΩ$，$V_{CC} = 12V$，晶体管 $β = 50$，信号源内阻 $R_S = 500Ω$。试求：（1）电路的静态工作点；（2）未接 R_L 时的电压放大倍数 A_u；（3）求电路的输入、输出等效电阻；（4）如接上的负载电阻 $R_L = 4kΩ$，电压放大倍数是多大？（15 分）

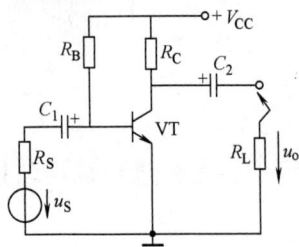

试卷图 2-2

四、一台三相异步电动机定子绕组的六个出线端为 U_1—U_2，V_1—V_2 和 W_1—W_2，如试卷图 2-3 所示。试分别画出丫联结和△联结的接线图。（15 分）

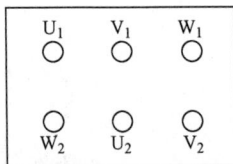

试卷图 2-3

五、某 D 触发器（下降沿触发）输入波形如试卷图 2-4 所示，试画出输出 Q、$\overline{Q}$ 端波形，设初始状态为 0 态。（16 分）

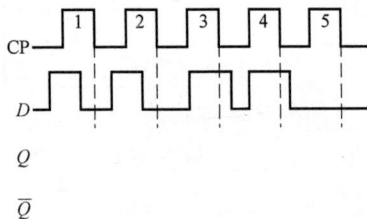

试卷图 2-4